国家专业综合改革试点教育技术学系列教材

江苏省品牌专业教育技术学系列教材

网络程序设计

朱守业 编著

科学出版社

北京

内 容 简 介

本书系统地介绍 JSP 网络编程技术，内容包括 Java 基础、JSP 语法、JSP 内置对象、JavaBean、JSP 数据库编程、Servlet、目录与文件操作、JavaScript、AJAX 和 JSON、第三方组件应用（上传与下载组件 jspSmartUpload、Excel 操作组件 POI、图表绘制组件 JFreeChart）、邮件发送，最后从需求分析、原型设计、概要设计、数据库设计和详细设计等方面给出在线调查系统的详细设计过程，并给出整个系统的实现。本书内容丰富，涉及 JSP 开发的关键技术，强调知识的实用性，注重技术之间的关联和循序渐进。

本书可作为理工类专业“网络程序设计”“Web 程序设计”“JSP 程序设计”“动态网站设计”等课程的教材，也可作为 JSP 开发人员的参考用书。

图书在版编目(CIP)数据

网络程序设计 / 朱守业编著. —北京：科学出版社，2017.7
国家专业综合改革试点教育技术学系列教材　江苏省品牌专业教育技术学系列教材
ISBN 978-7-03-053157-5

Ⅰ. ①网…　Ⅱ. ①朱…　Ⅲ. ①JAVA 语言－程序设计－教材　Ⅳ. ①TP312.8

中国版本图书馆 CIP 数据核字(2017)第 125513 号

责任编辑：石　悦　李淑丽　董素芹 / 责任校对：贾伟娟
责任印制：吴兆东 / 封面设计：华路天然工作室

科学出版社出版
北京东黄城根北街 16 号
邮政编码：100717
http://www.sciencep.com
北京九州迅驰传媒文化有限公司 印刷
科学出版社发行　各地新华书店经销
*
2017 年 7 月第　一　版　开本：787×1092　1/16
2024 年 1 月第五次印刷　印张：19 1/4
字数：437 000
定价：59.00 元
（如有印装质量问题，我社负责调换）

前　　言

JSP 是动态网站开发技术中最典型的一种，它继承了 Java 语言的优势，是一种与平台无关的开发技术，而 Java 技术也扩展了 JSP 的应用空间。JSP 实现了动态页面与静态页面的分离，提高了执行效率，成为软件公司和开发者的首选。

本书面向应用型人才培养的需求，是在作者总结多年教学和开发经验的基础上编写的。本书强调内容的实用性，不仅包含同类教材中常见的 Java 和 JSP 内容，还包括 JavaScript、AJAX、JSON、上传与下载组件 jspSmartUpload、Excel 操作组件 POI、图表绘制组件 JFreeChart 等 Web 系统常用开发技术。本书所列举程序全部经过精心考虑，既能帮助理解知识，又具有启发性，每一个程序都是一种典型应用的缩影，具有代表性、针对性和实用性，使读者更容易理解技术思路和实现方法，提高学习效率。本书另一大特色是在案例开发中，按照软件工程的思想，详细给出需求分析、原型设计、概要设计、数据库设计、详细设计，使读者全面掌握软件开发的流程、要求和内容。

全书共 13 章，从环境搭建、Java 语言基础开始，系统地介绍使用 JSP 开发 Web 程序的技术、方法和技巧，具体内容安排如下。

第 1 章介绍 JSP 运行环境和开发环境的搭建，包括 JDK、Tomcat、Eclipse、MySQL 及其可视化管理工具 HeidiSQL 的安装、配置和使用。

第 2 章讲述 Java 基础知识，包括数据类型、运算符、常用语句、数组、类、异常处理、抽象类、接口、类集(ArrayList、Vector 和 HashMap)。

第 3 章讲述 JSP 语法，包括声明、脚本、输出表达式、注释、include、page、<jsp:forward>、<jsp:include>。

第 4 章讲述 JSP 常用内置对象，包括 out、request、response、session、application、config、pageContext。

第 5 章讲述 JavaBean 的设计、使用及生存期。

第 6 章讲述 JSP 数据库编程，包括 JDBC、Statement、PreparedStatement、CallableStatement、事务编程、数据分页、数据库连接池技术，同时介绍 SQL Server、Access、Visual FoxPro 的连接方法。

第 7 章讲述 Servlet 编写和部署、Servlet 使用 JSP 内置对象的方法、MVC 开发模式。

第 8 章讲述 JSP 中目录和文件的操作方法、文件读写方法。

第 9 章讲述 JavaScript 编程，包括 JavaScript 基础、JavaScript 操作浏览器对象、JavaScript 实现表单验证、操作页面元素。

第 10 章讲述 AJAX 和 JSON 知识，包括 AJAX 实现过程、JSON 结构形式、前端和服务端操作 JSON 数据的方法、jQuery 实现 AJAX 数据异步请求和文件异步上传。

第 11 章讲述第三方 Java 组件的使用，包括上传与下载组件 jspSmartUpload、Excel 操作组件 POI、图表绘制组件 JFreeChart。

第 12 章讲述 JavaMail 实现邮件发送。

第 13 章讲述在线调查系统实例的开发过程，包括需求分析、原型设计、概要设计、数据库设计和详细设计，并实现整个系统。

全书内容翔实、结构紧凑，讲解由浅入深、循序渐进，除第 13 章外，其余各章的最后均提供了习题和上机题，能够让读者检验自己的学习、理解程度，巩固所学知识。

本书程序使用说明：

本书电子资料提供的程序为工程的 src 和 WebContent 目录内容，将它们导入 Eclipse 工程中即可运行。

例如，运行第 5 章程序，需将电子资料中 chap5 目录下的 src 和 WebContent 目录导入某一工程(如 chapDemo)中：右击工程 chapDemo，执行 Import→Import 命令，在弹出的 Import 窗口中执行 General→File System 命令，然后进行下一步操作，选择要导入的文件路径，勾选文件目录，如图 1 所示，最后单击 Finish 按钮完成导入。

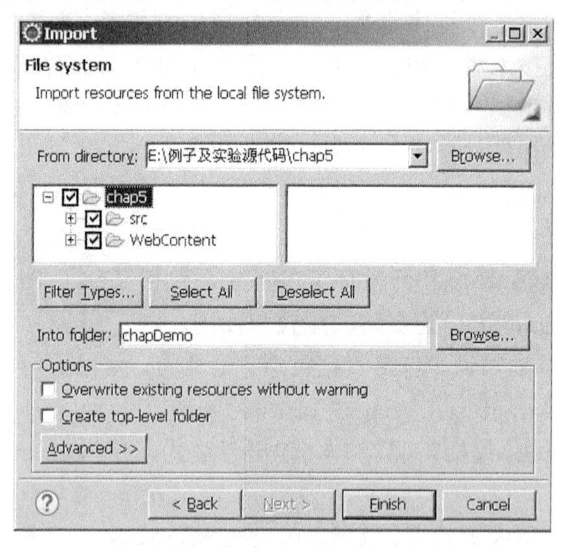

图 1　导入程序文件

需要说明的是，本书程序采用 UTF-8 编码，因此，需要将 Eclipse 工作空间设置为 UTF-8 编码，设置方法是执行 Window→Preferences 命令，在弹出的 Preferences 窗口中执行 General→Workspace 命令，将 Text file encodeing 设置为 UTF-8，如图 2 所示。

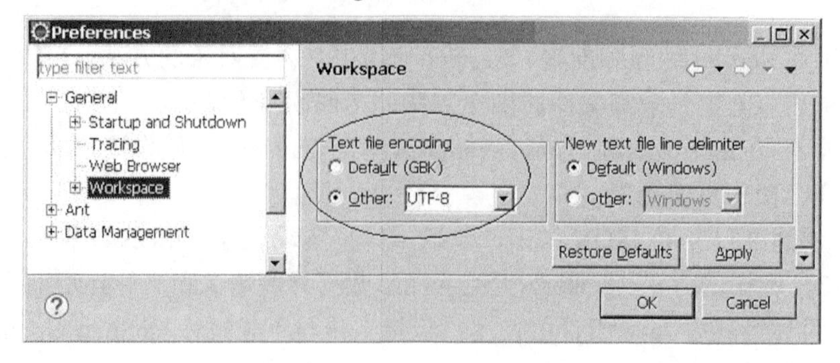

图 2　设置 Workspace 编码

此外，通过 Web→CSS Files、HTML Files、JSP Files，将这些文件编码设置为 UTF-8。

本书电子资料的内容包括部分开发工具、相关支持类库、课程 PPT、程序源代码、课后习题答案和上机题参考代码，读者可以通过邮箱 zhushouye@163.com 进行索取。

本书编写过程中，国家开放大学高辉、南京邮电大学王斌在材料整理和代码编写方面给予了很大的帮助，在此对他们表示衷心的感谢。

感谢读者选择使用本书，欢迎通过邮箱 zhushouye@163.com 对本书的结构、内容提出批评和修改建议。

编　者

2017 年 6 月

目　　录

第 1 章　建立 JSP 运行与开发环境

JSP (Java server page) 是由 Sun Microsystems 公司倡导、许多公司参与建立的一种动态页面技术标准。JSP 基于 Java 技术，在服务器端执行，将执行结果返回给客户端。

1.1　认识 JSP

JSP 是在静态网页 HTML 文件 (*.htm、*.html) 中加入 Java 程序片段和 JSP 标记，构成 JSP 网页，Web 服务器在遇到访问 JSP 网页的请求时，首先在服务器端执行其中的 Java 程序片段，然后将执行结果返回给客户端。

以下是一个简单的 JSP 程序，代码如下：

```
<%@page language="java" contentType="text/html; charset=UTF-8"%>
<html>
<head>
<title> Hello World </title>
</head>
<% String str="Hello World!"; %>
<body>
<% out.print(str); %>
</body>
</html>
```

程序中<% … %>为 Java 代码，运行结果是在页面中输出“Hello World!”。

1.2　建立 JSP 运行环境

1.2.1　安装 JDK

JDK 是运行 JSP 的虚拟机平台，需要首先安装。读者可以从 Oracle 公司网站免费下载最新版 JDK (要与本人计算机操作系统位数 32 位或 64 位相对应)，下载地址为：http://www.oracle.com/technetwork/java/index.html。

双击下载的文件，然后一直单击“下一步”按钮完成安装。图 1-1 是安装过程中设置 JDK 安装目录的界面，请记住安装位置。

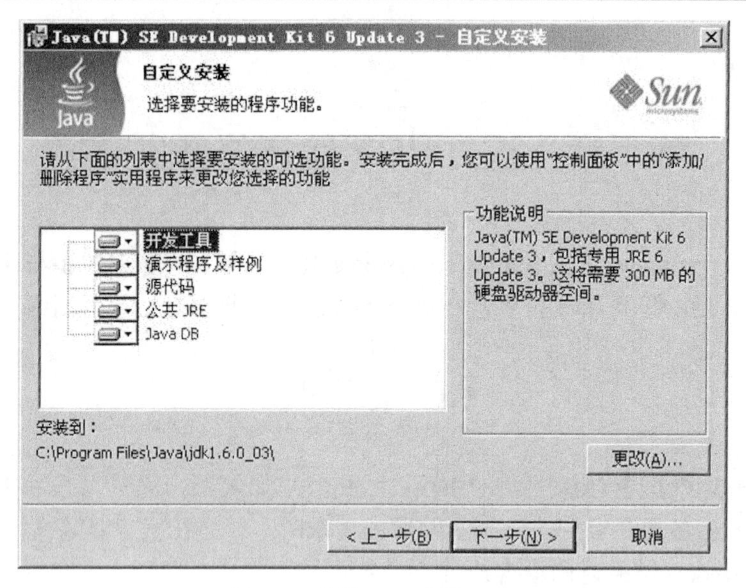

图 1-1　设置 JDK 安装目录

1.2.2　设置环境变量 Java_home

右击“我的电脑”，执行“属性”命令，然后选择“高级系统设置”选项，在弹出的系统属性界面中，执行“高级”→“环境变量”命令，进入图 1-2 所示的“环境变量”对话框。

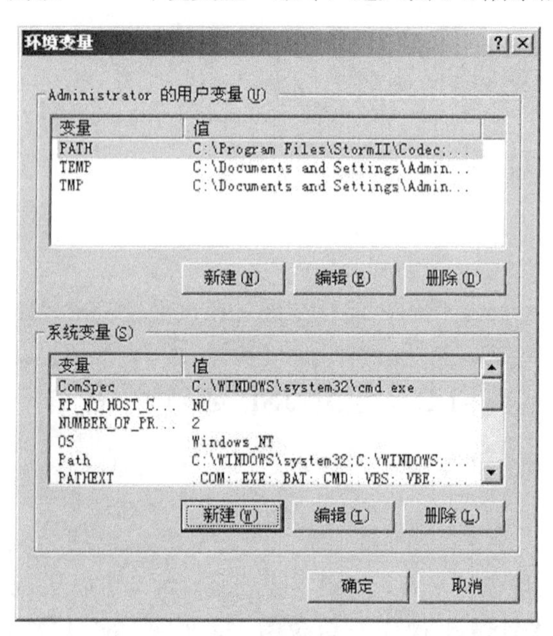

图 1-2　“环境变量”对话框

在“系统变量”中单击“新建”按钮，弹出图 1-3 所示界面，在“变量名”文本框中输入 Java_home(不区分大小写)，在“变量值”文本框中输入或粘贴 JDK 的安装目录，然后单击“确定”按钮。

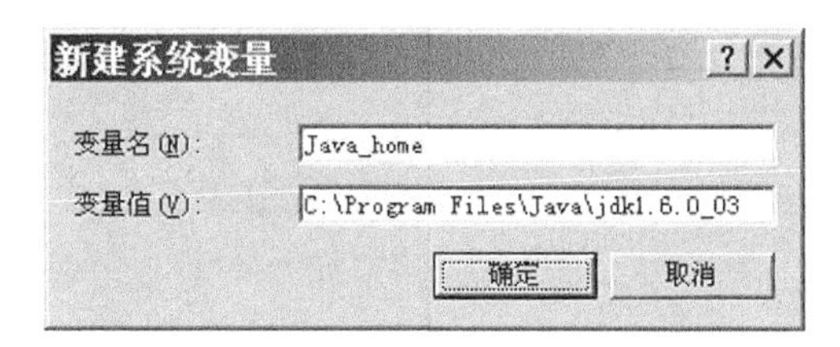

图 1-3　设置 Java_home 环境变量

提示：JDK 的安装目录可以从 Windows“我的电脑”地址栏中复制，方法是通过“我的电脑”进入 JDK 的安装目录，这时地址栏会显示 JDK 安装目录的全路径。

1.2.3　安装 Tomcat

Tomcat 是常用的 JSP 服务器，它是 Apache-Jakarta 项目的一个子项目，也是官方推荐的 Servlet 和 JSP 容器。读者可以到 Apache 官网下载 Tomcat，下载地址为：http://archive.apache.org/dist/tomcat。

Tomcat 的安装很简单，如果下载的是压缩包文件，只需解压至硬盘某目录中(注意：目录中不要包含中文和空格字符)即完成安装，如果下载的是可执行文件，双击文件完成安装。

本书采用压缩包文件，将其解压到 E 盘根目录中(即 E:\)，并将解压产生的 apache-tomcat-7.0.37 目录名改为 Tomcat-7.0.37。

1) *启动 Tomcat 服务*

双击 E:\Tomcat-7.0.37\bin 目录中的 startup.bat 启动 Tomcat，启动界面如图 1-4 所示。

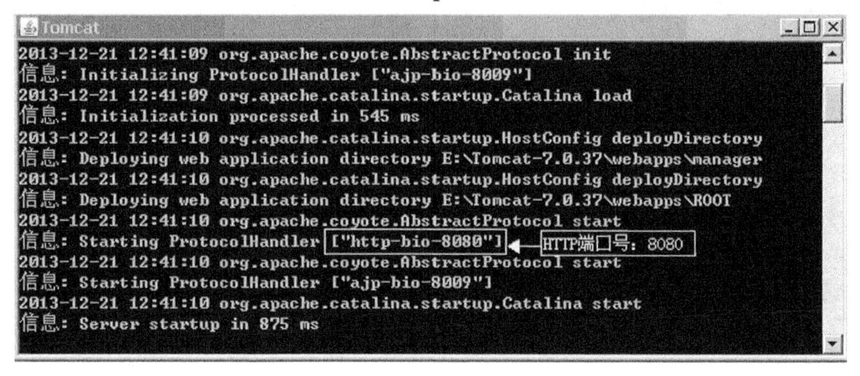

图 1-4　Tomcat 7.0.37 启动界面

2) *访问 Tomcat*

Tomcat 启动后，可以在浏览器中通过地址“http://主机名或 IP 地址:端口号”访问 Tomcat 主页。以下几种地址均可以访问 Tomcat(设 HTTP 端口为 8080)，结果如图 1-5 所示。

```
http://localhost:8080
http://127.0.0.1:8080
http://Tomcat 主机 IP 地址:8080
```

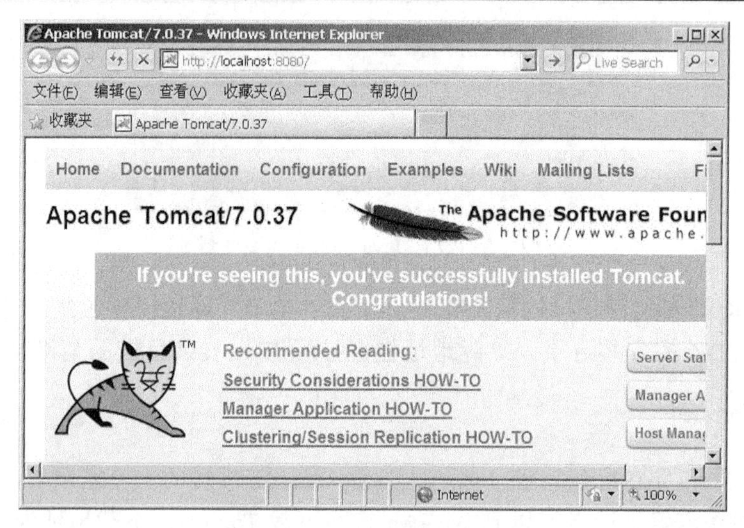

图 1-5 Tomcat 7.0.37 主页

如果 Tomcat 的 HTTP 端口为 80，则地址中的协议名(http://)和端口号(:80)可不写。

3)停止 Tomcat 服务

双击 E:\Tomcat-7.0.37\bin 目录中的 shutdown.bat，可停止 Tomcat 服务。

4)设置 Tomcat 服务 HTTP 端口

如果启动 Tomcat 服务时 HTTP 端口绑定冲突，此时的启动信息如图 1-6 所示，则需要修改 Tomcat 的 HTTP 端口。

```
Tomcat
2009-10-11 15:10:58 org.apache.coyote.http11.Http11AprProtocol init
严重: Error initializing endpoint
java.lang.Exception: Socket bind failed: [730048] ?????????×??? <?é/???????/?
??> ????¡??                                    端口绑定失败
        at org.apache.tomcat.util.net.AprEndpoint.init(AprEndpoint.java:541)
        at org.apache.coyote.http11.Http11AprProtocol.init(Http11AprProtocol.jav
a:115)
        at org.apache.catalina.connector.Connector.initialize(Connector.java:101
6)
        at org.apache.catalina.core.StandardService.initialize(StandardService.j
ava:580)
        at org.apache.catalina.core.StandardServer.initialize(StandardServer.jav
a:791)
        at org.apache.catalina.startup.Catalina.load(Catalina.java:503)
```

图 1-6 Tomcat 端口绑定失败提示信息

修改 Tomcat 的 HTTP 端口的方法是，打开 E:\Tomcat-7.0.37\conf 目录中的 server.xml 文件，找到如下内容，修改 port 值，并保存 server.xml 文件，然后重启 Tomcat。

```
<Connector port="8080" protocol="HTTP/1.1"
          ...
/>
```

说明：

(1)如果 Tomcat 版本不同，则相关配置文件及其位置可能会有些差别。

(2) 当 Tomcat 的配置发生变化后，需重启 Tomcat 才能使修改生效，如果 Eclipse 使用了此 Tomcat，则该 Tomcat 需要在 Eclipse 中重建，即先删除再新建。

1.2.4　安装 MySQL 数据库

MySQL 是一个小型数据库系统，由于其体积小、速度快、开源免费、总体拥有成本低的特点，目前广泛地应用在各类网站中。MySQL 官方网站是：www.mysql.com。

MySQL 版本很多，本书采用 MySQL 5.0.67，读者可以解压电子资料中提供的“MySQL-5.0.67 绿色版含 HeidiSQL 9.3 绿色版.rar”至任意位置，然后运行解压目录中的“启动 MySQL 数据库.bat”即可启动 MySQL，如图 1-7 所示，MySQL 用户名为 root，密码为 x5。

```
MySQL-X5 Ctrl+C键结束服务
正在启动MySQL...
.
...小提示..............................................................
.                                                                     .
. MySQL默认参数                                                        .
. 主机名/IP: 127.0.0.1                                                 .
. 用户名: root                                                         .
. 密码: x5                                                             .
. 端口: 3306                                                           .
.                                                                     .
.......................................................................
160217 11:53:13  InnoDB: Started; log sequence number 0 280292667
160217 11:53:13 [Note] mysqld: ready for connections.
Version: '5.0.67-community-log'  socket: ''  port: 3306  MySQL Community Edition
 (GPL)
```

图 1-7　MySQL 启动界面

1.2.5　安装 MySQL 管理工具 HeidiSQL

为了方便管理和使用 MySQL，本书采用 MySQL 可视化管理工具 HeidiSQL，运行上述解压目录中的“启动 MySQL 管理工具.bat”即可启动 HeidiSQL，如图 1-8 所示，单击“新建”按钮，输入会话名 mydb，在“用户”文本框中输入 root，“密码”文本框中输入 x5，然后单击“打开”按钮进入 HeidiSQL 管理界面，如图 1-9 所示。

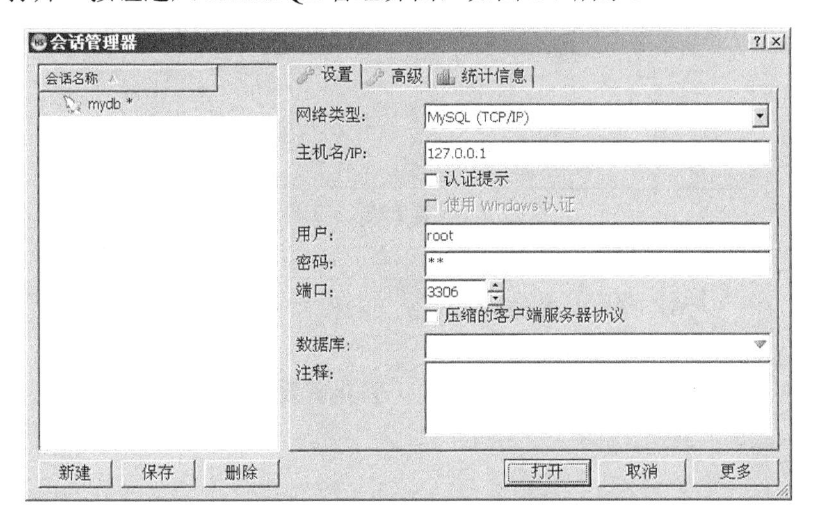

图 1-8　HeidiSQL 启动界面

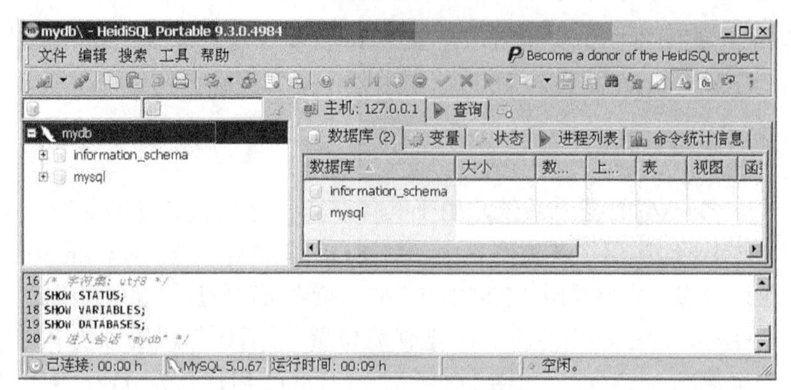

图 1-9　HeidiSQL 管理界面

1.3　安装 Eclipse

Eclipse 是开源的跨平台集成开发环境(IDE)，是开发 JSP 和 Java 程序最方便、效率最高的工具之一。Eclipse 版本很多，读者可从如下地址下载：http://www. eclipse. org/downloads。

本书采用 32 位的 Eclipse JEE Luna SR2 版，下载文件名为 eclipse-jee-luna-SR2-win32.zip。

解压 eclipse-jee-luna-SR2-win32.zip 至硬盘某目录中(目录名中不要包含中文)，即完成 Eclipse 安装。

运行 Eclipse 解压目录中的 eclipse.exe 启动 Eclipse。启动时需设置 Eclipse 工作区，它实际上是设置一条路径，用以存放 Eclipse 的配置和支撑文件，并作为用户创建工程时的默认位置。本书 Eclipse 工作区设为 E:\jspbookWorkspaces，如图 1-10 所示，完成后单击 OK 按钮即进入 Eclipse 工作界面。

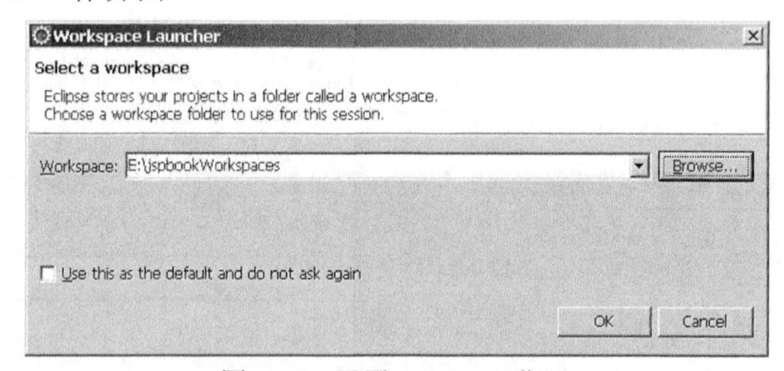

图 1-10　设置 Eclipse 工作区

1.4　在 Eclipse 中创建第一个 JSP 程序

Eclipse 中程序的编写依托于工程来实现，因此需要先创建工程。

1.4.1　创建工程

Eclipse 中创建工程的步骤如下：

(1) 启动 Eclipse，执行主菜单中的 File→New→Dynamic Web Project 命令，弹出图 1-11 所示的新建动态 Web 工程对话框，在 Project name 文本框中输入工程名称，本例为 chap1。

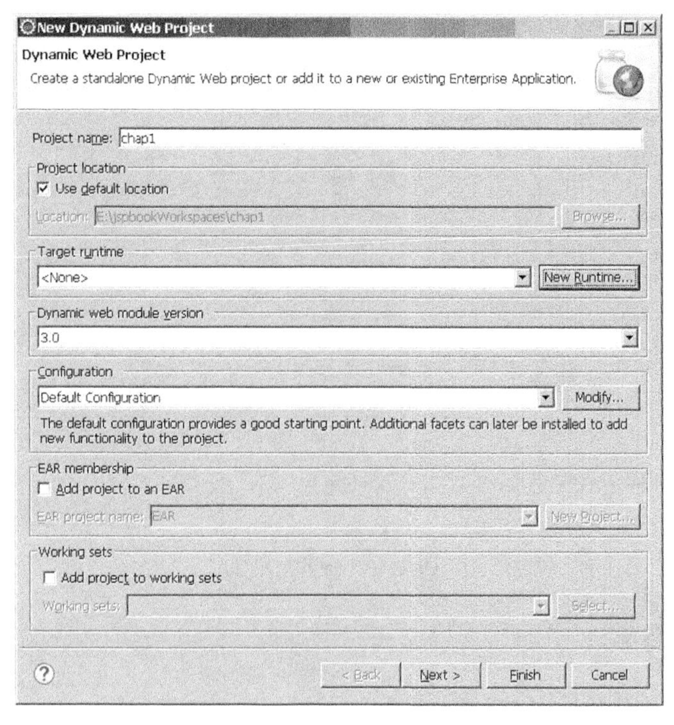

图 1-11　新建动态 Web 工程

(2) 设置运行期环境。在图 1-11 中单击 New Runtime 按钮弹出图 1-12 所示的设置 Tomcat 运行期环境，选择 Apache Tomcat v7.0，然后单击 Next 按钮，在弹出的界面中单击 Browse 按钮选择前面解压产生的 E:\Tomcat-7.0.37，在 JRE 下拉列表框中选择 jre1.6.0_03，然后依次单击 Finish 按钮完成工程创建，创建完成的 chap1 工程如图 1-13 所示。

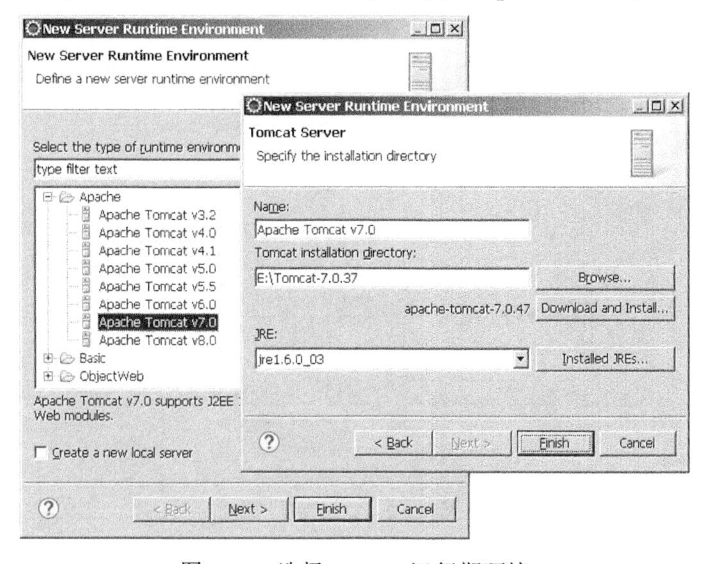

图 1-12　选择 Tomcat 运行期环境

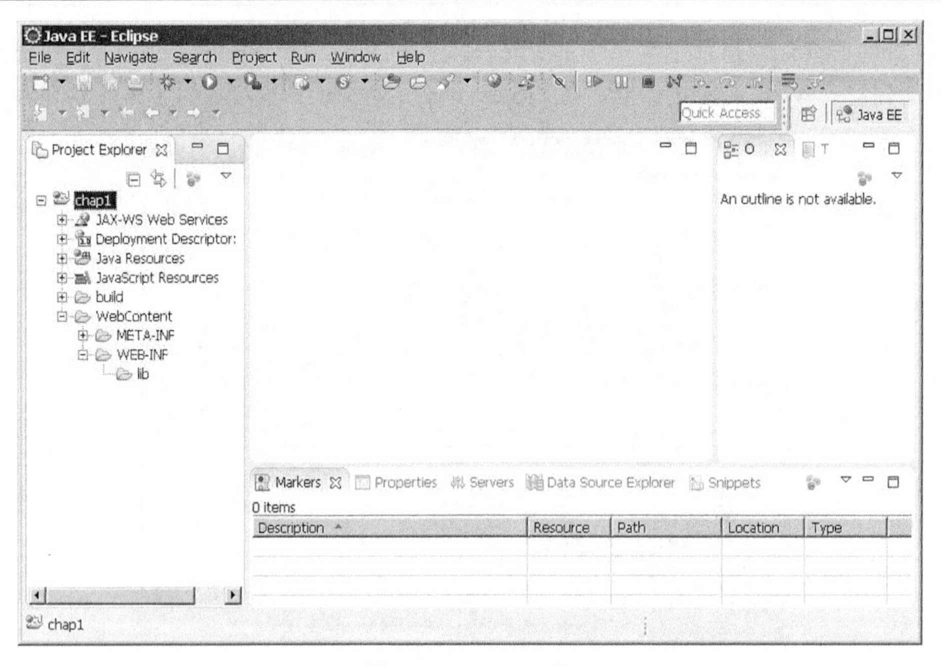

图 1-13　chap1 工程

1.4.2　创建 JSP 程序

在图 1-13 中右击 chap1(或其他目录)，执行 New→JSP File 命令新建 hello.jsp，在 hello.jsp 的<body>标签中输入<%= 1234 %>并保存，如图 1-14 所示。

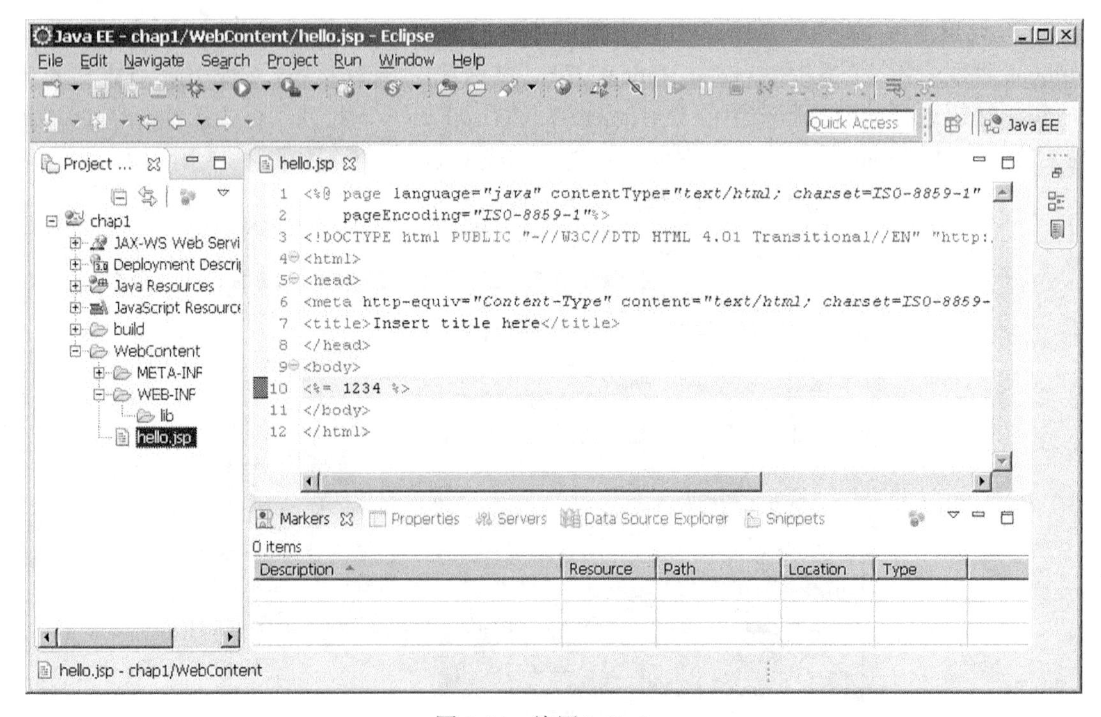

图 1-14　编写 hello.jsp

1.4.3　运行 JSP 程序

在图 1-14 中单击按钮，在弹出的图 1-15 中单击 Finish 按钮，Eclipse 会先启动 Tomcat，然后运行 hello.jsp，运行结果如图 1-16 所示(有时需单击刷新按钮查看最新运行结果)。

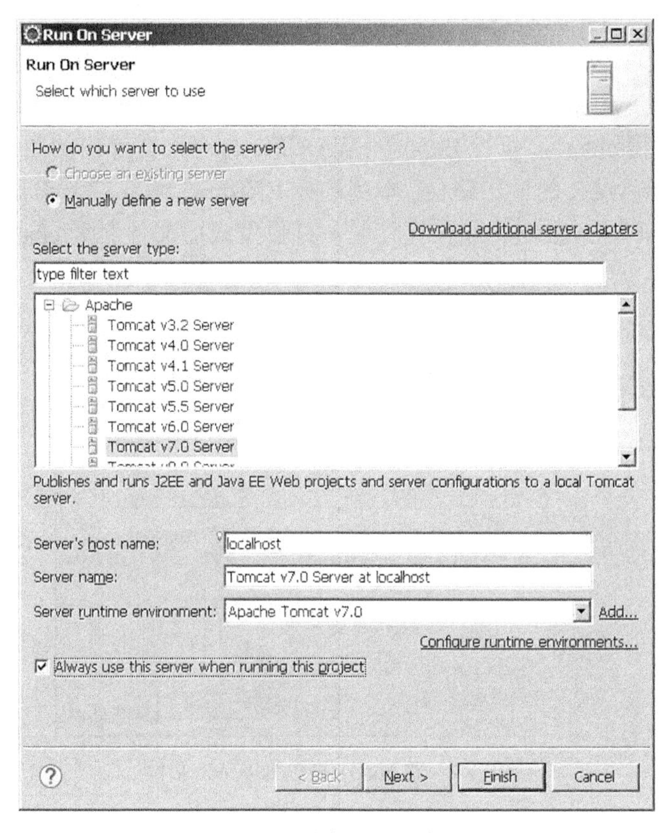

图 1-15　选择 JSP 服务器

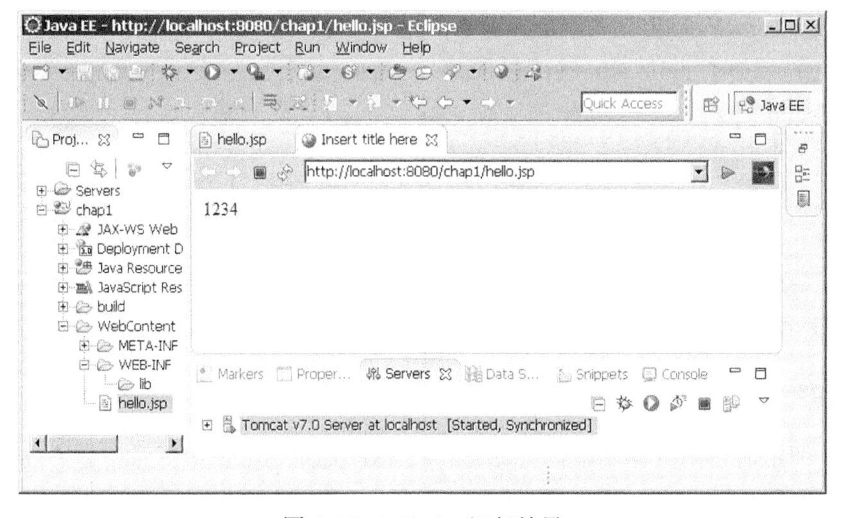

图 1-16　hello.jsp 运行结果

1.5 发 布 工 程

以上是在 Eclipse 的环境中运行 JSP，系统真正运行时是要脱离 Eclipse 环境的，这就需要通过发布工程的方法来实现。

Eclipse 中可通过 WAR 方式发布工程，方法是将工程打包为 WAR 文件，然后将 WAR 文件放在 Tomcat 的 webapps 目录中。

例如，右击工程 chap1，执行 Export→WAR file 命令，在弹出的图 1-17 所示窗口中单击 Browse 按钮选择 WAR 的输出路径，本例选择 E:\Tomcat-7.0.37\webapps 作为 WAR 的输出路径，然后单击 Finish 按钮完成工程打包，打包生成的文件名为 chap1.war。

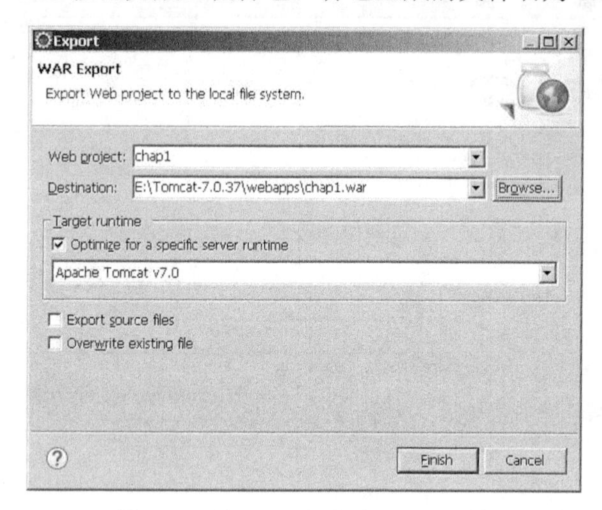

图 1-17　将 chap1 打包为 WAR 文件

接下来先要单击图 1-16 中 中的■来停止 Eclipse 中的 Tomcat，即停止内部 Tomcat，然后双击 E:\Tomcat-7.0.37\bin 中的 startup.bat 启动 Tomcat，即启动外部 Tomcat。

启动外部 Tomcat 时会自动解压 webapps 目录中的 chap1.war，并在 webapps 目录中生成工程 chap1，这时 hello.jsp 就可以脱离 Eclipse 运行了，运行地址为 http://localhost:8080/chap1/hello.jsp。

1.6 Eclipse 可视化编辑网页

Eclipse 可以通过两种常用途径实现网页的可视化编辑：一是调用内置网页编辑器；二是调用外部网页设计工具。

1.6.1 Eclipse 调用内置网页编辑器

Eclipse 调用内置网页编辑器的方法是，在 JSP 文件编辑窗口任意位置右击，在弹出的快捷菜单中执行 Open With→Web Page Editor 命令，如图 1-18 所示。

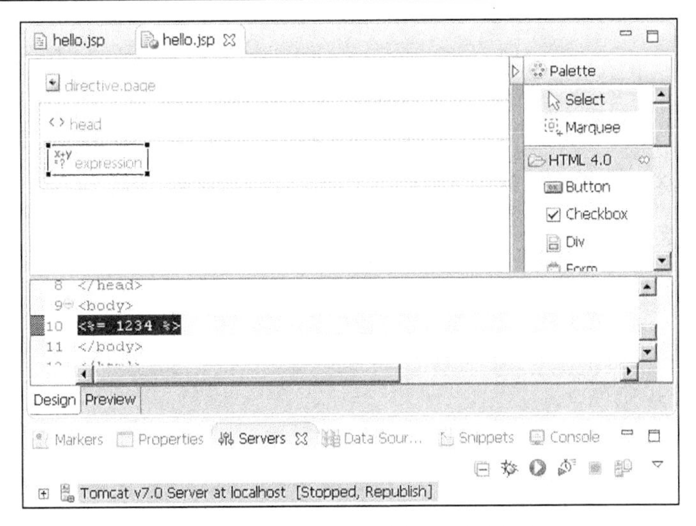

图 1-18　Eclipse 调用内置网页编辑器

1.6.2　Eclipse 调用外部网页设计工具

Eclipse 的内置网页编辑器在可视化的操作效率、所见即所得的呈现效果等方面不如专门的网页设计工具，如 Dreamweaver、FrontPage，因此在页面前台设计时常将 Eclipse 与外部网页设计工具配合使用。

Eclipse 调用外部网页设计工具的方法是，在 JSP 文件编辑窗口任意位置右击，在弹出的快捷菜单中执行 Open With→Other 命令，在弹出的图 1-19 所示界面中单击 Browse 按钮选择外部网页设计工具的可执行文件，本例为 Dreamweaver.exe，完成后单击 OK 按钮，即可在 Dreamweaver 中设计 JSP 网页。

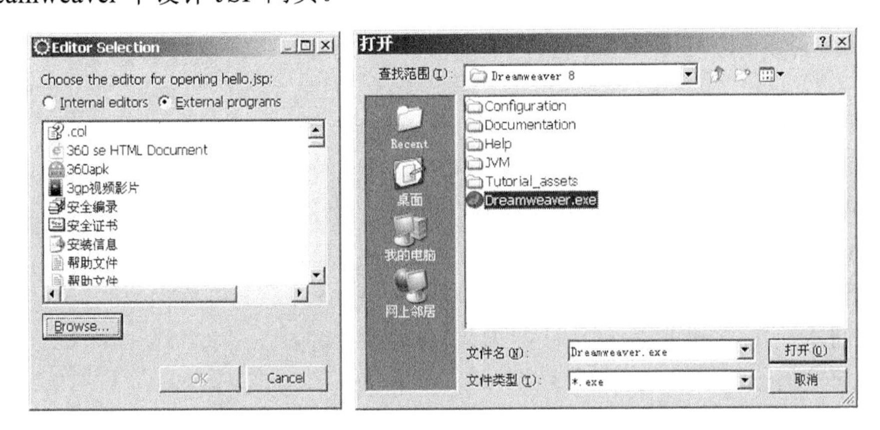

图 1-19　Eclipse 调用外部网页设计工具

1.7　JSP 技术特征

JSP 技术是基于 Java 语言的，因此它拥有 Java 语言的全部特征。

1. 跨平台

JSP 基于 Java 语言实现，所以它也秉承 Java 跨平台的特点，可以应用在不同的系统中，如 Windows、Linux、Mac 和 Solaris 等。

2. 将内容的生成和显示分离

采用 JSP 技术开发项目，程序开发人员可以将业务处理代码全部放到 JavaBean 中，或者把业务处理交给 Servlet、Struts 等控制层来处理，从而实现业务代码从视图层分离。

3. 组件重用

JSP 可以使用 JavaBean 编写业务组件，实现 JavaBean 封装业务处理代码或者作为一个数据存储模型，这样整个项目中都可以重复使用这个 JavaBean。

4. 预编译

预编译是指 JSP 页面第一次被访问时，服务器对 JSP 页面进行编译，编译好的代码将被保存，下一次访问时，直接执行编译好的代码，从而提升页面访问速度。

1.8 小　　结

本章主要对 JSP 页面构成和 JSP 技术特征进行了概括性的介绍，使读者对 JSP 有一个直观的了解，然后介绍了 JSP 运行环境和开发环境的搭建方法。通过本章学习，读者能够搭建 JSP 运行环境和开发环境。

习题

1. JSP 与静态网页(*.html、*.htm)有什么联系？
2. JSP 程序运行在服务器端还是客户端浏览器中？
3. JDK 安装后，环境变量 Java_home 的值等于什么？如何配置？
4. Tomcat 服务如何启动和停止？
5. 如何修改 Tomcat 服务的 HTTP 端口号？
6. 访问本地 Tomcat 服务有几种方式？
7. 如何访问远程 Tomcat 服务？
8. 如何访问部署在 Tomcat 中 webapps\ROOT 目录下的 JSP 文件？

上机题

1. 安装 JDK、Tomcat、Eclipse，搭建 JSP 的运行环境和开发环境。
2. 参照 1.4 节中的 hello.jsp 代码编写一个 JSP 程序，查看运行结果。

第 2 章　Java 基础

Java 是一种面向对象的、可跨平台运行的程序设计语言，是 JSP 的服务器端脚本语言。Java Application 是 Java 程序的重要形式，其最简形式为：

```
[ public ] class 类名{
        …
    public static void main(String argv[ ]){
        …
    }
}
```

其中，main 方法是程序的入口，一个 Java Application 程序至多有一个 main 方法。

public 是可选项，有 public 修饰的类称为主类，主类要求其所在源程序的文件名必须与主类名完全相同(包括大小写)。一个 Java 程序可以包含多个类，但至多只能有一个主类。

Java 源文件的扩展名为 java，且全部小写。

2.1　在 Eclipse 中创建第一个 Java 程序

1. 创建 Java 工程

启动 Eclipse，执行主菜单中的 File→New→Java Project 命令，在弹出的图 2-1 所示界面中输入工程名称 chap2，单击 Finish 按钮完成 chap2 工程的创建。

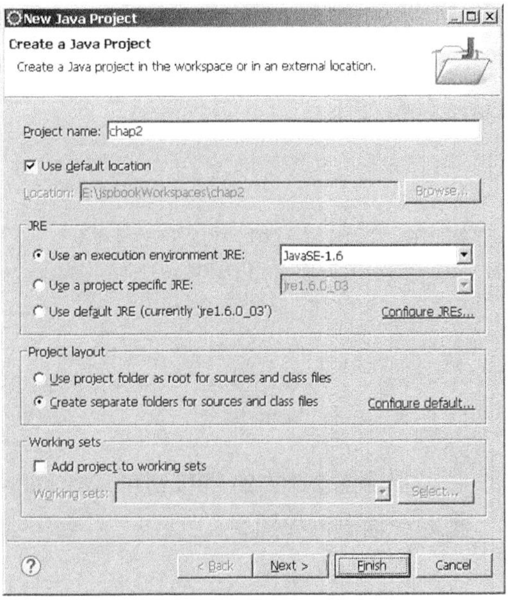

图 2-1　创建 Java 工程

2. 创建 Java 类

接下来右击 chap2 工程，执行 New→Class 命令，在弹出的图 2-2 所示界面中输入类名 helloworld，勾选 public static void main (String[] args)，然后单击 Finish 按钮完成类的创建，此时 Eclipse 会自动生成程序框架，接下来就可以编写代码了，如图 2-3 所示。

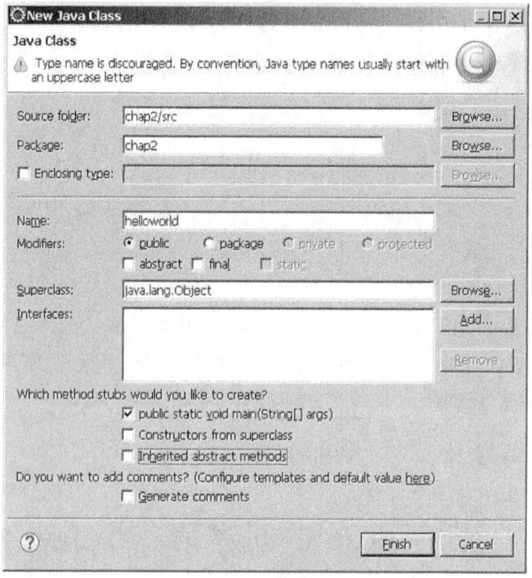

图 2-2　创建 Java 类

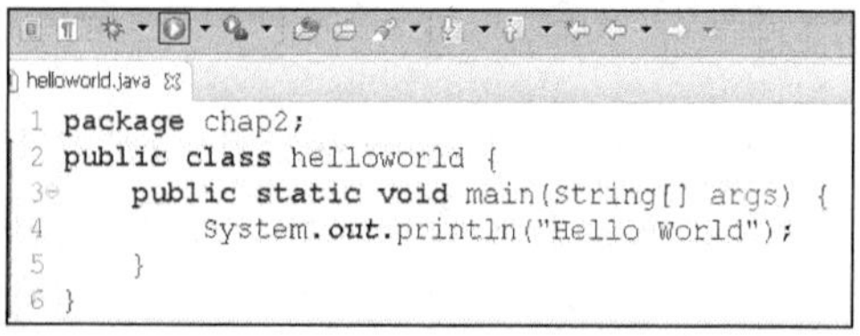

图 2-3　代码编写界面

编写后的 helloworld.java 代码如下：

```
package chap2;
public class helloworld{
    public static void main(String[] args){
        System.out.println("Hello World");
    }
}
```

3. 运行 Java 程序

单击图 2-3 中的按钮可运行 helloworld.java，运行结果通过控制台输出，如图 2-4 所示。

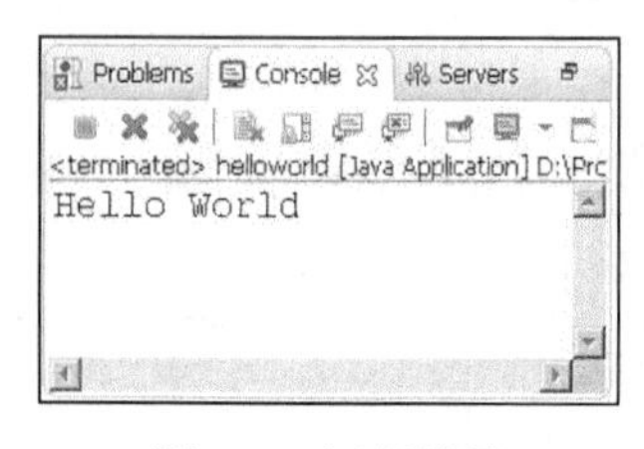

图 2-4　运行结果

2.2　Java 数据类型

2.2.1　整型

Java 整型数据分为整型常量和整型变量。

1. 整型常量

(1) 十进制整数，如 123、−56、0。
(2) 八进制整数，以 0 开头，如 0123(即十进制 83)、011(即十进制 9)。
(3) 十六进制整数，以 0x 或 0X 开头，如 0x123(即十进制 291)、0x11(即十进制 17)。

2. 整型变量

整型变量的类型有 4 种：byte、short、int、long。例如：

```
int a=22;              //定义 int 类型的变量 a，并赋值 22
short b=0x12;          //定义 short 类型的变量 b，并赋值十六进制数 0x12
long c=9223372036854775807L;    //长整型数要在后面加上字母 L 或 l
```

不同整型类型占用的位数和表示数的范围各不相同，具体见表 2-1。

表 2-1　整型的范围

数据类型	所占位数(字节数)	数的范围
byte	8(1 字节)	$-2^{7}\sim2^{7}-1$ (−128～127)
short	16(2 字节)	$-2^{15}\sim2^{15}-1$ (−32768～32767)
int	32(4 字节)	$-2^{31}\sim2^{31}-1$ (−2147483648～2147483647)
long	64(8 字节)	$-2^{63}\sim2^{63}-1$ (−9223372036854775808～9223372036854775807)

2.2.2　浮点型

Java 浮点型数据分为浮点型常量和浮点型变量。

1. 浮点型常量

Java 浮点型常量有两种表示形式：
(1) 十进制数形式：由数字和小数点组成，且必须有小数点，如 0.12、0.0、123.0。
(2) 科学计数法形式：由数字和字母 e 或 E 组成，且 e 或 E 前必须有数字，e 或 E 后的指数必须为整数，如 123e3 代表 123×10^{3}，1.23E3 代表 1.23×10^{3}。

2. 浮点型变量

Java 浮点型变量有 float 和 double 两种。float 类型占 32 位(4 字节)，double 类型占 64 位(8 字节)。

说明：浮点型常量值后加字母 f 表示该值为 float 类型，如 1.23f 为 float 类型常量；加字母 d 表示该值为 double 类型，如 1.23d 为 double 类型常量；既没有 f 也没有 d 时，Java 默认将其作为 double 类型，如 1.23 为 double 类型常量。

2.2.3 字符型

Java 的字符型数据分为字符型常量和字符型变量。

1. 字符型常量

字符型常量是用单引号括起来的一个字符，如'a'和'k'。

另外，Java 也提供了转义字符，用反斜杠“\”开头，用以将其后的字符转化为另外的含义。部分 Java 转义字符见表 2-2。

表 2-2 部分 Java 转义字符

转义字符	含义
\'	单引号字符
\"	双引号字符
\\	反斜杠字符“\”
\r	回车
\n	换行
\f	走纸换页
\t	横向跳格(即跳到下一个输出区)
\b	退格

2. 字符型变量

字符型变量的类型为 char，例如：

```
char mychar='a';     //定义 char 类型的变量 mychar，并赋值 a
```

2.2.4 布尔型

Java 布尔型数据分为布尔型常量和布尔型变量。

1. 布尔型常量

Java 布尔型常量只有两个值：true(真)和 false(假)。

2. 布尔型变量

Java 布尔型变量类型为 boolean，例如：

```
boolean flag=true;        //定义 boolean 类型的变量 flag，并赋值 true
boolean flag2=false;      //定义 boolean 类型的变量 flag2，并赋值 false
```

2.2.5 字符串

Java 字符串不是基本类型，而是一个对象，它分为字符串常量和字符串变量。

1. 字符串常量

Java 字符串常量是用双引号括起来的一串字符，如"Hello World"和"Login OK"。

2. 字符串变量

Java 字符串变量类型为 String。例如：

```
String city="Beijing"; //定义字符串类型的变量 city，并赋值 Beijing
```

3. 字符串的连接

字符串可以通过“+”符号与任意类型的数据进行连接，所有参与连接的值先转换为字符串，然后进行字符串的连接。例如：

```
float f=1.23f;
String bb="ee"+f+'y';   //bb 的结果为 ee1.23y
```

2.3 Java 运算符

Java 中的运算符分为算术运算符、比较运算符、逻辑运算符、赋值运算符、条件运算符和位运算符。

2.3.1 算术运算符

1. 基本算术运算符

基本算术运算符包括加(+)、减(–)、乘(*)、除(/)、求余(%)。

求余运算符%两侧均为整型数据，如 7%4 的余数为 3。两个整数相除的结果为整数，如 9/2 结果为 4，即舍去小数部分(并不四舍五入)。如果参与运算的数中有一个为浮点数，则结果为浮点数，如 1.23/2 的结果为 0.615。

2. 自增(++)和自减(––)运算符

自增运算符(++)是使变量的值增加 1，它有两种用法(设变量 i 已有值)。

i++：先使用 i 的值，然后使 i 增加 1，即 i=i+1。

++i：先使 i 增加 1，即 i=i+1，然后再使用 i 的值。

自减运算符(––)是使变量的值减 1，它有两种用法。

i––：先使用 i 的值，然后使 i 减 1，即 i=i–1。

––i：先使 i 减 1，即 i=i–1，然后再使用 i 的值。

例如：

```
int i=5, j;
i++;     //相当于 i=i+1; 结果 i=6
j=i++;  //相当于 j=i; i=i+1; 结果 j=6, i=7
j=++i;  //相当于 i=i+1; j=i;  结果 j=8, i=8
```

需要说明的是，自增(++)和自减(--)运算符只能用于变量，变量的类型可以是整型、浮点型、字符型，如 char *i*='*a*'; *i*++; 则 *i* 的值为'*b*'。

2.3.2　比较运算符

Java 提供 6 种比较运算符：==(等于)、>(大于)、<(小于)、>=(大于或等于)、<=(小于或等于)和!=(不等于)。比较运算符的运算结果为 true 或 false。例如，a=5，则 a>3 结果为 true，a<3 结果为 false。

需要说明的是，==(等于)和!=(不等于)可用于所有数据类型的比较。对于字符串值的比较，通常用 equals，而不用“==”。

[例 2.1]　equals 和“==”应用区别示例，源程序文件名为 strequal.java。

```
public class strequal{
    public static void main(String[] args){
        String str1="abc";
        String str2=new String("abc");
        boolean flag1,flag2;    //定义 boolean 类型变量 flag1 和 flag2
        flag1=str1.equals(str2); //str1 和 str2 的值相等,故 equals 比较的结果为 true
        flag2=(str1==str2);  //str1 和 str2 的引用不相等,故==比较的结果为 false
        System.out.println ("equals 的结果为: "+flag1);
        System.out.println ("==的结果为: "+flag2);
    }
}
```

程序运行结果为：

```
equals 的结果为: true
==的结果为: false
```

2.3.3　逻辑运算符

逻辑运算符用于对 boolean 类型的数据进行运算，运算结果为 true 或 false。Java 的逻辑运算符有 3 种：&&(逻辑与)、||(逻辑或)和!(逻辑非)。

1. &&运算

参与运算的所有操作数都为 true 时，结果为 true，只要有一个操作数为 false，则结果为 false。

2. || 运算

参与运算的所有操作数都为 false 时，结果为 false，只要有一个为 true，则结果为 true。

3. ！运算

对参与运算的操作数逻辑取非。例如，操作数为 true 时，非的结果为 false，操作数为 false 时，非的结果为 true。

2.3.4 赋值运算符

1. 单一赋值运算符

“=”为单一赋值运算符，其作用是将一个数据赋值给一个变量，如“*a*=3;”“*i*=*i*+1;”。

2. 复合赋值运算符

在单一赋值运算符“=”之前加上其他运算符，则构成复合赋值运算符。常用的复合赋值运算符有+=、−=、*=、/=、%=，例如：

```
a+=3;      等价于    a=a+3;
x/=3;      等价于    x=x/3;
x%=3;     等价于    x=x%3;
```

2.3.5 条件运算符

条件运算符的形式为：

```
表达式 1 ? 表达式 2 : 表达式 3
```

功能：首先计算表达式 1 的值，如果为 true，则计算表达式 2 的值，并将表达式 2 的值作为整个条件表达式的值；反之则计算并返回表达式 3 的值。

例如：

```
int a=6,b;
b=a>0?a:a+3;  //a>0 为 true，故 a 的值 6 作为整个条件表达式的值，结果 b=6
b=a<0?a:a+3;  //a<0 为 false，故 a+3 的值 9 作为整个条件表达式的值，结果 b=9
```

2.3.6 位运算符

Java 的位运算符有：左移（<<）、右移（>>）、无符号右移（>>>）、位与（&）、位或（|）、位异或（^）、位非（~）。除了位非（~）是一元操作符，其他的都是二元操作符。

1. 左移（<<）

左移的规则是二进制位依次向左移，低位补 0。

例如，将 5 左移 2 位（即 5<<2）。

5 的二进制表示为

0000 0000 0000 0000 0000 0000 0000 0101

5 左移 2 位，低位补 2 个 0（方框内），高位的 2 个 0 被移出，结果为

0000 0000 0000 0000 0000 0000 0001 0100　　换算为十进制数为 20

2. 右移（>>）

右移的规则是二进制位依次向右移，正数右移时高位补 0，负数右移时高位补 1。

例如，将 5 右移 2 位（即 5>>2）。

5 的二进制表示为

0000 0000 0000 0000 0000 0000 0000 0101

5 右移 2 位，高位补 2 个 0（方框内），低位的 2 位 0 和 1 被移出，结果为

0000 0000 0000 0000 0000 0000 0000 0001　　换算为十进制数为 1

3. 无符号右移（>>>）

无符号右移的规则是二进制位依次向右移，高位补 0。

例如，将-5 无符号右移 2 位（即 5>>>2）。

-5 的二进制表示为

1111 1111 1111 1111 1111 1111 1111 1011 （5 的二进制按位取反后加 1 即为-5 二进制）

-5 无符号右移 2 位，高位补 2 个 0（方框内），低位的 11 被移出，结果为

0011 1111 1111 1111 1111 1111 1111 1110　　换算为十进制数为 1073741822

4. 位与（&）

位与的规则是两位相与时，两位都是 1 时结果为 1，有一位为 0 则结果为 0。

例如，5 位与 3（即 5&3）。

5 的二进制表示为

0000 0000 0000 0000 0000 0000 0000 0101

3 的二进制表示为

0000 0000 0000 0000 0000 0000 0000 0011

5&3 的结果为

0000 0000 0000 0000 0000 0000 0000 0001　换算为十进制数为 1

5. 位或（|）

位或的规则是两位相或时，两位都是 0 时结果为 0，有一位为 1 则结果为 1。

例如，5 位或 3（即 5 | 3）。

5 的二进制表示为

0000 0000 0000 0000 0000 0000 0000 0101

3 的二进制表示为

0000 0000 0000 0000 0000 0000 0000 0011

5 | 3 的结果为

0000 0000 0000 0000 0000 0000 0000 0111　换算为十进制数为 7

6. 位异或（^）

位异或的规则是两位异或时，两位相同时异或结果为 0，不同时异或结果为 1。

例如，5 异或 3（即 5 ^ 3）。

5 的二进制表示为

0000 0000 0000 0000 0000 0000 0000 0101

3 的二进制表示为

0000 0000 0000 0000 0000 0000 0000 0011

5 ^ 3 的结果为

0000 0000 0000 0000 0000 0000 0000 0110　换算为十进制数为 6

7. 位非（～）

位非的规则是按位取反，即第 *n* 位为 1 时位非为 0，为 0 时位非为 1。

例如，5 的位非（即~5）。

5 的二进制表示为

0000 0000 0000 0000 0000 0000 0000 0101

～5 的二进制表示为

1111 1111 1111 1111 1111 1111 1111 1010　换算为十进制数为-6

2.4　常用 Java 语句

2.4.1　分支语句

1. if 语句

if 语句有三种形式：

```
if(条件表达式){语句}
```

即如果“条件表达式”的判断结果为 true，则执行{语句}。

```
if(条件表达式){语句 1} else{语句 2}
```

即如果“条件表达式”的判断结果为 true，则执行{语句 1}，否则执行{语句 2}。

```
if(条件表达式 1){语句 1}
else if(条件表达式 2){语句 2}
      …
else if(条件表达式 m){语句 m}
else{语句 n}
```

注意：else 总是与它上面最近的 if 匹配。

2. switch 语句

switch 语句的一般形式如下：

```
switch(表达式){
    case 值1: {语句1; break;}
    …
    case 值n: {语句n; break;}
    [default: {语句n+1; }]
}
```

switch 语句执行时，首先计算表达式的值，然后查找 case 的值是否与表达式的值相等，如果相等则执行该 case 对应的语句，如果所有的 case 值都不与表达式的值相等，则执行 default 中的语句(如果有 default 语句)，当执行 break 语句时，则退出整个 switch 语句。

[例 2.2] 利用 switch 语句判断一个数对 4 的余数，源程序文件名为 switchDemo.java。

```
public class switchDemo{
    public static void main(String[] args){
        int a=241;
        switch(a%4){
            case 0:{
                System.out.println(a+"对 4 的余数为 0");
            }
            case 1:{
                System.out.println(a+"对 4 的余数为 1");
            }
            case 2:{
                System.out.println(a+"对 4 的余数为 2");
                break;
            }
            case 3:{
                System.out.println(a+"对 4 的余数为 3");
                break;
            }
        }
    }
}
```

如果 a%4 的结果为 1，则执行 case 1 的语句 System.out.println (a+"对 4 的余数为 1")，由于该语句后没有 break 语句，所以又要继续执行 case 2 的语句 System.out.println (a+"对 4 的余数为 2")和 break，执行 break 后即退出 switch 语句，所以 case 3 的语句不被执行。运行结果为：

```
241 对 4 的余数为 1
```

```
241 对 4 的余数为 2
```

说明：

(1) 表达式返回的类型包括 byte、short、char、int、enum(枚举类型，Java 5)、String(Java 7)。

(2) case 值必须是常量且不能重复，类型也必须与表达式计算结果类型兼容。

(3) case 中 break 用于跳出整个 switch 语句。break 语句是可选的，如果没有 break 语句，则顺序执行下一个 case 语句。

(4) 多个 case 可以共用一组语句，如

```
case 'A':
case 'B':
case 'C': {共用语句; break;}
```

2.4.2　循环语句

Java 循环语句包括 for 循环、while 循环和 do…while 循环。

1. for 循环

for 循环的一般形式如下：

```
for(表达式 1; 表达式 2; 表达式 3){
    循环体语句
}
```

它的执行过程如下：

(1) 计算表达式 1 的值。

(2) 判断表达式 2 的值，若为 true，则执行循环体语句，执行结束后转到第(3)步，若为 false，则结束 for 循环。

(3) 计算表达式 3 的值，然后转到第(2)步。

例如：

```
int i,s=0;
for(i=1; i<4; i++){
    s=s+i;
}
```

上例 for 循环结束时，i 的值为 4，s 的值为 6，即 0+1+2+3，即计算到 3 的累加和。

需要注意的是，上例程序如果没有 i++，则 i 的值不变(始终为 1)，条件 i<4 始终为 true，这样 for 语句会无休止地执行下去，成为死循环。

2. while 循环

while 循环形式如下：

```
while(表达式){
    循环体语句
```

```
}
```

它的执行过程如下：

(1)判断表达式的值，若为true，则转到第(2)步，若为false，则结束while循环。

(2)执行循环体语句，执行结束后再转到第(1)步。

例如：

```
int i=1,s=0;
while(i<4){
    s=s+i;
    i++;
}
```

上例while循环结束时，*i*的值为4，*s*的值为6，即计算到3的累加和。

同样地，上例中如果没有语句*i*++，也会变为一个死循环。

3. do…while循环

do…while循环形式如下：

```
do{
    循环体语句
} while(表达式);
```

它的执行过程为：先执行循环体语句，然后判断表达式的值，若为true，则继续执行循环体语句，如此反复，直到表达式的值等于false，此时循环结束。

例如：

```
int i=1,s=0;
do{
   s=s+i;
   i++;
} while(i<4);
```

上例do…while循环结束时，*i*值为4，*s*值为6，即计算到3的累加和。

同样地，上例中如果没有语句*i*++，也会变为一个死循环。

2.4.3 跳转语句

Java跳转语句包括break、continue和return语句，它们在程序中改变程序的流程。

1. break语句

break用在switch语句和循环语句中，实现退出switch语句和循环语句。

2. continue语句

continue用在循环语句中，功能是跳过continue后面的语句，进入下一次循环的判断。

3. return 语句

return 为返回语句，即从当前方法中退出，返回到调用该方法的语句处。

2.5　数　　组

数组是一系列对象或者基本数据类型的集合，数组中每一个元素具有相同的数据类型。数组分为一维数组和多维数组。

2.5.1　一维数组

1. 一维数组的声明

数组必须声明之后才能使用。一维数组的声明方式为：

```
数据类型  数组名[];
```

例如：

```
int a[];     //声明一维 int 类型的数组 a
String b[];  //声明一维 String 类型的数组 b
```

说明：

(1) 数组名必须符合 Java 标识符的命名规则。

(2) 定义数组时不能直接指定数组的大小，如 int *a*[5]是错误的。

(3) 符号[]也可以放在数据类型的后面，如 int *a*[]可以写成 int [] *a*，String *b*[]可以写成 String[] *b*。

2. 一维数组的创建

数组声明时并没有为数组分配内存空间，所以不能直接使用，必须在创建以后才能使用。创建数组有以下方法：

(1) 使用 new 方法创建数组，格式如下：

```
数组名=new 数组类型[数组长度]
```

例如：

```
int a[];          //声明一维 int 类型的数组 a
a=new int[10];   //为数组 a 创建 10 个元素
```

以上两句也可以写在一起，即

```
int a[]=new int[10];
```

(2) 声明数组时用初始值创建数组，例如：

```
String b[]={"beijing","shanghai"};
```

即声明一维 String 类型数组 *b*，为该数组创建两个元素并赋值，它等效于：

```
String b=new String[2];  //为数组b创建两个元素
b[0]="beijing";    //为第一个元素b[0]赋值beijing
b[1]="shanghai";   //为第二个元素b[1]赋值shanghai
```

(3) new 的同时提供初始值，例如：

```
String b=new String[]{"北京","南京"};
```

3. 数组长度 length

数组长度通过属性 length 来获得，例如：

```
int a[]=new int[10];
```

则 *a*.length 为 10。

需要特别注意的是，数组长度属性 length 只能引用，不能赋值。下面的语句是错误的：

```
a.length=10;  //错误，不能为数组长度属性length赋值
```

4. 一维数组元素的引用

一维数组元素的引用方式为：

```
数组名[下标]
```

下标可以是整型常数或整型表达式，数组的下标从 0 开始，即第一个数组元素的下标为 0，最后一个数组元素的下标为 length–1。

[例 2.3]　一维数组举例，源程序文件名为 arrayDemo_one.java。

```
public class arrayDemo_one{
    public static void main(String[] args){
        int a[];  //声明一维整型数组a
        a=new int[5];  //为数组a创建5个元素
        int i;
        for(i=0;i<a.length;i++){
            a[i]=i+10;  //为数组a的5个元素赋值
        }
        for(i=0;i<a.length;i++){
            System.out.println("a["+i+"]="+a[i]);  //输出数组a的5个元素的值
        }
    }
}
```

程序运行结果为：

```
a[0]=10
a[1]=11
```

```
a[2]=12
a[3]=13
a[4]=14
```

注意：不能操作一个没有长度的数组。例如：

```
int a[];
for(int i=0;i<a.length;i++){
    a[i]=i+10;
}
```

这个程序是错误的，因为仅仅声明数组 *a*，而没有创建数组 *a*，因此没有长度，不能对其操作。

2.5.2 二维数组

1. 二维数组的声明

二维数组的声明方式为：

```
数据类型  数组名[][];
```

例如：

```
int a[][];       //声明二维 int 类型的数组 a
String b[][];  //声明二维 String 类型的数组 b
```

2. 二维数组的创建

二维数组的创建常用以下两种方法。

(1) 使用 new 方法创建数组，格式如下：

```
数组名=new 数组类型[数组长度][数组长度]
```

例如：

```
int a[][];
a=new int[2][3];  //将 a 创建为一个 2×3(即 2 行 3 列)的数组
```

以上两句也可以写在一起，即

```
int a[][]=new int[2][3];
```

(2) 声明数组时使用初始值创建数组，例如：

```
int a[][]={{1,2,3},{4,5,6}};
```

注意不能这样使用初始值创建二维数组：

```
int a[][]={1,2,3,4,5,6};
```

3. 二维数组元素的引用

二维数组元素的引用方式为“数组名[下标][下标]”，如 *a*[0][1]、*a*[1][2]和 *a*[2][2]。

4. 二维数组的长度

二维数组可以这样理解，例如：

```
int a[][];
a=new int[3][3];  //将 a 创建为一个 3×3(即 3 行 3 列)的数组
```

可以把数组 *a* 看成一个特殊的一维数组，由 *a*[0]、*a*[1]和 *a*[2]三个元素组成，每个元素又是包含 3 个元素的一维数组，如 *a*[0]由 *a*[0][0]、*a*[0][1]、*a*[0][2]三个元素组成，见图 2-5。

```
┌ a[0] → a[0][0]  a[0][1]  a[0][2]
│ a[1] → a[1][0]  a[1][1]  a[1][2]
└ a[2] → a[2][0]  a[2][1]  a[2][2]
```

图 2-5　二维数组示意图

由此可以看出，*a*.length 的值为 3，*a*[0].length、*a*[1].length 和 *a*[2].length 的值均为 3。

[例 2.4]　二维数组举例，源程序文件名为 arrayDemo_two.java。

```
public class arrayDemo_two{
    public static void main(String[] args){
        int a[][]=new int[2][3];  //声明并创建二维整型数组 a
        int i,j;
        for(i=0;i<a.length;i++){  //按二维数组的行进行循环
            for(j=0;j<a[i].length;j++){  //按二维数组的列进行循环
                a[i][j]=i+j;  //为二维数组 a 中的各元素赋值
            }
        }
        for(i=0;i<a.length;i++){  //按二维数组的行进行循环
            for(j=0;j<a[i].length;j++){  //按二维数组的列进行循环
                System.out.println("a["+i+"]["+j+"]="+a[i][j]);
                                                    //输出 a 中的各元素的值
            }
        }
    }
}
```

程序运行结果为：

```
a[0][0]=0
a[0][1]=1
a[0][2]=2
```

```
a[1][0]=1
a[1][1]=2
a[1][2]=3
```

2.6　Java 类基础

在面向对象程序设计中，类(Class)和对象(Object)是非常重要的概念。类是指具有共同性质的实体，是描述对象的“基本原型”，它定义对象所能拥有的数据和所能完成的操作。

2.6.1　类的定义形式

Java 类定义的一般形式如下：

```
[package 包名;]
[import 类名;]
[public] class 类名 [extends 父类名]{
    成员变量定义;
    成员方法定义;
}
```

1. package 语句

package 语句是包定义语句，它是可选的，即源程序中可以没有包定义语句，但如果有，至多只能有一句，且必须放在第一句。

包是管理类名空间的一种命名机制和可见性限制机制。包名由一个或多个段(名字)组成，每个段之间用“.”(英文点)分隔，例如：

```
package a.b.c;
```

类的存放位置通过包名与操作系统的文件目录一一映射的关系来确定。例如，某类的包名为 a.b.c，它由 a、b、c 三段组成，这三段分别对应三个目录，即 a 目录、b 目录和 c 目录，三个目录的关系是 a 目录包含 b 目录，b 目录包含 c 目录，编译产生的类文件在 c 目录中。

2. import 语句

import 语句是将程序中需要的其他类包含进来，它是可选的，该语句放在 package 语句之后(如果有 package 语句)、类定义之前。

例如，程序要用到 java.util 包的 Date 类，可以使用如下语句导入 Date 类：

```
import java.util.*;  //导入 java.util 包所有类
```

或写成

```
import java.util.Date;  //仅导入 java.util 包的 Date 类
```

说明：

(1) 导入指定类时，只写类名，不要带扩展名 class。例如，“import java.util.Date;”不能写成“import java.util.Date.class;”。

(2) 如果子类和父类包名相同，则子类中可以不用 import 语句导入父类。

(3) 如果一个类没有包名，则无法通过 import 语句将其导入。

(4) Java 默认将 java.lang 包中的所有类导入。

3. 类的访问层次

类的访问层次包括：public 层次类(即 class 前有 public 修饰符)和默认层次类(即 class 前无 public 修饰符)。

(1) public 层次类：表示该类允许任意程序访问。

(2) 默认层次类：表示该类仅允许同一个包(即包名相同)中的程序访问。

4. 类的继承

类的继承通过 extends 子句实现。Object 类是所有 Java 类的根，如果要定义 Object 类的子类，则可以省略 extends Object 子句。

2.6.2 成员定义

类成员包括成员变量和成员方法。

成员变量是类拥有的数据，定义形式为：

```
[访问指示符] [static] 数据类型 变量名;
```

成员方法是类完成的操作，定义形式为：

```
[访问指示符] [static] 返回类型 方法名( [形参列表] ){
    方法体;
}
```

1. 访问指示符

类成员访问指示符包括 public、private 和 protected，含义如下：

(1) public：public 成员可被任意程序访问。

(2) private：private 成员只能被本类访问。

(3) protected：protected 成员能被本包和其子类访问。

(4) 无指示符：无指示符成员只能被本包访问。

2. static 修饰符

有 static 修饰的成员称为静态成员。

3. 返回类型

成员方法的返回类型可以为任意 Java 数据类型，包括 void 类型(空类型)。

2.6.3 this

this 是在非静态方法中使用的变量，其指向当前对象。

[例 2.5]　this 示例，源程序文件名为 Universityinit.java。

```
public class Universityinit{
    String name;
    int age;
    public void init(String name,int p_age){
        this.name=name;
        this.age=p_age;
    }
    public static void main(String[] args){
        Universityinit ui=new Universityinit();
        ui.init("北京大学",100);
        System.out.println("学校名: "+ui.name+"; 校龄: "+ui.age);
    }
}
```

例 2.5 中有两种 name，一种是 Universityinit 类的成员变量 name，一种是 init 方法的形参 name，二者要通过 this 进行区分。this.name 指的是 Universityinit 的成员变量 name，不带“this.”的 name 指的是 init 方法的形参 name。this.age 的“this.”可以省略，因为 age 在 Universityinit 中是唯一的。

程序运行结果为：

```
学校名：北京大学；校龄：100
```

2.6.4 构造方法

构造方法是一种特殊的成员方法，不能被继承，创建类的实例时会自动执行构造方法。

构造方法的形式如下：

```
[public] 构造方法名([形参列表]){
     方法体
}
```

构造方法必须满足以下条件：

(1) 方法名必须与其所在类的类名完全相同(包括大小写)。

(2) 不能声明返回类型。

(3) 不能被 static、final、synchronized、abstract、native 修饰。

构造方法前是否有 public 修饰，取决于类的访问层次。如果为 public 类(主类)，则构造方法前通常有 public 修饰。

[例 2.6] 构造方法举例，源程序文件名为 University.java。

```
public class University{
    String name;
    int age;
    public University(String name,int age){  //定义构造方法
        this.name=name;
        this.age=age;
    }
    public static void main(String[] args){
        University ui=new University("北京大学",100);
        System.out.println("学校名："+ui.name+"；校龄："+ui.age);
    }
}
```

例 2.6 中定义了 University 类的构造方法，该构造方法为成员变量 name 和 age 赋值。在创建 University 类的实例 ui 时，程序自动执行 Universityinit 的构造方法，为实例 ui 的成员变量 name 和 age 赋值。

程序运行结果与例 2.5 相同。

2.6.5 super

super 也是在非静态方法中使用的变量，其指向当前对象的父类，通过 super 可以引用父类的成员变量、成员方法和构造方法。通过 super 调用父类的构造方法时，super 语句必须位于子类构造方法的第一行。

[例 2.7] 通过 super 调用父类构造方法举例，源程序文件名为 myUniversity.java。

```
public class myUniversity extends University{
    String city;
    public myUniversity(String name,String city,int age){ //定义子类构造方法
        super(name,age);  //调用父类构造方法，该语句必须放在子类构造方法的第一行
        this.city=city;
    }
    public static void main(String[] args){
        myUniversity ui=new myUniversity("北京大学","北京",100);
        System.out.println("学校名："+ui.name+"；城市："+ui.city+"；校龄：
        "+ui.age);
    }
}
```

例 2.7 中定义了 University 类(该类已在例 2.6 中定义)的子类 myUniversity。子类 myUniversity 的成员变量包括从父类 University 继承来的成员变量 name 和 age，还有自己定义的成员变量 city。

子类 myUniversity 还定义了自己的构造方法，在该构造方法中通过语句 super(name,age) 调用父类 University 的构造方法为继承来的成员变量 name 和 age 赋值。

程序运行结果如下：

```
学校名：北京大学；城市：北京；校龄：100
```

注意：如果父类中显式定义了构造方法，则子类中也必须显式定义构造方法，且子类的构造方法中一定要通过 super 语句调用父类的构造方法。

2.7 Java 异常处理

异常(exception)是程序运行过程中产生的一种例外或者错误，它能够中断程序的正常运行。因此程序应该对异常进行必要的处理，以提高程序运行的可靠性。

Java 中每一个异常都是一个对象，都是由 Exception 类派生出来的。Java 中的异常主要包括运行时异常(runtime exception)和非运行时异常。

2.7.1 运行时异常

运行时异常是程序在运行过程中发生的异常，这种异常无法在编译期间检测到，因此能够通过编译。

[例 2.8] 运行时异常举例，源程序文件名为 dvidebyzero.java。

```
1 public class dvidebyzero{
2     public static void main(String[] args){
3         int b=0;
4         int a=5/b;
5         System.out.println(a);
6     }
7 }
```

该程序能够通过编译，但运行时，程序中 b 的值为 0，由于 0 不能作为除数，因此运行第 4 行 $5/b$ 时产生异常，程序因此在第 4 行停止(第 5 行不再运行)。运行产生的异常信息如下：

```
Exception in thread "main" java.lang.ArithmeticException: / by zero
    at dvidebyzero.main(dvidebyzero.java:4)
```

即产生了 ArithmeticException 异常。

2.7.2 非运行时异常

非运行时异常是程序编译期间发生的异常，是可预知的。Java 程序必须捕获或声明所有的非运行时异常，否则不能通过编译。例如，图 2-6 所示代码无法编译，因为非运行时异常 IOException 未处理。

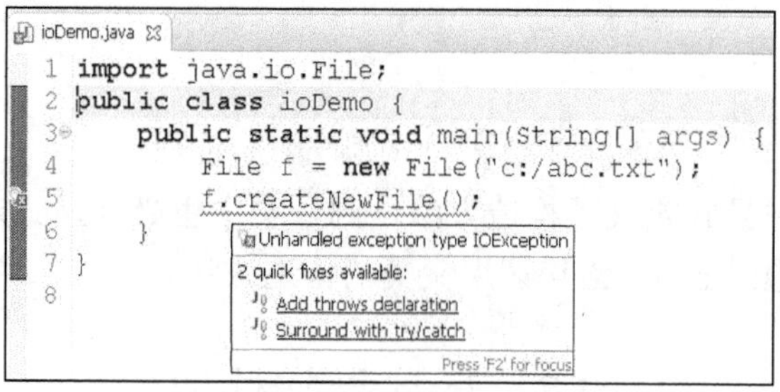

```
ioDemo.java
1 import java.io.File;
2 public class ioDemo {
3     public static void main(String[] args) {
4         File f = new File("c:/abc.txt");
5         f.createNewFile();
6     }
7 }
8
```

Unhandled exception type IOException
2 quick fixes available:
Add throws declaration
Surround with try/catch
Press 'F2' for focus

图 2-6　未处理的非运行时异常

2.7.3　捕捉异常

Java 可以通过 try、catch 和 finally 捕捉异常，形式如下：

```
try{
    尝试执行的程序;
}
catch(异常类型 1 实例名 1) {
    对异常类型 1 情况的处理;
}
catch(异常类型 2 实例名 2) {
    对异常类型 2 情况的处理;
}
…
finally{
   无论是否发生异常最后都要执行的程序;
}
```

程序运行时将尝试执行 try 语句中的程序，如果执行过程中发生异常，则在发生异常的地方停止执行，并转向与发生异常类型相匹配的第一个 catch 子句中执行，catch 子句执行结束后，最后执行 finally 子句；如果执行 try 语句过程中未发生异常，则在执行完所有 try 语句后，跳过 catch 子句而直接执行 finally 子句。

[例 2.9]　运行时异常捕捉举例，源程序文件名为 catchException.java。

```
1  public class catchException{
2      public static void main(String[] args){
3          int b=0,a=4;
4          try{
5              a=a/2;
6              System.out.println(a);
7              a=a/b;
8              System.out.println(a);
9          }
10         catch(ArithmeticException e){
11            System.out.println("产生 ArithmeticException 异常: "+e.
```

```
                    oString());
12          }
13          finally{
14             System.out.println("这是 finally 子句中总是要执行的语句！");
15          }
16       }
17  }
```

程序进入第 4 行 try 语句后，第 5 行 *a=a*/2 运行正常，接着运行第 6 行输出 *a* 的值，然后运行第 7 行 *a=a*/*b*，由于 *b* 为 0 作为除数，因此 *a*/*b* 产生异常，程序在第 7 行停止，第 8 行不再运行。由于 *a*/*b* 产生的异常为 ArithmeticException，而第 10 行 catch 子句中捕捉的异常也是 ArithmeticException，因此程序在第 7 行停止后即转向与 *a*/*b* 异常相匹配的第 10 行 catch 子句，并运行该子句中的第 11 行语句。catch 子句执行完后即进入第 13 行 finally 子句执行，并运行该子句中的第 14 行。程序运行结果为：

```
2
产生 ArithmeticException 异常：java.lang.ArithmeticException: / by zero
这是 finally 子句中总是要执行的语句!
```

说明：

(1) catch 子句中捕捉的异常必须是 try 语句中可能产生的异常，否则编译会出错。例如，将第 10 行中的 ArithmeticException 换成 ClassNotFoundException 则报错，因为 try 语句不可能产生 ClassNotFoundException 异常。

(2) 由于任何异常都是由 Exception 派生而来的，所以可以在 catch 子句中使用 Exception 捕捉 try 语句中可能产生的全部异常，所以可以将第 10 行中的 ArithmeticException 换成 Exception。

(3) catch 子句和 finally 子句均是可选的，但 catch 子句和 finally 子句至少要有一个存在。

图 2-6 所示代码可以采用 try、catch 捕捉异常，单击 Surround with try/catch 语句后，Eclipse 会自动添加 try、catch 代码，修改后的代码如下：

```
import java.io.File;
import java.io.IOException;
public class ioDemo {
    public static void main(String[] args) {
        File f = new File("c:/abc.txt");
        try{
            f.createNewFile();
        } catch ( IOException e){
            e.printStackTrace();
        }
    }
}
```

2.7.4 声明异常

对于出现的异常，程序可以不进行捕捉，而是将异常沿着调用层次向上传递，由调用它的方法来处理这些异常，这种处理方法称为声明异常。

声明异常的方法是在产生异常的方法后面加上抛出(throws)异常的列表，形式为：

```
修饰符 返回类型 方法名([形参列表]) throws 异常列表{
    方法体;
}
```

如果抛出的异常不止一个，则各异常之间用“，”(逗号)分隔。

图 2-6 所示代码可以采用声明异常的方法进行修改，单击 Add throws declaration 语句后 Eclipse 会自动添加声明异常的代码，修改后的代码如下：

```
import java.io.File;
import java.io.IOException;
public class ioDemo{
    public static void main(String[] args) throws IOException{
        File f=new File("c:/abc.txt");
        f.createNewFile();
    }
}
```

2.8 抽象类和接口

抽象类和接口是 Java 的高级类技术，使用抽象类和接口能极大地减轻编程工作量，提高代码的可重用性。

2.8.1 抽象类

Java 中可以创建一种专门用作父类的类，这种类叫抽象类。抽象类可以看作模板，也就是说要依据抽象类的格式来创建新的类。

抽象类的定义形式如下：

```
abstract class 类名{
    成员变量定义;
    访问权限 abstract 返回值类型 方法名(参数);          //抽象方法定义，无方法体
    访问权限 返回值类型 方法名(参数){                  //普通方法定义
        …   //方法体
    }
}
```

需要注意的是，抽象类中的抽象方法仅是方法的声明，没有方法体。

[例 2.10]　抽象类示例，源程序文件名为 abstractDemo.java。

```
abstract class A{ //定义抽象类
    public abstract void prtInfo(); //定义抽象方法
    public A(){ //定义抽象类的构造方法
        System.out.println("在抽象类的构造方法中输出");
    }
    public void prtMe(){ //定义普通方法
        System.out.println("在抽象类中定义的普通方法的输出");
    }
}
class B extends A{ //定义抽象类的子类，子类中要覆写全部抽象方法
    public void prtInfo(){ //覆写抽象方法 prtInfo
        System.out.println("在抽象类的子类中实现抽象方法的输出");
    }
}
public class abstractDemo{
    public static void main(String args[]){
        B b=new B();//实例化子类
        b.prtInfo();//调用子类覆写过的方法
        b.prtMe(); //调用抽象类中直接定义的方法
    }
}
```

程序运行结果为：

```
在抽象类的构造方法中输出
在抽象类的子类中实现抽象方法的输出
在抽象类中定义的普通方法的输出
```

说明：

(1) 抽象类中必须至少包含一个抽象方法，且抽象方法只需声明，不需要实现。

(2) 抽象类的子类如果不是抽象类，则子类必须覆写抽象类中的全部抽象方法。

(3) 抽象类不能直接创建实例，只能通过其子类创建实例。

(4) 抽象类中可以定义构造方法。

(5) 抽象类不能使用 final 关键字声明。

2.8.2　接口

接口是一种特殊的类，里面全部是由全局常量和公共抽象方法组成的，定义形式如下：

```
interface 接口名称{
    全局常量;
    抽象方法;
}
```

例如：

```
interface C{
    public static final String city = "北京";  //定义全局常量
    public abstract String getInfo();  //定义抽象方法
}
```

由于接口由全局常量和公共抽象方法组成，因此上述代码可以简写为：

```
interface C{
    String city = "北京";  //定义全局常量
    String getInfo();  //定义抽象方法
}
```

与抽象类一样，接口必须通过其子类才能使用，并且子类要通过 implements 实现接口。接口的实现形式如下：

```
class 子类 implements 接口 1 , 接口 2 , …{
    …
}
```

[例 2.11]　接口示例，源程序文件名为 interfaceDemo.java。

```
interface C{  //定义接口 C
    String city="北京";  //定义全局常量
    String getInfo();  //定义抽象方法
}
interface D{  //定义接口 D
    void say();  //定义抽象方法
}
class E implements C, D{  //定义接口的实现类 E
    public String getInfo(){  //实现接口 C 中的抽象方法 getInfo
        return "hello";
    }
    public void say() {  //实现接口 D 中的抽象方法 say
        System.out.println("北京");
    }
}
public class interfaceDemo{
    public static void main(String[] args){
        E e=new E();
        System.out.println(e.getInfo());  //调用接口 C 中的抽象方法 getInfo
        e.say();  //调用接口 D 中的抽象方法 say
    }
}
```

程序运行结果为：

```
hello
```

北京

说明：

(1) 一个子类可以同时继承抽象类并实现接口，格式如下：

```
class 子类 extends 抽象类 implements 接口 1,接口 2 ,…{ }
```

(2) 抽象类可以实现接口，但接口不能继承抽象类。

(3) 一个子接口可以同时继承多个父接口，实现接口的多继承，格式如下：

```
interface 子接口 extends 父接口 1,父接口 2,…{ }
```

(4) 接口中的方法都必须是抽象方法，实现接口的类要实现接口中的全部抽象方法。

2.9　类　　集

类集是一个动态的对象数组，与一般的对象数组不同，类集中的对象内容可以任意扩充。Java 类集的最大接口包括 Collection 接口和 Map 接口。

Collection 是存放单值集合的最大父接口，所谓单值是指集合中的每个元素都是一个对象。Collection 的子接口包括 List 接口、Set 接口、Queue 接口和 SortedSet 接口。

Map 是存放一对值的最大父接口，每次操作的是一对对象，即二元偶对象，它们以键(key)-值(value)对的形式存储在集合之中。

本书介绍 List 接口的 ArrayList 和 Vector 子类以及 Map 接口的 HashMap 子类。

2.9.1　ArrayList

ArrayList 是 List 接口的实现类，可以通过 ArrayList 为 List 接口实例化，例如：

```
List books=new ArrayList();
```

Java 支持泛型后，创建时可以指定元素类型。例如：

```
class Book{  //定义 Book 对象
    …
}
List<Book> books=new ArrayList<Book>();  //创建 Book 类型的 List 对象
```

为避免容器频繁扩容而影响性能，也可以在创建时指定容量。例如，创建可容纳 100 个 Book 对象的 ArrayList(超过 100 个将自动扩容)。

```
List<Book> books=new ArrayList<Book>(100);
```

上述方法创建的 books 实例上溯到了 List，此时它是一个 List 对象，而不是 ArrayList 对象，所以，对于 ArrayList 有而 List 没有的属性和方法则不能在 books 实例中使用。

ArrayList 常用方法见表 2-3。

表 2-3 ArrayList 常用方法

方法	描述
public void add(E element)	在末尾增加元素
public void add(int index, E element)	在指定位置增加元素
public E get(int index)	返回指定位置的元素
public int indexOf(Object o)	查找指定元素的位置
public int size()	获取集合元素数
public E remove(int index)	删除指定位置的元素
public E set(int index, E element)	替换指定位置的元素

[例 2.12] ArrayList 操作示例，源程序文件名为 book_List.java。

```
import java.util.ArrayList;
import java.util.List;
public class book_List{
    private String bookName, author;
    public book_List(String bookName, String author) { //建立构造方法
        this.bookName=bookName;
        this.author=author;
    }
    public static void main(String[] args){
        List<book_List> aList = new ArrayList<book_List>();
                                            //实例化 List 对象
        book_List book1=new book_List("计算机基础", "章之浩");
        aList.add(book1); //将 book1 添加到 aList 中
        book_List book2=new book_List("大学语文", "文菲");
        aList.add(0, book2); //将 book2 添加到 aList 的第一个位置
        book_List temp=aList.get(0); //获取元素
        temp.bookName="大学体育"; //将"大学语文"改为"大学体育"
        //输出 aList 元素
        for (int i=0; i<aList.size(); i++){
            temp=aList.get(i);
            System.out.println(temp.bookName + "、" + temp.author);
        }
    }
}
```

程序运行结果为：

```
大学体育、文菲
计算机基础、章之浩
```

2.9.2 Vector

Vector 是 List 接口的另一个实现类。

[例 2.13]　Vector 操作示例，源程序文件名为 book_Vector.java。

```
import java.util.Vector;
import java.util.List;
public class book_Vector{
    private String bookName, author;
    public book_Vector(String bookName, String author){ //建立构造方法
        this.bookName=bookName;
        this.author=author;
    }
    public static void main(String[] args) {
        List<book_Vector> aList = new Vector<book_Vector>();
                                            //实例化 List 对象
        book_Vector book1=new book_Vector("计算机基础", "章之浩");
        aList.add(book1); //将 book1 添加到 aList 中
        book_Vector book2=new book_Vector("大学语文", "文菲");
        aList.add(0, book2); //将 book2 添加到 aList 的第一个位置
        book_Vector temp=aList.get(0); //获取元素
        temp.bookName="大学体育"; //将"大学语文"改为"大学体育"
        //输出 aList 元素
        for (int i=0; i<aList.size(); i++){
            temp=aList.get(i);
            System.out.println(temp.bookName + "、" + temp.author);
        }
    }
}
```

ArrayList 与 Vector 的功能和用法虽然相似，但它们之间存在一定区别，主要体现在性能和线程安全方面，具体见表 2-4。

表 2-4　ArrayList 与 Vector 的主要区别

比较点	ArrayList	Vector
推出时间	JDK 1.2 之后推出的，属于新的操作类	JDK 1.0 时推出，属于旧的操作类
性能	采用异步处理方式，性能更高	采用同步处理方式，性能较低
线程安全	属于非线程安全的操作类	属于线程安全的操作类
输出	只能使用 Iterator、foreach 输出	可以使用 Iterator、foreach、Enumeration 输出

2.9.3　HashMap

HashMap 是类集接口 Map 的实现类，用来操作以键-值对形式存在的二元偶对象。使用时可以通过 HashMap 实例化 Map 接口，例如：

```
Map<String, String> map = new HashMap<String, String>();
  //实例化，key 和 value 均为 String
```

HashMap 常用方法见表 2-5。

表 2-5　HashMap 常用方法

方法	描述
public Object put（key, value）	在末尾增加键值对(key, value)
public Object get（key）	获取 key 的值 value
public boolean containsKey（key）	判断是否存在 key 的键值对
public boolean containsValue（value）	判断是否存在 value 的键值对
public Set keySet（）	获取全部 key
public Collection values（）	获取全部 value
public Object remove（key）	删除 key 的键值对

[例 2.14]　HashMap 操作示例，源程序文件名为 hashMap.java。

```
import java.util.HashMap;
import java.util.Map;
import java.util.Iterator;
public class hashMap{
    public static void main(String[] args){
        Map<String, String> map = new HashMap<String, String>();
                                        //key 和 value 均为 String 类型
        map.put("beijing", "北京"); //增加内容
        map.put("shanghai", "上海");
        map.put("guangzhou", "广州");
        map.remove("shanghai"); //删除内容
        //输出集合中的全部 key 和 value
        Iterator<String> iter = map.keySet().iterator();
                                        //提取全部 key 至 Iterator 中
        while(iter.hasNext()) { //遍历全部 key
            String key=iter.next(); //取出 key
            String value=map.get(key); //取出 key 对应的 value
            System.out.println(key + "、" + value);
        }
    }
}
```

程序运行结果为：

```
guangzhou、广州
beijing、北京
```

需要说明的是，HashMap 中不允许重复的 key 存在，如果新添加的 key 已存在，则原来的键-值对将被覆盖。

2.10　小　　结

本章主要介绍了 Java 的基本数据类型，Java 数据类型之间的转换，Java 的各种运算符，Java 语句类型，Java 一维和二维数组，Java 类技术，Java 异常处理，Java 抽象类和接口，Java 常用的类集对象 ArrayList、Vector 和 HashMap。通过本章的学习，读者应该能够进行常规 Java 程序的编写。

习题

1．下列赋值语句正确的是(　　)。

A．char *a*=12;　　　　B．int *a*=12.0;

C．int *a*=12.0f;　　　　D．int *a*=(int) 12.0;

2．所有类的基类是(　　)。

A．java.lang.Object　　　　B．java.lang.Class

C．java.applet.Applet　　　　D．java.awt.Frame

3．关于构造方法说法错误的是(　　)。

A．构造方法名与类相同

B．构造方法无返回值，可以使用 void 修饰

C．构造方法在创建对象时被调用

D．在一个类中如果没有明确地给出构造方法，编译器会自动提供一个构造方法

4．给出下列代码，编译时可能会有错误的是(　　)。

```
1 public void modify(){
2   int i,j,k;
3   i=100;
4   while(i>0){
5      j=i*2;
6      System.out.println(" The value of j is " + j);
7      k=k+1;
8   }
9 }
```

A．line 4　　B．line 6　　C．line 7　　D．line 8

5.下列(　　)修饰符可以使在一个类中定义的成员变量只能被同一个包中的类访问。

A．private　　B．无修饰符　　C．public　　D．protected

6．已知有下列类的说明，则下列语句正确的是(　　)。

```
public class Test
{
   private float f=1.0f;
   int m=12;
   static int n=1;
```

```
    public static void main(String arg[ ])
    {
    Test t=new Test();
   }
}
```

A．t.f; B．this.n; C．Test.m; D．Test.f;

7．以下代码输出的结果是（　　）。

```
int x=100;
System.out.println(5.5+x/8);
```

A．17.5 B．17 C．18 D．18.5

8．在 Java 语言中执行如下语句后，*i* 和 *j* 的值分别为（　　）。

```
int i=10;int j=++i;
```

A．11 和 11 B．10 和 10 C．10 和 11 D．11 和 10

9．下列代码中，不正确的是（　　）。

```
byte[] array1,array2[];
byte array3[][];
byte[][] array4;
```

A．array2=array1 B．array2=array3

C．array2=array4 D．array3=array4

10．下列代码中，使成员变量 *m* 被方法 fun()直接访问的方法是（　　）。

```
class Test
{
    private int m;
    public static void fun()
    {
        ...
    }
}
```

A．将 private int *m* 改为 protected int *m*

B．将 private int *m* 改为 public int *m*

C．将 private int *m* 改为 static int *m*

D．将 private int *m* 改为 int *m*

上机题

1．编程实现 1～1000 能同时被 3、5、7 整除的数并统计一共有多少个数字。

2．编程计算整型数组{2,3,5,22,15,28}元素的和、数组元素的最大值和最小值。

3．定义一个类 student，该类所在包名为 jsnu.sm，类中有两个字符串类型的成员变量

sno 和 sname，一个有参构造函数，构造函数用于为成员变量 sno 和 sname 赋值，在 main 方法中利用该构造函数为 sno 赋值“10071001”，为 sname 赋值“张然”，并输出 sno 和 sname 的值。

4. 编写程序计算 1!+2!+…+10!。

5. 编写程序将下面的学生信息分别保存到 ArrayList 和 Vector 对象中，并输出这些信息。

学号	姓名	专业
06031001	蓝天	土木工程
06031002	戴玉荣	财务管理
06031003	魏月	土木工程

第 3 章　JSP 语法

JSP 语法是构成 JSP 页面的基础，用于将 Java 代码嵌入 HTML 中，从而控制页面内容的处理，本章介绍 JSP 语法的相关知识。

3.1　JSP 基本语法

JSP 的基本语法包括 JSP 声明、JSP 脚本(JSP Scriptlet)和 JSP 表达式。

3.1.1　JSP 声明

JSP 声明用来定义页面中使用的变量和方法，语法形式如下：

```
<%! 声明; %>
```

例如：

(1)定义变量。

```
<%! String a; %>
<%! int n=3,k=5; %>
```

(2)定义方法。

```
<%!
    long fac(int n){
        long f=1;
        for(int i=1;i<=n;i++){
            f=f*i;
        }
        return f;
    }
%>
```

说明：JSP 声明中不能包含运算语句，如以下语句是错误的。

```
<%!
    int a=3;
    a=a+10; //此句错误，不能在 JSP 声明中运算变量
%>
```

3.1.2　JSP 脚本

JSP 脚本又称为 JSP Scriptlet，语法形式如下：

```
<% Java程序; %>
```

例如：

```
<%
    String str="Hello World!";
    int a=3;
    a=a+10;
%>
```

说明：

(1) JSP脚本中可以定义变量，但不能定义方法。

(2) JSP声明中定义的变量与JSP脚本中定义的变量的区别是，JSP声明中定义的变量在编译为Servlet时作为类的成员变量存在，而JSP脚本中定义的变量在编译为Servlet时作为类方法的局部变量存在。

(3) JSP脚本中不能包含非Java语句，页面中任何HTML元素、JSP元素都要置于JSP脚本之外。

3.1.3 JSP表达式

JSP表达式用来在页面中输出数据，语法形式如下：

```
<%= 表达式 %>
```

例如：

```
<% String str="Hello World!"; %>
<%= str %>
```

说明：JSP表达式后不能加分号“;”。

[例3.1]　JSP声明、JSP脚本和JSP表达式应用示例，文件名为jspdemo.jsp。

```
<%@ page language="java" contentType="text/html; charset=UTF-8"
pageEncoding="UTF-8"%>
<!DOCTYPE html PUBLIC "-//W3C//DTD HTML 4.01 Transitional//EN"
"http://www.w3.org/TR/html4/loose.dtd">
<html>
<head>
<meta http-equiv="Content-Type" content="text/html; charset=UTF-8">
<title>Insert title here</title>
</head>
<%!
    int num=5;
    long fac(int n){ //定义方法fac用于计算阶乘
        long f=1;
        for(int i=1;i<=n;i++){
            f=f*i;
```

```
        }
        return f;
    }
%>
<body>
<%
    String str="World";
    str=str+" ,China!";
%>
<%= str %>
<%= num %>的阶乘是：<%= fac(num) %>
</body>
</html>
```

jspdemo.jsp 的运行结果如图 3-1 所示。

图 3-1　jspdemo.jsp 运行结果

[例 3.2]　在页面中建立一个表格，表头为“序号”和“姓名”，利用 JSP 脚本控制该表输出 6 行数据，序号列显示 1～6，姓名列显示“姓名 11”～“姓名 16”，文件名为 jsptb.jsp，运行效果如图 3-2 所示。

jsptb.jsp
Insert title here
http://localhost:8080/chap3/jsptb.jsp

序号	姓名
1	姓名11
2	姓名12
3	姓名13
4	姓名14
5	姓名15
6	姓名16

图 3-2　jsptb.jsp 运行结果

jsptb.jsp 主要代码如下：

```
<body>
<table width="300" border="1" cellspacing="0" cellpadding="0">
  <tr>
    <td>序号</td>
    <td>姓名</td>
  </tr>
  <% for(int i=1;i<=6;i++){ %>
```

```
    <tr>
      <td><%= i %></td>
      <td>姓名<%= i+10 %></td>
    </tr>
    <% } %>
  </table>
  </body>
  </html>
```

3.2　JSP 中的注释

JSP 中的注释包括：JSP 注释、HTML 注释、Java 注释、JavaScript 注释和 CSS 注释。各种注释的格式见表 3-1。

表 3-1　JSP 中的注释

注释类型	格式	备注
JSP 注释	<%-- 注释内容 --%>	注释不显示在客户端源文件中
HTML 注释	<-- 注释内容 -->	注释显示在客户端源文件中
Java 注释	//注释内容 或 /* 注释内容 */	注释不显示在客户端源文件中
JavaScript 注释	//注释内容 或 /* 注释内容 */	注释显示在客户端源文件中
CSS 注释	/* 注释内容 */	注释显示在客户端源文件中

[例 3.3]　JSP 中的注释示例，程序文件名为 commentdemo.jsp。

```
<%@page language="java" contentType="text/html; charset=UTF-8"
   pageEncoding="UTF-8"%>
<!DOCTYPE html PUBLIC "-//W3C//DTD HTML 4.01 Transitional//EN"
"http://www.w3.org/TR/html4/loose.dtd">
<html>
<head>
<meta http-equiv="Content-Type" content="text/html; charset=UTF-8">
<title>JSP 中的注释示例</title>
<style type="text/css">
<!--
p{color: #FF0000} /*这是 CSS 注释*/
-->
</style>
</head>
<%-- 这是 JSP 注释(即隐藏注释)，该注释不显示在客户端源文件中 --%>
<body>
<!-- 这是 HTML 注释，该注释可以显示在客户端源文件中 -->
<p>这是 JSP 中的注释示例程序</p>
</body>
</html>
```

运行 commentdemo.jsp 后，右击页面，在弹出的菜单中选择查看源文件(代码)，即可查看页面对应的源文件，如图 3-3 所示。

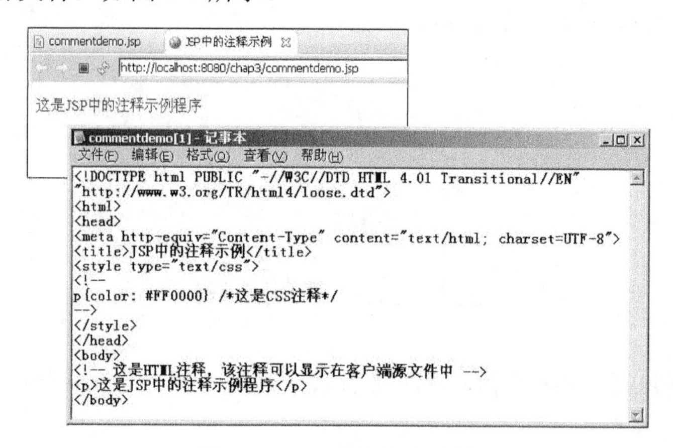

图 3-3　JSP 中的注释示例

3.3　JSP 指令

JSP 指令用于提供页面的全局信息，例如，JSP 页面使用的语言、网页的字符编码格式、错误的处理等。

JSP 指令的语法格式为：

```
<%@ 指令名 属性名="属性值" %>
```

3.3.1　include 指令

include 指令能够在 JSP 文件中静态包含一个文件，并执行被包含文件中的 JSP 语句，如果被包含文件有可显示信息，则将该信息插入当前文件的 include 指令处。

include 指令语法形式如下：

```
<%@include file="被包含文件的 URL" %>
```

[例 3.4]　使用 include 指令在 city.jsp 中静态包含 getcity.jsp。

city.jsp 主要代码如下：

```
<body>
当前城市：
<%@include file="getcity.jsp"%>
</body>
</html>
```

getcity.jsp 代码如下：

```
<%@page language="java" contentType="text/html; charset=UTF-8"
pageEncoding="UTF-8"%>
```

```
<% String cityname="北京"; %>
<%= cityname %>
```

运行 city.jsp，结果如图 3-4 所示。

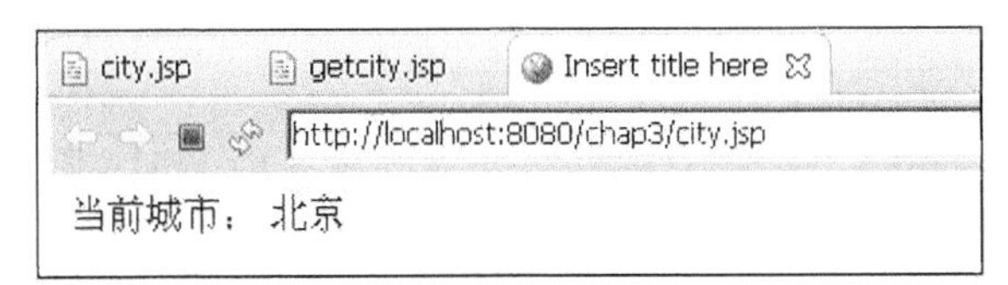

图 3-4　city.jsp 运行结果

说明：

(1) 静态包含的含义是不能向被包含文件传递参数，例如，以下向被包含文件传递参数 cityid=2 则是错误的。

```
<%@include file="getcity.jsp?cityid=2"%>
```

(2) 被包含文件可以是 JSP 文件、HTML 文件或文本文件。

3.3.2　page 指令

page 指令用于定义 JSP 页面的全局属性。语法形式和常用属性如下：

```
<%@page
   [language="java"]
   [contentType="mimeType[;charset=characterSet]"]
   [pageEncoding="characterSet"]
   [import="{package.class | package.*}, … "]
   [errorPage="relativeURL"]
%>
```

属性含义如下：

language="java"：声明 JSP 页面使用的脚本语言是 Java，目前只能使用 Java。

contentType="mime-Type [;charset=characterSet]"：设定网页的多功能网际邮件扩充协议(mulipurpose internet mail extention，MIME)类型和字符编码。常见的 MIME 类型见表 3-2，常用的网页字符编码包括 GB 2312、GBK、UTF-8。默认的 MIME 类型是 text/html，默认的网页字符编码为 ISO-8859-1。

表 3-2　常见的 MIME 类型

MIME 类型	功能
text/html	HTML 文本
text/plain	普通文本
application/rtf	RTF 文本
application/vnd.ms-excel	Microsoft Excel 表格

续表

MIME 类型	功能
application/msword	Microsoft Word 文档
application/pdf	Acrobat PDF 文档
audio/x-wav	WAV 格式音频文件
audio/midi, audio/x-midi	MIDI 音乐文件
video/mpeg	MPEG 格式视频文件
video/x-msvideo	AVI 格式视频文件
image/jpeg	JPEG 格式图片

例如，以下指令设置 MIME 类型为 text/html，网页编码为 gb2312：

```
<%@page contentType="text/html; charset=gb2312" %>
```

以下指令设置 MIME 类型为 application/vnd.ms-excel，实现页面中显示 Excel 表格：

```
<%@page contentType="application/vnd.ms-excel" %>
```

pageEncoding="characterSet"：设置网页字符编码，由于网页的 MIME 类型默认为 text/html，因此以下两条语句是等效的。

```
<%@page pageEncoding="gb2312" %>
<%@page contentType="text/html; charset=gb2312" %>
```

import="{package.class | package.*},…"：指定编译当前 JSP 页面时需要导入的包和类。

errorPage="relativeURL"：设置当前 JSP 页面运行出现异常且没有捕捉时自动跳转的页面。

[例 3.5]　errorPage 应用举例：err_nocatch.jsp 产生被零除的异常而没有捕捉，并设置 errorPage="err_info.jsp"，err_info.jsp 显示错误提示信息。

err_nocatch.jsp 代码如下：

```
<%@page language="java" contentType="text/html; charset=UTF-8"
   pageEncoding="UTF-8" errorPage="err_info.jsp" %>
<!DOCTYPE html PUBLIC "-//W3C//DTD HTML 4.01 Transitional//EN"
"http://www.w3.org/TR/html4/loose.dtd">
<html>
<head>
<meta http-equiv="Content-Type" content="text/html; charset=UTF-8">
<title>Insert title here</title>
</head>
<body>
<%= 5/0 %>
</body>
</html>
```

err_info.jsp 主要代码如下：

```
<body bgcolor="#FFCCCC">
```

```
sorry! 程序运行出错。
</body>
</html>
```

运行 err_nocatch.jsp，由于其产生了被零除的异常而没有捕捉，所以跳转至 errorPage 指定的 err_info.jsp 页面运行，结果如图 3-5 所示。

图 3-5　err_nocatch.jsp 运行结果

如果捕捉了被零除的异常，则不跳转至 errorPage 指定的 err_info.jsp 页面。例如：

```
<%@page language="java" contentType="text/html; charset=UTF-8"
   pageEncoding="UTF-8" errorPage="err_info.jsp" %>
...
<body>
<%  try{  %>
<%= 5/0 %>
<%
    }
    catch(Exception e){
        out.print("页面自身捕捉异常，不跳转至err_info.jsp");
    }
%>
</body>
</html>
```

说明：page 指令中的属性可以写在一起，也可以分开来写。例如，以下写法是等价的。

```
<%@page contentType="text/html; charset=UTF-8" language="java"
   errorPage=" " %>
```

和

```
<%@page contentType="text/html; charset=UTF-8" %>
<%@page language="java" %>
<%@page errorPage=" " %>
```

3.4　JSP 动作

JSP 动作用于控制 Servlet 引擎的行为。利用 JSP 动作可以动态地插入文件、重用 JavaBean 组件、重定向、为 Java 插件生成 HTML 元素。

JSP 的标准动作包括<jsp:forward>、<jsp:include>、<jsp:useBean>、<jsp:setProperty>、<jsp:getProperty>和<jsp:plugin>。本书仅介绍前 5 种动作，并且<jsp:useBean>、<jsp:setProperty>、<jsp:getProperty>放在第 5 章中介绍。

3.4.1 <jsp:forward>动作

<jsp:forward>实现重定向一个文件，分为静态重定向和动态重定向，形式分别如下。

静态重定向：

```
<jsp:forward page="重定向的文件" />
```

动态重定向：

```
<jsp:forward page="重定向的文件" >
     <jsp:param name="参数名" value="参数值" />
</jsp:forward>
```

动态重定向的含义是可以向重定向的文件传递参数，参数传递通过<jsp:param>子句完成。一个<jsp:param>子句传递一个参数，如果需要传递多个参数，可以在一个<jsp:forward>语句中使用多个<jsp:param>。

[例 3.6] <jsp:forward>动态重定向举例：jspforward.jsp 中根据当前时间的秒数来判断重定向的文件，如果秒数为偶数则重定向 jspforward2.jsp，如果为奇数，则重定向 jspforward3.jsp。

jspforward.jsp 主要代码如下：

```
<%@page language="java" contentType="text/html; charset=UTF-8"
    pageEncoding="UTF-8" import="java.util.Calendar"  %>
...
<body>
    <%
        Calendar ca=Calendar.getInstance();//获取日历对象 Calendar 的实例
        int m=ca.get(Calendar.MINUTE);//获取分
        int s=ca.get(Calendar.SECOND);//获取秒
        if(s%2==0){
    %>
    <jsp:forward page="jspforward2.jsp">
        <jsp:param name="minute" value="<%=m%>" />
        <jsp:param name="second" value="<%=s%>" />
    </jsp:forward>
    <%
        } else{
    %>
    <jsp:forward page="jspforward3.jsp">
        <jsp:param name="minute" value="<%=m%>" />
        <jsp:param name="second" value="<%=s%>" />
```

```
        </jsp:forward>
        <%
            }
        %>
    </body>
    </html>
```

jspforward2.jsp 主要代码如下：

```
    <body bgcolor="#66CC99">
    <%
        String m=request.getParameter("minute");
        String s=request.getParameter("second");
    %>
    这是 jspforward2.jsp，<%= m %>分<%= s %>秒，秒数为偶数
    </body>
    </html>
```

jspforward3.jsp 主要代码如下：

```
    <body bgcolor="#FFCCFF">
    <%
        String m=request.getParameter("minute");
        String s=request.getParameter("second");
    %>
    这是 jspforward3.jsp，<%= m %>分<%= s %>秒，秒数为奇数
    </body>
    </html>
```

运行 jspforward.jsp，结果如图 3-6 所示，不断刷新 jspforward.jsp，可以看到随着时间的变化，运行结果在不断地变化。

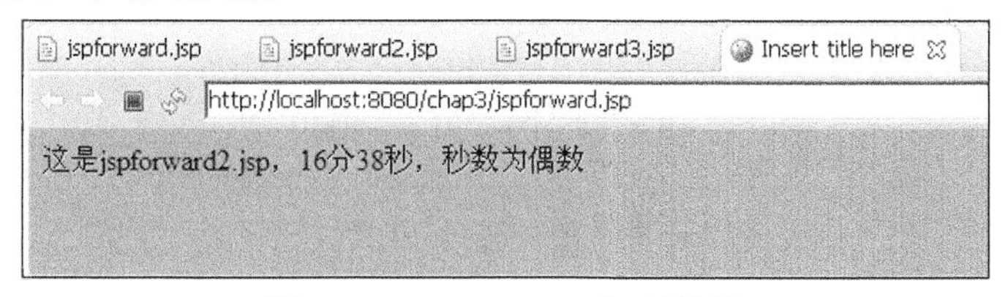

图 3-6　jspforward.jsp 运行结果

说明：

(1) jspforward2.jsp 和 jspforward3.jsp 中的 request.getParameter 用来获取 jspforward.jsp 动态重定向时传递过来的参数值，其详细用法请参见第 4 章。

(2) <jsp:forward>重定向时，地址栏的地址不变，仍然是 jspforward.jsp。

3.4.2　<jsp:include>动作

<jsp:include>实现在当前页面中包含另一个文件，同样分为静态包含和动态包含，形式分别如下。

静态包含：

```
<jsp:include page="被包含文件" />
```

动态包含：

```
<jsp:include page="被包含文件">
    <jsp:param name="参数名" value="参数值" />
</jsp:forward>
```

动态包含是指可以向被包含文件传递参数，参数的传递通过<jsp:param>子句完成。一个<jsp:param>子句传递一个参数，如果需要传递多个参数，可以在一个<jsp:include>语句中使用多个<jsp:param>。

[例 3.7]　<jsp:include>动态包含文件举例：jspinclude.jsp 动态包含 jspinclude2.jsp。

jspinclude.jsp 主要代码如下：

```
<%
    String str1="86",str2="china";
%>
<body>
国家信息：
<jsp:include page="jspinclude2.jsp">
    <jsp:param name="code" value="<%= str1 %>"/>
    <jsp:param name="country" value="<%= str2 %>"/>
</jsp:include>
</body>
</html>
```

jspinclude2.jsp 主要代码如下：

```
<%
    String code=request.getParameter("code");
    String bb=request.getParameter("country");
%>
国家代码：<%= code %>；国家名称：<%= bb %>
```

运行 jspinclude.jsp，结果如图 3-7 所示。

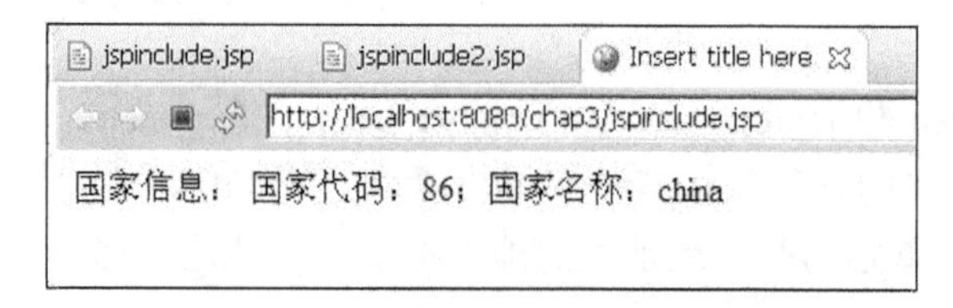

图 3-7　jspinclude.jsp 运行结果

说明：include 指令和<jsp:include>动作的区别：include 指令是在 JSP 文件编译成 Servlet 的时候引入被包含文件，而<jsp:include>是在页面被请求的时候引入被包含文件。

3.4.3 JSP 动作传递中文时的乱码处理

JSP 动作传递参数时，需要在原文件中设置 request 的字符编码格式为当前网页编码，否则中文字符传递时会出现乱码。

例如，例 3.7 中，将 jspinclude.jsp 中变量 str2 的值改为“china 中国”，则 jspinclude.jsp 运行的结果中，国家名称会出现乱码。

解决此类乱码的方法是，在 jspinclude.jsp 中设置 request 字符编码为 jspinclude.jsp 的网页编码，语句如下：

```
<%
    request.setCharacterEncoding("UTF-8");
                                        //设置 jspinclude.jsp 的网页编码为 UTF-8
    String str1="86",str2="china 中国";
%>
```

需要说明的是，被包含文件(如 jspinclude2.jsp)中不需要设置 request 字符编码。

3.5 小　　结

本章介绍了 JSP 的基本语法、注释、JSP 指令和 JSP 动作。通过本章的学习，读者应能够进行 JSP 网页程序的编写。

习题

1．在客户端浏览器的源代码中可以看到(　　)。

A．JSP 注释　　B．HTML 注释
C．JSP 注释和 HTML 注释　　D．Java 注释

2．可在 JSP 页面动态插入文件的指令是(　　)。

A．page 指令标签　　B．page 指令的 import 属性
C．include 指令　　D．include 动作

3．page 指令的作用是(　　)。

A．用来定义整个 JSP 页面的一些属性和这些属性的值
B．用来在 JSP 页面内某处嵌入一个文件
C．使该 JSP 页面动态包含一个文件
D．指示 JSP 页面加载 Java Plugin

4．page 指令的 import 属性的作用是(　　)。

A．定义 JSP 页面响应的 MIME 类型
B．定义 JSP 页面使用的脚本语言
C．为 JSP 页面引入 Java 包中的类
D．定义 JSP 页面字符的编码

5．某 JSP 文件运行时，浏览器中给出的运行错误信息中包含“Duplicate local variable sno”，则以下关于该错误信息的说法中正确的是(　　)。

A．该 JSP 文件中未定义 sno

B．该 JSP 文件中引用 sno 的语句超出了 sno 的作用范围

C．该错误不可能产生在 JSP Script 中

D．该 JSP 文件中有两个地方定义了 sno，且 sno 在这两个地方的作用范围重叠

6．下列 JSP 的注释可以在客户端源文件中看到的是(　　)。

A．<%--定义变量 --%>

B．<%--<%=(new java.util.Date()).toLocaleString()%>--%>

C．<%--输出数据--%>

D．<!--<%=(new java.util.Date()).toLocaleString()%>-->

7．下列 JSP 的 Java 程序片段中，变量定义正确的是(　　)。

A．<% int *i*; *a*=0; %>　　B．<% int *i*, *a*=0; %>

C．<%! Int *i*, *a*=0 %>　　D．<% String name %>

8．设 Tomcat 为 JSP 服务器，根目录为 E:\Tomcat，HTTP 端口为 80，my163 是应用程序根目录，下列地址中无法访问文件 E:\Tomcat\webapps\my163\main.jsp 的是(　　)。

A．http://localhost/my163/main.jsp　　B．http://localhost:80/my163/main.jsp

C．http://127.0.0.1:80/my163/main.jsp　　D．http://localhost:80/main.jsp

9．设 Tomcat 为 JSP 服务器，根目录为 E:\Tomcat，HTTP 端口为 80，my163 是应用程序根目录，my163/stu/a.jsp 文件引用了另一个文件“/admin/login.jsp”，则 login.jsp 的位置为(　　)。

A．E:\Tomcat\webapps\my163\admin\login.jsp

B．E:\Tomcat\webapps\my163\stu\admin\login.jsp

C．E:\Tomcat\webapps\admin\login.jsp

D．E:\Tomcat\webapps\stu\my163\admin\login.jsp

10．下列 JSP 的输出表达式中(设所有涉及变量均已定义)，不正确的是(　　)。

A．<%= 25*4 %>　　B．<%= "china" %>

C．<%= 86 %>　　D．<%= sname; %>

上机题

1．以下 JSP 程序用于奇偶数判断，当 *n* 为偶数时页面显示“偶数”，为奇数时页面显示“奇数”，但程序 6～13 行存在错误，请找出错误并改正。

```
1  <%@page contentType="text/html; charset=UTF-8" language="java" %>
2  <html>
3  <head>
4  <meta http-equiv="Content-Type" content="text/html; charset=UTF-8">
5  <title>无标题文档</title></head>
6  <body>
```

```
7  <% int n=5 %>
8  if(n%2=0){
9     偶数
10  }else{
11     奇数
12  }
13  </body>
14  </html>
```

2．在页面中建立一个表格，表头内容为：学号、姓名，然后利用 JSP 脚本在该表格中输出 10 行数据，“学号”列从 1 显示到 10，“姓名”列从“姓名 11”显示到“姓名 20”。

3．在页面中利用 JSP 脚本建立 10 个单行文本框，name 依次为 txt1~txt10，初始值分别为 1～10。

4．在页面中利用 JSP 脚本建立 10 个复选框，name 均为 ck，值分别为 ck6~ck15，奇数次序的复选框初始状态被勾选。

5．在页面中利用 JSP 脚本建立一个含 10 个选项的下拉列表，选项标签依次为“选项 11”～“选项 20”，对应选项值依次为 A1～A10。

第 4 章　JSP 内置对象

JSP 内置对象是在 JSP 中不需要定义就可以直接使用的对象。JSP 一共包含 9 种内置对象，它们是 out、request、response、session、application、config、pageContext、page 和 exception，本章介绍前 7 种。

4.1　out 对象

out 对象用来向客户端输出数据，其基类是 javax.servlet.jsp.JspWriter。

out 对象的常用方法有以下两种：

(1) void print()：向页面输出数据。

(2) void println()：向页面输出数据，并输出一个换行符。需要说明的是，该换行符在页面中并不会产生换行效果，但可以通过查看源文件看到换行效果。因此，如果希望页面上有换行的效果，需使用 HTML 的换行标签
。

4.2　request 对象

request 对象用于获取客户端通过 HTTP 发送到服务器端的数据。request 对象的基类是 javax.servlet.http.HttpServletRequest。

request 对象的常用方法有以下几种：

1) void setCharacterEncoding(String charset)

设置 request 对象接收数据的字符编码为 charset 字符集。该编码要与页面字符编码一致，否则接收到的中文字符会变成乱码。

例如，下面的语句设置 request 对象接收数据的字符编码为 UTF-8。

```
request.setCharacterEncoding("UTF-8");
```

2) String getParameter(String name)

获取客户端发送给服务器的参数 name 的值，返回类型为 String。

[例 4.1]　getParameter 应用举例，接收用户输入的账号和密码，程序为 getparameter.jsp，运行效果如图 4-1 所示。

getparameter.jsp 代码如下：

```
<%@page language="java" contentType="text/html; charset=UTF-8"
pageEncoding="UTF-8"%>
<!DOCTYPE html PUBLIC "-//W3C//DTD HTML 4.01 Transitional//EN"
"http://www.w3.org/TR/html4/loose.dtd">
```

```
<html>
<head>
<meta http-equiv="Content-Type" content="text/html; charset=UTF-8">
<title>Insert title here</title>
</head>
<%
    request.setCharacterEncoding("UTF-8");
                                        //设置 request 数据的编码格式为网页编码
    String a=request.getParameter("uid");
    String b=request.getParameter("upw");
    out.print("用户名: "+a+"<br>");  //输出 a 并换行
    out.print("密码: "+b);
%>
<body>
<form id="form1" name="form1" method="post" action="getparameter.jsp">
账号: <input name="uid" type="text" id="uid" />
密码: <input name="upw" type="password" id="upw" />
<input type="submit" name="Submit" value="提交" />
</form>
</body>
</html>
```

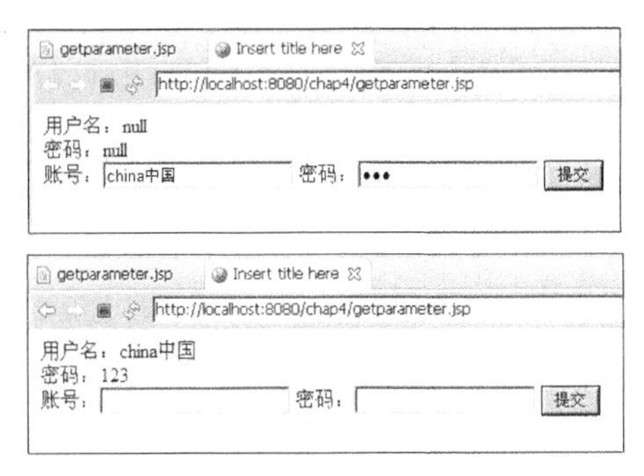

图 4-1　getparameter.jsp 运行效果

运行 getparameter.jsp 时，起初接收的账号和密码均为 null，原因是起初运行时并没有向 getparameter.jsp 发送数据。单击“提交”按钮提交表单时，getparameter.jsp 中表单 form1 的数据发送给 getparameter.jsp，这时 getparameter.jsp 可以接收到 form1 发送的数据。

实际应用时，只有在表单提交后才处理表单发送的数据，所以需要对表单发送的数据进行接收和判断，如果接收到的数据不为 null，则说明用户提交了表单。

例如，getparameter.jsp 中通过接收和判断表单发送的提交按钮值来判断用户是否提交了表单，如果提交了表单，则接收并输出账号和密码。修改后的代码如下：

```
<%
    request.setCharacterEncoding("UTF-8");
                                        //设置 request 数据的编码格式为网页编码
```

```
        String Submit=request.getParameter("Submit");  //接收提交按钮的值
        if(Submit!=null){  //如果提交表单
            …
        }
    %>
```

如果将 getparameter.jsp 中表单发送数据的方式改为 GET，则输入的中文在接收后会变为乱码。常用的解决方法有以下两种（以 Tomcat 7 为例）。

(1)在 Tomcat 配置文件 server.xml（位于 Tomcat 根目录\conf\server.xml）的 Connector 标签中设置 URIEncoding 为提交数据的网页编码。

例如，getparameter.jsp 中的网页编码为 UTF-8，则 Connector 的标签内容如下：

```
<Connector port="8080" protocol="HTTP/1.1"
           connectionTimeout="20000"
           redirectPort="8443"
           URIEncoding="UTF-8" />
```

采用这种方法时，数据接收页面不需要再设置 request 编码，如 getparameter.jsp 中不需要再设置 request.setCharacterEncoding("UTF-8")。

(2)在 Tomcat 配置文件 server.xml 的 Connector 标签中设置 useBodyEncodingForURI 为 true，即

```
<Connector port="8080" protocol="HTTP/1.1"
           connectionTimeout="20000"
           redirectPort="8443"
           useBodyEncodingForURI="true" />
```

采用这种方法时，数据接收页面还需要设置 request 编码为网页编码，如 getparameter.jsp 中需要设置 request.setCharacterEncoding("UTF-8")。

说明：

(1)设置 URIEncoding 参数会影响到所有应用，故推荐设置 useBodyEncodingForURI 为 true 的方式接收数据。

(2)若使用 Eclipse 作为开发工具，修改 server.xml 后，还要在 Eclipse 中重新创建 Tomcat 服务器（可先删除 Eclipse 中创建的 Tomcat 服务器然后再创建），这样修改才能生效。

3) String [ ] getParameterValues(String name)

获取客户端发送给服务器的参数 name 的所有值，返回值为一维字符串数组。

[例 4.2]　利用 getParameterValues 接收用户爱好。页面 getparametervalues.jsp 中包含一个表单，表单中有 4 个复选框和 1 个提交按钮，4 个复选框的 name 均为 ah（即为同一组复选框），值分别为 1（代表音乐）、2（代表体育）、3（代表聊天）、4（代表看电影），表单通过 POST 方式将数据发送给 getparametervalues.jsp，运行结果如图 4-2 所示。

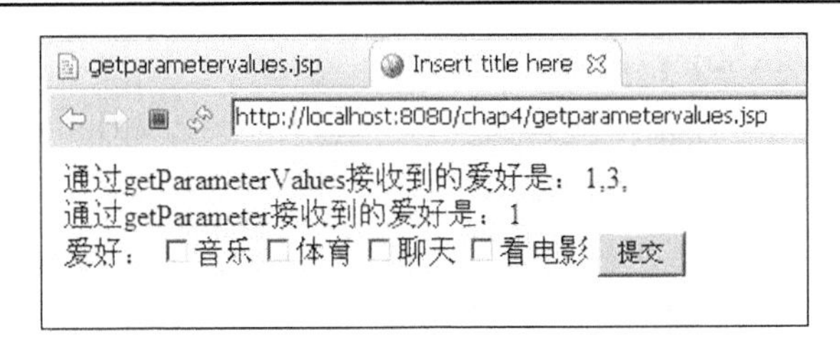

图 4-2　getparametervalues.jsp 运行结果

getparametervalues.jsp 主要代码如下：

```
<%
    request.setCharacterEncoding("UTF-8");
                                              //设置 request 数据的编码格式为网页编码
    String[ ] a_ah=request.getParameterValues("ah");  //接收参数 ah 的值
    if(a_ah!=null){ //即用户选择了爱好并提交
        out.print("通过 getParameterValues 接收到的爱好是：");
        for(int i=0;i<a_ah.length;i++){ //循环输出接收到的爱好值
            out.print(a_ah[i]+",");
        }
    }
    String ah=request.getParameter("ah");
    out.print("<br>通过 getParameter 接收到的爱好是："+ah);
%>
<body>
<form name="form1" method="post" action="getparametervalues.jsp">
  爱好：
  <input name="ah" type="checkbox" id="ah" value="1">音乐
  <input name="ah" type="checkbox" id="ah" value="2">体育
  <input name="ah" type="checkbox" id="ah" value="3">聊天
  <input name="ah" type="checkbox" id="ah" value="4">看电影
  <input type="submit" name="Submit" value="提交">
</form>
</body>
</html>
```

从运行结果可以看出，当选择两个以上的爱好时，getParameterValues 可以接收所有值，而 getParameter 只能接收第一个值，其他值均被忽略了。

4) Enumeration getParameterNames()

获取客户端传送给服务器的所有参数名，返回值是一个枚举对象(Enumeration)。

5) void setAttribute(String name, Java.lang.Object obj)

将 obj 的值绑定在当前 request 对象的 name 属性中。

6) Object getAttribute (String name)

获取 request 对象中 name 指定的属性值，该属性通过 setAttribute 绑定，返回值为 Object 类型。如果指定的属性不存在，则返回 null 值。

利用 setAttribute 和 getAttribute 可以在不同网页之间通过 request 对象传递数据。

[例 4.3]　setAttribute 和 getAttribute 举例。reqAttr.jsp 在 request 对象中绑定属性 Attr1 和 Attr2，然后重定向至 reqAttr2.jsp；reqAttr2.jsp 获取 reqAttr.jsp 传递过来的 request 中绑定的属性 Attr1 和 Attr2 的值。

reqAttr.jsp 主要代码如下：

```
<%
    request.setAttribute("Attr1","China 中国");
    request.setAttribute("Attr2","America 美国");
%>
<jsp:forward page="reqAttr2.jsp" />
<body>
</body>
</html>
```

reqAttr2.jsp 主要代码如下：

```
<%
    String a=(String)request.getAttribute("Attr1");
    String b=(String)request.getAttribute("Attr2");
%>
<body>
属性 Attr1 的值为：<%= a %>，属性 Attr2 的值为：<%= b %>，
</body>
</html>
```

运行 reqAttr.jsp，结果如图 4-3 所示。

图 4-3　reqAttr.jsp 运行结果

需要说明的是，reqAttr.jsp 中的重定向语句<jsp:forward page="reqAttr2.jsp" />可以用 request.getRequestDispatcher("reqAttr2.jsp").forward(request,response) 代替，但不能用 response.sendRedirect("reqAttr2.jsp") 代替，因为 response.sendRedirect 不能传递 request 对象。

7) Enumeration getAttributeNames()

获取 request 对象的所有属性名，返回值是一个枚举对象。

使用 getAttributeNames() 方法和 getAttribute() 方法可以获得所有与当前 request 对象绑定的属性名和属性值。

8) Cookie [ ] getCookies()

获取客户端的 Cookie 对象，返回类型为一维 Cookie 数组。

9) String getQueryString()

获取客户端以 GET 方式向服务器发送的请求字符串，返回类型为 String。

例如，下面的 URL：

```
http://localhost:8080/chap4/getparameter.jsp?uid=china%D6%D0%B9%FA&
    upw=123&Submit=%CC%E1%BD%BB
```

问号“?”后面的内容即为请求字符串。

10) String getRequestURI()

获取客户端请求的 URI 地址。

11) String getServletPath()

获取客户端所请求的服务器端程序的文件路径。

12) String getRemoteAddr()

获取客户端 IP 地址。

4.3　response 对象

response 的作用是处理 HTTP 连接信息，如 Cookie、HTTP 文件头信息等，它的很多功能是和 request 相匹配的。response 对象的基类是 javax.servlet.http.HttpServletResponse。

response 对象的常用方法有以下几种。

1) void sendRedirect(String url)

使当前页面重定向到 URL 指定的文件。例如：

```
response.sendRedirect("sendrdrctgetdata.jsp");
                                          //重定向到 sendrdrctgetdata.jsp
response.sendRedirect("sendrdrctgetdata.jsp?a=123&b=ok");
            //重定向到 sendrdrctgetdata.jsp，并传递参数 a(值为 123)和 b(值为 ok)
```

也可以使用 sendRedirect() 传送文件，例如：

```
response.sendRedirect("runme.exe");
```

该语句执行时，客户端会弹出一个对话框，提示用户是否下载 runme.exe 程序，如果用户确认，那么浏览器会将 runme.exe 程序下载，并保存在用户指定的目录下面。

通过 sendRedirect 重定向时传递的值如果包含中文，则需要进行如下处理才能正常接收中文，否则接收到的中文会出现乱码。

(1) 在 Tomcat 配置文件 server.xml 的 Connector 标签中设置 useBodyEncodingForURI 为 true。

```
<Connector port="8080" protocol="HTTP/1.1"
        …
        useBodyEncodingForURI="true" />
```

(2) sendRedirect 重定向前将要传递的数据进行编码。例如：

```
    String sname="china 中国";
    sname=java.net.URLEncoder.encode(sname,"XXX 编码");
    response.sendRedirect("abc.jsp?sname="+sname);
```

(3) 接收数据时设置 request 的编码为第 (2) 步设置的编码。

```
    request.setCharacterEncoding("XXX 编码");
```

[例 4.4] Tomcat 中 sendRedirect 传递中文示例。sendrdrct.jsp 通过 response.sendRedirect() 重定向到 sendrdrctgetdata.jsp 时传递中文数据。

sendrdrct.jsp 主要代码如下：

```
<body>
<%
    String sname="china 中国";
    sname=java.net.URLEncoder.encode(sname,"UTF-8");
    response.sendRedirect("sendrdrctgetdata.jsp?sname="+sname);
%>
</body>
</html>
```

sendrdrctgetdata.jsp 主要代码如下：

```
<body>
<%
    request.setCharacterEncoding("UTF-8");
    String sname=request.getParameter("sname");
    out.print(sname);
%>
</body>
</html>
```

说明：

(1) sendRedirect 重定向时地址栏中的地址发生变化，这与<jsp:forward>不同。

(2) sendRedirect 并不能传递 request 和 response 对象，如果要传递 request 和 response 对象，需使用如下语句。

```
request.getRequestDispatcher(String url).forward(request,response);
```

2) void addCookie(Cookie cookie)

向客户端添加一个Cookie对象，用于保存和跟踪用户信息。

当用户访问站点时，用addCookie()方法添加一个Cookie对象，将它发送到客户端并保存到客户端的某个特定目录中，用来保存用户信息。当用户再次访问同一个站点时，浏览器会自动将这个Cookie对象发送给服务器，通过调用request对象的getCookies()方法可以获得客户端发送过来的所有Cookie对象。

需要注意的是，Cookie不能直接保存中文，中文需编码成ASCII字符后才可以存入Cookie。可以使用java.net.URLEncoder.encode()和java.net.URLDecoder.decode()方法进行编码转换。

[例4.5]　利用Cookie保存用户数据，文件名为cookiedata.jsp。

cookiedata.jsp主要代码如下：

```
<%
    request.setCharacterEncoding("UTF-8");
    String university="";
    Cookie cookies[]=request.getCookies();//获取客户端发送的属于本网站的Cookie
    if(cookies!=null)
    for(int i=0;i<cookies.length;i++){ //遍历全部Cookie
        String cookienm=cookies[i].getName(); //获取Cookie名
        if(cookienm.equals("uni_name")){
                                //若找到上次登录时保存的名为uni_name的Cookie
            university=cookies[i].getValue(); //获取名为uni_name的Cookie值
            //因保存到Cookie时进行了编码，故此时需要解码
            university=java.net.URLDecoder.decode(university,"UTF-8");
            break;
        }
    }
    String Submit=request.getParameter("Submit");
    if(Submit!=null){
        university=request.getParameter("university"); //获取本次提交的名称
        //将数据编码后再保存到名为uni_name的Cookie中，以支持中文
        Cookie cookie=new Cookie("uni_name",java.net.URLEncoder.
        encode(university,"UTF-8"));
        cookie.setMaxAge(30*24*60*60); //设置Cookie有效期为30天
        response.addCookie(cookie); //向客户端发送cookie
    }
%>
<body>
<form id="form1" name="form1" method="post" action="cookiedata.jsp">
  学校：<input name="university" type="text" value="<%= university %>" />
```

```
<input type="submit" name="Submit" value="提交" />
</form>
</body>
</html>
```

运行 cookiedata.jsp，填入数据后提交，然后再开启一个浏览器窗口运行 cookiedata.jsp，此时程序会将上次提交的内容提取出来。

3) void setHeader(String name, String value)

用 value 值设定名为 name 的 HTTP 文件头，原来的值将被覆盖。

例如，以下代码可以实现每隔 1 秒刷新一次页面。

```
<%
    response.setHeader("refresh","1"); //设置 1 秒刷新一次
%>
```

4) setCharacterEncoding(String charset)

设置对服务器响应的网页字符编码，如下语句设置网页编码为 UTF-8。

```
response.setCharacterEncoding("UTF-8");
```

5) setContentType ("mime-Type [;charset=characterSet]")

设置对服务器响应的网页 MIME 类型和字符编码。

如下语句设置网页 MIME 类型为 text/html，网页编码为 UTF-8。

```
response.setContentType("text/html;charset=UTF-8");
```

等同于：

```
<%@page contentType="text/html; charset=UTF-8" %>
```

或：

```
response.setContentType("text/html");
response.setCharacterEncoding("UTF-8");
```

4.4 session 对象

session 是在服务器上存储用户会话信息的一种机制。当用户登录网站时，系统为其生成一个独一无二的 session 对象(即创建了一个会话)，通过该对象实现用户数据的保存。session 对象的基类是 javax.servlet.http.HttpSession。

不同浏览器进程访问服务器端时会生成不同的 session，它们之间的 session 不共享。超链接、重定向、include、jsp:include 等操作共享同一个 session。

session 对象的常用方法有以下几种：

(1) String getId()：返回当前会话的编号。每创建一个 session 对象，服务器都会给该 session 一个编号，这个编号不会重复。

(2) void setAttribute(String name, Object value)：将 value 的值保存到 session 对象的 name 属性中。

(3) Object getAttribute(String name)：获取 session 对象的 name 属性值，返回值为 Object 对象。如果 name 属性不存在或者 session 对象已删除，则返回 null。

(4) void removeAttribute(String name)：删除 session 对象的 name 属性。删除后通过 getAttribute 获取的 name 属性值变为 null。

(5) void invalidate()：删除 session 对象，此时当前页面不可再调用 session 的各种方法。

(6) void setMaxInactiveInterval(int *s*)：设置 session 的超时时间为 *s* 秒，如果两次操作的时间间隔超出 *s* 秒，则视为会话超时(或称为操作超时)，一旦会话超时，服务器会自动删除本次会话的 session 对象。

session 的会话超时时间也可以在 web.xml 中修改，例如：

```
<session-config>
  <session-timeout>60</session-timeout>    <!-- 单位：分钟 -->
</session-config>
```

请注意，<session-timeout>设置的超时时间单位为分钟，而 setMaxInactiveInterval 设置的超时时间单位为秒。

[例 4.6]　session 操作示例。session.jsp 保存数据到 session 中，并设置会话超时时间，然后通过超链接转向 session2.jsp，session2.jsp 获取并显示 session.jsp 中保存的 session 属性值。

session.jsp 主要代码如下：

```
<%
    String uid="China 中国";
    session.setAttribute("uid_s",uid); //将 uid 值保存到名为 uid_s 的 session 中
    session.setMaxInactiveInterval(6); //设置超时时间为 6 秒
    String sid=session.getId(); //获取 session 编号
%>
<body>
session 编号为：<%= sid %>
<br>
<a href="session2.jsp" target="_blank" >链接至 session2.jsp</a>
</body>
</html>
```

session2.jsp 主要代码如下：

```
<%
    String sid=session.getId(); //获取 session 编号
    String uid=(String)session.getAttribute("uid_s");
                                        //获取 session 中属性 uid_s 的值
%>
<body>
session 编号为：<%= sid %>
```

```
<br>
session 中属性 uid_s 的值为：<%= uid %>
<br>
<% if(uid==null){ %>
<a href="session.jsp">已超时，链接至 session.jsp</a>
<% } %>
</body>
</html>
```

需要注意的是，由于 session.jsp 中 uid_s 属性保存值的类型为 String，因此 session2.jsp 中必须采用强制类型转换将 getAttribute 的返回类型 Object 转换为 String，即

```
String uid=(String)session.getAttribute("uid_s");
```

启动浏览器运行 session.jsp，6 秒内刷新该页面，由于会话时间未超 6 秒，故属于同一会话，session 编号不变，如图 4-4(a)所示。

此时 6 秒内单击"链接至 session2.jsp"，该超链接启动新的浏览器窗口运行 session2.jsp，结果如图 4-4(b)所示，由于通过超链接运行的页面能够共享 session，因此图 4-4(b)和图 4-4(a)的 session 编号不变，session2.jsp 也能把 session.jsp 保存在 session 中的 uid_s 属性值取出。

图 4-4(b)中 6 秒后再刷新，此时会话已超时，session2.jsp 会开启一个新的 session，此时 session 编号发生改变，同时原 session 中的属性全部被删除，session2.jsp 获取的 uid_s 属性值为 null，结果如图 4-4(c)所示。

(a) (b)

(b)

图 4-4　例 4.6 运行结果

下面介绍 URL 地址重写。

session 保存在服务器端，对客户端是透明的，它的正常运行仍然需要客户端浏览器的支持。这是因为 session 需要使用 Cookie 作为识别标志。HTTP 是无状态的，session 不能依据 HTTP 连接来判断是否为同一客户，因此服务器端向客户端浏览器发送一个名为 jsessionid 的 Cookie，它的值为该 session 的 Id(即 getId()返回值)，session 依据该 Cookie 来识别是否为同一用户。

如果客户端浏览器将 Cookie 功能禁用，或者不支持 Cookie 怎么办？Java Web 提供了另一种解决方案：URL 地址重写。

URL 地址重写是对客户端不支持 Cookie 的解决方案。URL 地址重写的原理是将该用户 session 的 id 信息重写到 URL 地址中。服务器能够从重写后的 URL 中获取 session 的 id。这样即使客户端不支持 Cookie，也可以使用 session 来判断是否为同一客户。

HttpServletResponse 类提供了 encodeURL(String url)和 encodeRedirectURL(String url)实现 URL 地址重写，JSP 代码如下：

```
<a href="<%= response.encodeURL("index.jsp?c=1&wd=Java") %>">Homepage</a>
```

encodeURL 会自动判断客户端是否支持 Cookie。如果客户端支持 Cookie，会将 URL 原封不动地输出。如果客户端不支持 Cookie，则会将用户 session 的 id 重写到 URL 中。重写后的输出形式如下：

```
<a href="<%= response.encodeURL("index.jsp;jsessionid=
    0CCD096E7F8D97B0BE608AFDC3E1931E?c=1&wd=Java") %>">Homepage</a>
```

即在文件名之后、URL 参数之前添加了字符串“;jsessionid=×××”，其中×××为 session 的 id。增添的 jsessionid 字符串既不会影响请求的文件名，也不会影响提交的地址栏参数。用户单击这个链接的时候会把 session 的 id 通过 URL 提交到服务器上，服务器通过解析 URL 地址获得 session 的 id。

如果在 JSP 脚本中实现重定向，可以这样写：

```
<% response.sendRedirect(response.encodeRedirectURL("index.jsp?c=1&wd=
Java")); %>
```

效果与 response.encodeURL(String url)是一样的。

4.5　application 对象

JSP 服务器启动时会自动产生一个 application 对象，该对象存在于服务器的内存空间中，除非服务关闭，否则这个 application 对象将一直存在。

application 对象的基类是 javax.servlet.ServletContext。

在 application 的生命周期中，所有用户共享同一个 application，因此可以在 application 对象中保存所有用户共用的数据信息(如当前在线人数等)。

操作 application 对象时，需使用同步(synchronized)来实现数据的可靠访问，形式为：

```
synchronized(application){
   ...
}
```

application 对象的常用方法有如下几种。

1) void setAttribute (String name, Object value)

将 value 的值绑定到 application 对象的 name 属性中。

2) Object getAttribute (String name)

获取绑定在 application 对象的 name 属性值，返回值为 Object 对象。如果 name 属性不存在或者 session 对象已删除，则返回 null。

[例 4.7] application 操作示例。app.jsp 在 application 中绑定属性 info_app，值为"China 中国"，app2.jsp 获取 application 中的 info_app 属性，并显示在页面中。

app.jsp 主要代码如下：

```
<body>
<%
    synchronized(application){
        //将值"China 中国"绑定到 application 对象的 info_app 属性中
        application.setAttribute("info_app","China 中国");
        out.print("info_app 绑定成功");
    }
%>
</body>
</html>
```

app2.jsp 主要代码如下：

```
<body>
<%
    synchronized(application){
        String info=(String)application.getAttribute("info_app");
                                        //获取 application 中 info_app 属性值
        out.print("info_app 值为: "+info);
    }
%>
</body>
</html>
```

在不运行 app.jsp 的情况下直接运行 app2.jsp，此时由于没有在 application 对象中绑定属性 info_app，所以 app2.jsp 获取的 info_app 属性值为 null。运行 app.jsp，它会将值"China 中国"绑定到 application 对象的 info_app 属性中，此时再运行 app2.jsp，就可以获取 info_app 的属性值了。只要 JSP 服务器不重启，application 对象的 info_app 属性和值一直存在。

3) Enumeration getAttributeNames ()

获取 application 对象绑定的所有属性名，返回值是一个枚举对象。

使用 getAttributeNames () 方法和 getAttribute () 方法可以获得所有与 application 对象绑定的属性名和属性值。

4) void removeAttribute (String name)

删除绑定在 application 对象的 name 属性。删除后通过 getAttribute 获取的 name 属性值变为 null。

5) String getRealPath (String name)

获取 name 指定的虚拟目录在客户端请求的 Web 应用程序根目录中映射的物理路径。

6) String getInitParameter (String param)

获取 web.xml 中<context-param>标签定义的 param 参数值，如果指定的上下文参数未定义，则返回 null。

例如，web.xml 中定义了如下的上下文参数。

```
<context-param>
  <param-name>timeout</param-name>
  <param-value>20</param-value>
</context-param>
```

则 application.getInitParameter("timeout") 的结果为 “20”。

7) Enumeration getInitParameterNames ()

获取 web.xml 中<context-param>标签定义的全部参数名，返回枚举类型。

[例 4.8]　通过 application 获取 web.xml 中<context-param>标签定义的参数。

在 chap4 的 web.xml (位置: chap4\WEB-INF\web.xml) 中定义如下 timeout 和 debug 参数。

```
<?xml version="1.0" encoding="UTF-8"?>
<web-app>
    <context-param>
        <param-name>timeout</param-name>
        <param-value>20</param-value>
    </context-param>
    <context-param>
        <param-name>debug</param-name>
        <param-value>true</param-value>
    </context-param>
</web-app>
```

需要特别注意的是，web.xml 修改后需要重启 Tomcat 才能生效。

initParam_app.jsp 通过 application 对象获取 web.xml 定义的 timeout 和 debug 参数，主要代码如下：

```
<body>
<%
    String InitTimeout=application.getInitParameter("timeout");
                                                //获取参数timeout值
    out.print(InitTimeout+"<br>");
```

```
        String debug=application.getInitParameter("debug");
                                                    //获取参数 debug 值
        out.print(debug+"<br>");
        java.util.Enumeration paras=application.getInitParameterNames();
        //获取全部参数名
        while(paras.hasMoreElements()){
            String paraName=(String)paras.nextElement();
            out.print(paraName+":"+application.getInitParameter(paraName)
            +"<br>");
        }
    %>
    </body>
    </html>
```

运行 initParam_app.jsp，结果如图 4-5 所示。

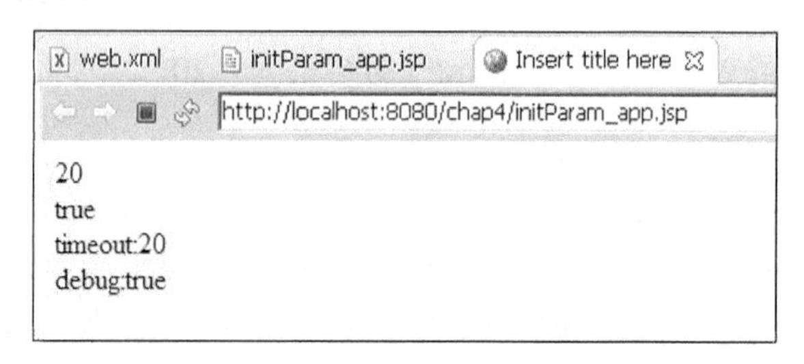

图 4-5　application 获取初始化参数

4.6　config 对象

config 对象是 JSP 容器初始化时传递的对象，其主要作用是获取项目的初始化参数。config 对象的基类是 javax.servlet.ServletConfig。

config 对象的常用方法有以下几种：

(1) String getInitParameter (String param)：获取项目 web.xml 中<init-param>标签定义的隶属于当前 Servlet 的初始化参数 param 值，如果指定的初始化参数未定义，则返回 null。

(2) Enumeration getInitParameterNames()：获取项目 web.xml 中<init-param>标签定义的隶属于当前 Servlet 的全部初始化参数名，返回枚举类型。

(3) javax.servlet.ServletContext getServletContext()：取得当前 Servlet 的上下文。

[例 4.9]　通过 config 获取 web.xml 中<init-param>标签定义的参数。

在 chap4 的 web.xml(位置：chap4\WEB-INF\web.xml) 中加入以下带底色代码，保存后重启 Tomcat。

```
<?xml version="1.0" encoding="UTF-8"?>
<web-app>
```

```
    ...
    <servlet>
        <servlet-name>myparam</servlet-name>
        <!-- 实际对应的 JSP，且参数 param1 和 param2 只属于此 JSP -->
        <jsp-file>/initParam_cfg.jsp</jsp-file>
        <init-param>
            <param-name>param1</param-name>
            <param-value>china</param-value>
        </init-param>
        <init-param>
            <param-name>param2</param-name>
            <param-value>beijing</param-value>
        </init-param>
    </servlet>
    <servlet-mapping>
        <servlet-name>myparam</servlet-name>
        <url-pattern>/a.do</url-pattern> <!-- 只能通过 a.do 访问 initParam_
        cfg.jsp -->
    </servlet-mapping>
</web-app>
```

initParam_cfg.jsp 通过 config 对象获取上述 web.xml 定义的 param1 和 param2 参数，主要代码如下：

```
<body>
<%
    String str1=config.getInitParameter("param1"); //获取参数 param1 值
    out.print(str1+"<br>");
    java.util.Enumeration paras=config.getInitParameterNames();
                                                          //获取全部参数名
    while(paras.hasMoreElements()){
        String paraName=(String)paras.nextElement();
        out.print(paraName+":"+config.getInitParameter(paraName)
        +"<br>");
    }
%>
</body>
</html>
```

运行 initParam_cfg.jsp，结果如图 4-6 所示。

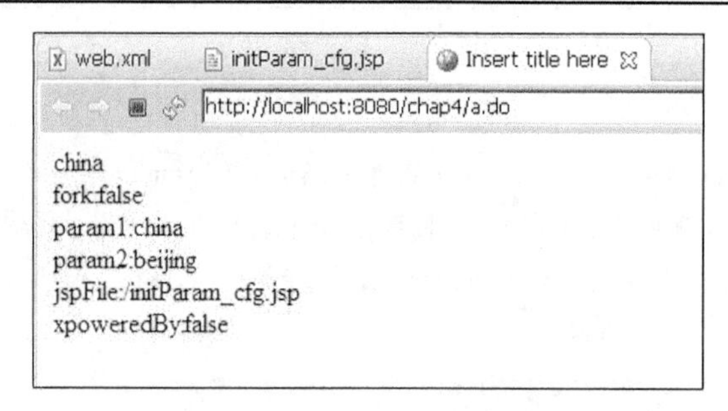

图 4-6　config 获取初始化参数

说明：

(1) config 只能获取<init-param>定义的参数，不能获取<context-param>定义的参数。

(2) 本例 web.xml 中定义的初始化参数 param1 和 param2 只属于 initParam_cfg.jsp，其他 Servlet 不能访问。

(3) 只能通过 a.do 访问 initParam_cfg.jsp，不能直接访问 initParam_cfg.jsp。有关 Servlet 的配置知识请参见第 7 章。

4.7　pageContext 对象

pageContext 对象是一个比较特殊的内置对象，它相当于 JSP 程序中所有对象功能的集成者，通过 pageContext 对象可以实现 JSP 页面所有对象及命名空间的访问。pageContext 对象的基类是 javax.servlet.jsp.PageContext。

虽然可以通过 pageContext 对象获取其他内置对象，但通常还是直接访问 JSP 内置对象，这也正是 pageContext 对象应用较少的原因。

pageContext 对象的常用方法有以下几种：

(1) getOut()：返回 javax.servlet.jsp.JspWriter 对象，即 out 对象。

(2) getRequest()：返回 javax.servlet.ServletRequest 对象，即 request 对象。例如，以下代码获取 request 对象。

```
<%  javax.servlet.ServletRequest myrequest=pageContext.getRequest();  %>
```

(3) getResponse()：返回 javax.servlet.ServletResponse 对象，即 response 对象。

(4) getSession()：返回 javax.servlet.http.HttpSession 对象，即 session 对象。

(5) getServletContext()：返回 javax.servlet.ServletContext 对象，即 application 对象。

(6) getServletConfig()：返回 javax.servlet.ServletConfig 对象，即 config 对象。

[例 4.10]　通过 pageContext 对象获取内置对象和属性值，文件名为 getAttr_pgct.jsp。

getAttr_pgct.jsp 主要代码如下：

```
<body>
<%
    request.setAttribute("attr_req","request 创建的属性值");
    javax.servlet.ServletRequest myrequest=pageContext.getRequest();
    //获取 request 对象
```

```
        String attr_req=(String)myrequest.getAttribute("attr_req");
        javax.servlet.http.HttpSession mysession=pageContext.getSession();
        //获取 session 对象
        mysession.setAttribute("attr_s","session 创建的属性值");
        String attr_s=(String)mysession.getAttribute("attr_s");
        javax.servlet.ServletContext myapplication=pageContext.getServlet-
        Context();//获取 application
        myapplication.setAttribute("attr_app","application 创建的属性值");
        String attr_app=(String)myapplication.getAttribute("attr_app");
        javax.servlet.jsp.JspWriter myout=pageContext.getOut();//获取 out 对象
        myout.print(attr_req+"<br>");
        myout.print(attr_s+"<br>");
        myout.print(attr_app+"<br>");
    %>
    </body>
    </html>
```

运行 getAttr_pgct.jsp，结果如图 4-7 所示。

图 4-7　通过 pageContext 对象获取内置对象和属性值

4.8　综合实例：用户登录、超时检测和退出示例

下面利用 JSP 内置对象实现用户登录、操作超时检测和退出，运行效果如图 4-8 所示。

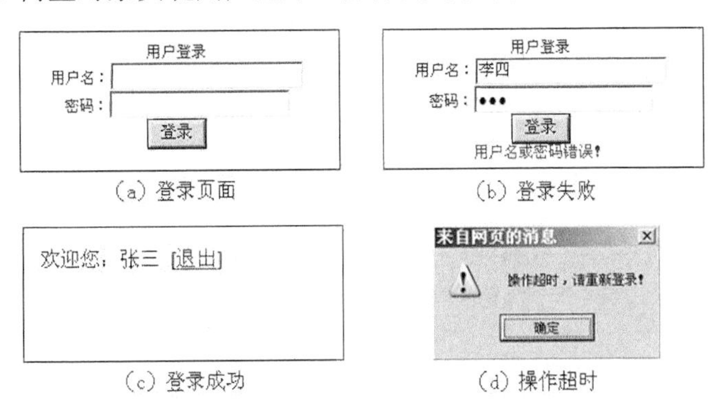

图 4-8　用户登录、操作超时检测和退出

各页面功能如下：

(1) login.jsp：提供登录界面和登录后台处理，运行效果如图 4-8(a)所示。如果输入用

户名为张三，密码为123，则登录成功，此时将用户名保存到session对象的uid_s属性中，并设置会话超时时间为10秒，最后转向login_ok.jsp；否则给出“用户名或密码错误！”的登录失败提示，同时用户名和密码显示在各自输入框中，运行效果如图4-8(b)所示。

(2) login_ok.jsp：显示登录成功时保存在session中的uid_s属性值和退出链接(链接至logout.jsp)，运行效果如图4-8(c)所示。同时，login_ok.jsp通过include包含timeoutcheck.jsp检测操作是否超时，若10秒内刷新页面，即未超时，login_ok.jsp运行结果不变，若超过10秒后刷新，即操作超时，给出操作超时提示，如图4-8(d)所示。

(3) timeoutcheck.jsp：检测登录成功时保存在session中的uid_s属性值，如果该值为null，则说明操作超时，此时通过JavaScript弹出一个“操作超时，请重新登录！”的提示框，运行效果如图4-8(d)所示，单击“确定”按钮后转向登录页面。

(4) logout.jsp：实现退出功能，即先删除session对象，然后转向登录页面。

login.jsp主要代码如下：

```
<%
    request.setCharacterEncoding("UTF-8");
    String msg="";
    String uid=request.getParameter("uid");
    String pw=request.getParameter("pw");
    if(uid!=null&&pw!=null){ //即提交用户名和密码
        if(uid.equals("张三")&&pw.equals("123")){ //登录成功
            session.setAttribute("uid_s",uid); //将uid值保存在uid_s属性中
            session.setMaxInactiveInterval(10); //设置10秒的超时时间
            response.sendRedirect("login_ok.jsp"); //重定向至login_ok.jsp
        }
        else msg="用户名或密码错误"; //登录失败
    }
%>
<body>
<div align="center" style="font-size: 12px;">用户登录
<form name="form1" method="post" action="login.jsp">
    用户名：<input name="uid" type="text" id="uid" value="<%= uid==null?"":
    uid %>"><br>
    密码：<input name="pw" type="password" id="pw" value="<%= pw==null?"
    ":pw %>"><br>
    <input type="submit" name="Submit" value="登录"><br>
    <span style="color:#FF0000"><% out.print(msg); %></span>
</form>
</div>
</body>
</html>
```

login_ok.jsp主要代码如下：

```
<%@include file="timeoutcheck.jsp"%>
  …
<body>
欢迎您：<%= session.getAttribute("uid_s") %> [<a href="logout.jsp">退出</a>]
</body>
</html>
```

timeoutcheck.jsp 代码如下：

```
<%@ page language="java" contentType="text/html; charset=UTF-8" pageEncoding=
"UTF-8" %>
<%
    //如果 session 中 uid_s 属性值为 null，则说明操作超时(或未登录)
    if(session.getAttribute("uid_s")==null)
    out.print("<script>alert('操作超时，请重新登录！');window.location='login.
    jsp';</script>");
%>
```

logout.jsp 代码如下：

```
<%@page language="java" contentType="text/html; charset=UTF-8" page-
Encoding="UTF-8"%>
<%
    session.invalidate();  //删除 session 对象
    out.print("<script>window.location='login.jsp';</script>");
    //重新载入登录页
%>
```

4.9　小　　结

本章介绍了 JSP 内置对象 out、request、response、session、application、config、pageContext 的用法和示例，其中，out、request、response、session、application 是最常使用的，它们是开发 JSP 应用的基础，读者一定要熟练掌握它们的使用方法。

习题

1. out.print()、out.println()、System.out.print()、System.out.println()之间的区别是什么？

2. 若页面的网页编码为 GBK，页面中表单采用 POST 方式发送数据，如何能正确接收表单发送的中文字符？

3. 若页面的页面编码为 UTF-8，页面中表单采用 GET 方式发送数据，如何能正确接收表单发送的中文字符？

4. 通过 response 对象的 sendRedirect()方法重定向时，若传递的数据包含中文字符，如何能使接收的中文不出现乱码？

5．如果(String) session.getAttribute("uid_s")的结果为 null，可能的原因有哪些？

6．保存在 application 和 session 对象中的属性有何区别？

7．web.xml 中<context-param>和<init-param>标签定义的参数有何区别？

8．获取 web.xml 中配置的初始化参数有几种途径，各自有什么特点？

上机题

1．编写用户注册页面 reg.jsp，注册内容包括：用户名、性别(单选按钮实现，值为男和女)、所属省份(下拉列表实现，选项内容为江苏、山东、河南)、爱好(复选框实现，选项内容为体育、音乐、旅游)，页面 regdata.jsp 接收并显示 reg.jsp 中用户提交的数据。

2．编写用户登录页面 index.jsp，index.jsp 接收用户提交的用户名和密码，用户名为 123、密码为 456 时表示登录成功，否则显示“用户名或密码错误”；登录成功后设置会话超时时间为 20 分钟，将用户名保存到 session 中(属性名自定)，然后转向 main.jsp；main.jsp 显示用户名，并提供退出功能，退出通过 logout.jsp 实现；同时 main.jsp 具有超时检测功能，操作超时则强制退出；超时检测通过 timeoutcheck.jsp 实现。

3．在 web.xml 中利用<context-param>配置两个参数(参数名自定)及其对应值(值自定)，然后编写 getContextParam.jsp 获取并显示<context-param>中设置的参数值。

4．在 web.xml 中利用<init-param>配置两个参数(参数名自定)及其对应值(值自定)，然后编写页面 getInitParam.jsp 获取并显示<init-param>中设置的参数值。

第 5 章　JavaBean

JavaBean 是 Java 的软件组件模型，JSP+JavaBean 是一种常见的 JSP 开发模式，本章介绍 JavaBean 的设计方法及其在 JSP 中的应用。

5.1　编写 JavaBean

JavaBean 是 Java 类，它包括属性(property)、方法(method)和事件(event)。

(1) JavaBean 属性：是 Bean 的类成员变量，通常定义为 private 访问层次。

(2) JavaBean 方法：是 Bean 的类成员方法，通常定义为 public 访问层次。

JavaBean 有一类特殊方法，即 set 方法和 get 方法，它们通常成对出现，一对 set/get 方法通常对应一个属性，分别为属性赋值(set 方法)和取值(get 方法)。

(3) JavaBean 事件：用于实现当某种事件发生时，能够向其他 Bean 对象传递事件对象，达到通知其他 Bean 对象的目的。

[例 5.1]　设计一个 Bean 实现阶乘计算，Bean 名为 MyFac，对应文件名为 MyFac.java。

分析：MyFac 需要一个属性来传递要计算阶乘的数以及阶乘结果，同时需要 main 方法用于测试该 Bean。

MyFac.java 代码如下：

```
package chap5;
public class MyFac{
    private String fac=""; //定义 Bean 属性 fac
    public String getFac(){
        return fac;
    }
    public void setFac(String fac){
        if(fac!=null)
        try{
            int n=Integer.parseInt(fac);
            if (n<0)
                this.fac=fac + "无阶乘";
            else{
                long ff=1;
                for(int i=1; i<=n; i++)
                    ff=ff * i;
                this.fac=fac + "的阶乘是：" + ff;
            }
        } catch(Exception e){
            this.fac=fac + "无阶乘";
```

```
            }
        }
        public static void main(String[] args){
            MyFac f=new MyFac();
            f.setFac("4"); //计算 4 的阶乘
            System.out.println(f.getFac()); //输出阶乘结果
        }
    }
```

上述代码编写时，语句“private String fac = "";”输入后，在代码任意处右击，执行 Source→Generate Getters and Setters 命令，在弹出的图 5-1 所示界面中勾选 set 和 get 对应方法 setFac(String)和 getFac()后，单击 OK 按钮，即生成 fac 属性对应的 set 和 get 方法框架。

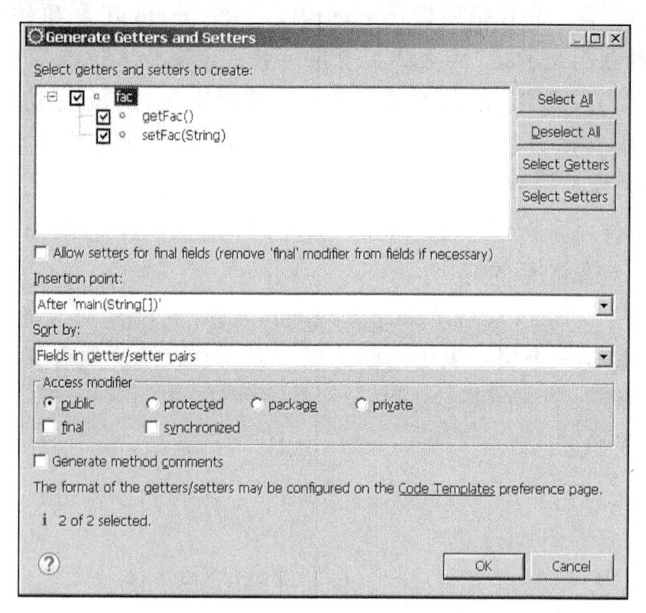

图 5-1　自动生成 set 和 get 方法

整个代码编写完成后，单击按钮，选择运行为 Java Application，即可在控制台查看运行结果，结果正确后就可以使用该 Bean 了。

5.2　在 JSP 中使用 JavaBean

JSP 中通过<jsp:useBean>、<jsp:getProperty>和<jsp:setProperty>三种标记使用 JavaBean。

5.2.1　<jsp:useBean>

<jsp:useBean>标记用来创建一个 Bean 实例，常用形式为：

```
<jsp:useBean id="InstanceName" class="className" scope="page | request
| session | application " / >
```

或：

```
<jsp:useBean id="InstanceName" class="className" scope="page | request
| session | application " >
</jsp:useBean>
```

各属性含义如下：

(1) id：定义 Bean 实例名，JSP 中通过 id 来标识 Bean，实例名区分大小写。

(2) class：指明 Bean 实例代表的类名，类名书写形式为“包名.类名”，区分大小写。

(3) scope：指明 Bean 实例的生存期，分为 page、request、session、application，其含义见表 5-1。

表 5-1　JavaBean 四种生存期

scope 取值	含义
page	Bean 实例仅存在于当前页面中，页面运行结束后 Bean 实例即消失，page 为常用取值
request	Bean 实例存在于 request 请求过程中，request 请求结束后 Bean 实例即消失
session	Bean 实例存在于 session 会话过程中，session 会话结束后 Bean 实例即消失
application	Bean 实例存在于 JSP 服务器运行过程中，只要服务器不关闭(或重启)，Bean 实例一直存在

[例 5.2]　编写 JSP 调用例 5.1 编写的 Bean 计算阶乘，文件名为 fac.jsp。

分析：fac.jsp 提供文本框来输入一个整数，提交后通过调用 MyFac 的 getFac 方法计算被提交整数的阶乘，并把结果显示在页面中。

fac.jsp 主要代码如下：

```
<jsp:useBean id="mf" class="chap5.MyFac" scope="page"></jsp:useBean>
<body>
<%
    mf.setFac(request.getParameter("num"));
    out.print(mf.getFac());
%>
<form id="form1" name="form1" method="post" action="fac.jsp">
  请输入一个整数：
  <input name="num" type="text" id="num" />
  <input type="submit" name="Submit" value="提交" />
</form>
</body>
</html>
```

说明：

(1) 输入<jsp:useBean>标记的 class 属性时，输入类名 MyFac 即可筛选需要的 Bean。

(2) JSP 可以不用<jsp:useBean>标记而采用如下方式使用 Bean：

```
<%@ page import="chap5.MyFac"%>
...
<%
```

```
        MyFac mf=new MyFac();
        mf.setFac(request.getParameter("num"));  //计算阶乘并赋予属性
        out.print(mf.getFac());
    %>
    …
```

提示：“MyFac mf=new MyFac();”输入后，Eclipse 会自动将 Bean 导入当前页面中。

5.2.2 <jsp:getProperty>

<jsp:getProperty>标记用于获取 Bean 中指定属性的值。使用前需要先通过<jsp:useBean>标记创建 Bean 实例。格式为：

```
<jsp:getProperty name="InstanceName" Property = "propertyName" / >
```

各属性含义如下：

(1) name：通过<jsp:useBean>创建的 Bean 实例名。

(2) Property：要获取值的 Bean 属性名。

[例 5.3] 编写 JSP 调用例 5.1 编写的 Bean 计算阶乘，并用<jsp:getProperty>标记获取阶乘结果，文件名为 fac2.jsp。

fac2.jsp 主要代码如下：

```
<jsp:useBean id="mf" class="chap5.MyFac" scope="page"></jsp:useBean>
<body>
<%
    mf.setFac(request.getParameter("num"));  //计算阶乘并赋予属性
%>
<jsp:getProperty property="fac" name="mf"/>
<form id="form1" name="form1" method="post" action="fac2.jsp">
  请输入一个整数：
  <input name="num" type="text" id="num" />
  <input type="submit" name="Submit" value="提交" />
</form>
</body>
</html>
```

5.2.3 <jsp:setProperty>

<jsp:setProperty>标记能自动调用 Bean 中对应的 set 方法来为 Bean 属性赋值。使用前需要先通过<jsp:useBean>标记创建 Bean 实例。格式为：

```
<jsp:setProperty name="InstanceName"  valueSet_syntax / >
```

其中 valueSet_syntax 指明为 Bean 属性赋值的形式，有 3 种形式：

```
Property = "*"
```

```
Property="propertyName"  [param="parameterName"]
Property="propertyName"  value="propertyValue"
```

各属性含义如下：

(1) name：通过<jsp:useBean>创建的 Bean 实例名。

(2) Property：指定 Bean 中需要赋值的属性。

三种赋值形式含义如下：

1. Property="*"

功能：将 request 请求的所有参数赋值给 Bean 中的同名(包括大小写)属性。

[例 5.4] 为 BeanValue 属性赋值，BeanValue 定义了两个属性 name 和 tel，以及对应的 set 方法和 get 方法，Bean 文件名为 BeanValue.java，JSP 文件名为 mybean.jsp。

BeanValue.java 代码如下：

```
package chap5;
public class BeanValue{
    private String name,tel;
    public String getName(){
        return name;
    }
    public void setName(String name){
        this.name=name;
    }
    public String getTel(){
        return tel;
    }
    public void setTel(String tel){
        this.tel=tel;
    }
}
```

mybean.jsp 主要代码如下：

```
<jsp:useBean id="ab" class="chap5.BeanValue" scope="page"/>
<body>
<%
    request.setCharacterEncoding("UTF-8");
%>
<jsp:setProperty name="ab" property="*"/>
<body>
获取的姓名：<jsp:getProperty property="name" name="ab"/> <br>
获取的电话：<jsp:getProperty property="tel" name="ab"/>
<form id="form1" name="form1" method="post" action="mybean.jsp">
  姓名：<input name="name" type="text" id="name" />  <br>
```

```
    电话：<input name="tel" type="text" id="tel" />
    <input type="submit" name="Submit" value="提交" />
  </form>
  </body>
  </html>
```

运行 mybean.jsp，效果如图 5-2 所示。

图 5-2　Property="*"举例

说明：

(1) <jsp:setProperty>要放在 setCharacterEncoding("UTF-8")后，否则中文会出现乱码。

(2) 如果请求的参数名与属性名不相同(包括大小写)，或者请求的参数值为 null 或空串，则不执行赋值动作。

(3) 赋值时 JSP 会自动将请求的参数类型转换为 Bean 属性类型。

2. Property="propertyName" [param="parameterName"]

功能：将 request 的参数 parameterName 值赋给 Bean 中名为 propertyName 的属性，如果参数名 parameterName 与属性名 propertyName 相同(包括大小写)，则 param = "parameterName"可以省略。

如果参数 parameterName 的类型与属性 propertyName 的类型不一致，JSP 会自动将参数 parameterName 的类型转换为 propertyName 属性的类型。

[例 5.5]　为例 5.4 的 BeanValue 属性赋值，JSP 文件名为 mybean2.jsp。

mybean2.jsp 提交的参数分别为 xm 和 tel 值，主要代码如下：

```
<jsp:useBean id="ab" class="chap5.BeanValue" scope="page"/>
<body>
<%
    request.setCharacterEncoding("UTF-8");
%>
<jsp:setProperty property="name" name="ab" param="xm" />
<jsp:setProperty property="tel" name="ab" />
<body>
获取的姓名：<jsp:getProperty property="name" name="ab"/> <br>
获取的电话：<jsp:getProperty property="tel" name="ab"/>
<form id="form1" name="form1" method="post" action="mybean2.jsp">
  姓名：<input name="xm" type="text" id="name" />  <br>
  电话：<input name="tel" type="text" id="tel" />
```

```
  <input type="submit" name="Submit" value="提交" />
</form>
</body>
</html>
```

说明：

(1) <jsp:setProperty>要放在 setCharacterEncoding("UTF-8")后，否则中文会出现乱码。

(2) mybean2.jsp 中发送的参数 tel 和 Bean 属性 tel 相同，故省略了 param="tel"，即

```
<jsp:setProperty property="tel" name="ab" />
```

等价于：

```
<jsp:setProperty property="tel" name="ab" param="tel" />
```

3. Property="propertyName" value="propertyValue"

功能：将 value 值赋给 Bean 中名为 propertyName 的属性。

例如，例 5.5 的 mybean2.jsp 可以改为如下形式：

```
<jsp:useBean id="ab" class="chap5.BeanValue" scope="page"/>
<body>
<%
    request.setCharacterEncoding("UTF-8");
    String nameStr=request.getParameter("xm");
%>
<jsp:setProperty property="name" name="ab" value="<%= nameStr %>" />
<jsp:setProperty property="tel" name="ab" />
...
```

说明：如果 value 是一个表达式，那么该表达式类型需与 propertyName 属性的类型一致。

5.3 JavaBean 生存期

通过<jsp:useBean>创建 Bean 实例时，需要设定 scope 属性来指明 Bean 实例的生存期。scope 属性有 4 种值：page、request、session 和 application，分别代表 4 种生存期。

为说明 Bean 的 4 种生存期的含义，我们设计了 Count.java，其代码如下：

```
package chap5;
public class Count{
    private int counter;
    public Count(){
        counter=0;
    }
    public int getCounter(){
        counter++;
        return counter;
```

```
        }
    }
```

1. scope="page"

它表示 Bean 实例存在于当前页面运行中，页面运行结束后 Bean 实例即消失。

[例 5.6]　page 生存期示例。myscope.jsp 和 myscope2.jsp 创建名称相同的 Bean 实例 abc，生存期均为 page。

myscope.jsp 主要代码为：

```
<jsp:useBean id="abc" class="chap5.Count" scope="page"></jsp:useBean>
<body>
myscope.jsp 的 counter 值：<%= abc.getCounter() %>
<jsp:forward page="myscope2.jsp"></jsp:forward>
</body>
</html>
```

myscope2.jsp 主要代码为：

```
<jsp:useBean id="abc" class="chap5.Count" scope="page"></jsp:useBean>
<body>
myscope2.jsp 的 counter 值：<%= abc.getCounter() %>
</body>
</html>
```

myscope.jsp 运行时实例 abc 的 counter 等于 1，通过<jsp:forward>转向 myscope2.jsp 后，myscope2.jsp 中实例 abc 的 counter 等于 1，并没有在 myscope.jsp 实例 abc 的基础上加 1，说明两个页面的 Bean 实例无关联。

刷新 myscope.jsp 和 myscope2.jsp，counter 等于 1，并没有累加，说明 page 的生存期仅在页面运行中，页面运行结束后 Bean 实例即消失。

2. scope="request"

它表示当一个 JSP 程序通过<jsp:forward>或<jsp:include>，转向或包含另一个 JSP 程序时，如果这两个 JSP 程序创建了相同的 Bean 实例(即 id、class 相同且 scope 均为 request)，第一个 JSP 创建的 Bean 实例会被发送给第二个 JSP 供其使用，也就是说第二个 JSP 不会创建新的 Bean 实例，而是使用第一个 JSP 创建的 Bean 实例。

例 5.6 中如果将 myscope.jsp 和 myscope2.jsp 中的 scope 改为 request，myscope.jsp 运行后，其实例 abc 的 counter 值等于 1，通过<jsp:forward>转向 myscope2.jsp 后，由于两个程序的 scope 均为 request，myscope2.jsp 会共享 myscope.jsp 创建的 Bean 实例 abc，所以 myscope2.jsp 的实例 abc 中 counter 值等于 2。

3. scope="session"

它表示 Bean 实例在整个会话期内一直有效，即同一个会话(session)内，所有 id、class 相同且 scope 为 session 的 Bean 实例都视为同一个实例。

例 5.6 中如果将 myscope.jsp 和 myscope2.jsp 中的 scope 改为 session，运行 myscope.jsp 后，myscope.jsp 会新建 Bean 实例 abc，myscope.jsp 运行结束后，在会话未超时的情况下实例 abc 并不消亡，此时运行 myscope2.jsp，myscope2.jsp 会共享 myscope.jsp 创建的实例 abc，使 counter 值累加。

4. scope="application"

它表示 Bean 实例存在于 JSP 服务器运行过程中，只要服务器不关闭(或重启)，Bean 实例一直存在。同一个服务运行期内，所有 id、class 相同且 scope 为 application 的 Bean 实例视为同一个实例。

例 5.6 中如果将 myscope.jsp 和 myscope2.jsp 中的 scope 改为 application，所有 id="abc"、class="chap5.Count"且 scope="application"的页面均共享 Bean 实例 abc，只要不重启 Tomcat，刷新 myscope.jsp 或 myscope2.jsp，counter 值不断增加。

5.4　JavaBean 存放形式

JavaBean 有两种存放形式：

(1) 以类文件(.class)形式存放于“工程目录\WEB-INF\classes”目录中。

(2) 以 JAR 文件(.jar)形式存放于以下位置：工程目录\WEB-INF\lib 目录中(仅当前应用程序使用)或 Tomcat 根目录\lib 目录中(所有应用程序均可使用)

5.5　小　　结

本章介绍了 JavaBean 的基本知识，通过示例讲解了 JavaBean 的设计和使用方法。JavaBean 方便实现事务逻辑封装、业务逻辑和前台 JSP 分离，使系统具有更好的健壮性和灵活性，读者应尽可能多地采用 JavaBean 完成 JSP 应用开发。

习题

1. JavaBean 有几种存放形式，如何存放？
2. JavaBean 有几种生存期，各自特点是什么？

上机题

利用 JSP+JavaBean 实现一个整数累加和计算，即$\sum n=1+2+\cdots+n$。

第 6 章　JSP 数据库编程

动态 Web 系统的核心是基于数据库的应用，实现用户通过浏览器完成数据操作。本章介绍 JSP 操作数据库的相关知识。

6.1　JDBC

6.1.1　JDBC 概述

JDBC 是一套面向对象的应用程序接口，它制定了统一访问各类关系数据库的标准接口，通过 JDBC，开发人员可以采用一致的程序方便地向各种关系数据库发送 SQL 语句。

1. JDBC 的功能

JDBC 主要实现以下三个功能：

(1)与数据库建立连接。

(2)发送 SQL 语句。

(3)处理结果。

以下代码给出了上面三步的基本示例：

```
Class.forName("org.gjt.mm.mysql.Driver");  //加载 MySQL 数据库 JDBC 驱动程序
//建立 MySQL 数据库连接，student 为要连接的数据库，root 为账号，123 为密码
Connection conn = DriverManager.getConnection ("jdbc:mysql://localhost:
   3306/student ", "root", "123");
Statement stmt = conn.createStatement();
ResultSet rs = stmt.executeQuery("select xh from stu");  //发送 SQL 语句
while(rs.next())  //处理结果，输出数据
System.out.println(rs.getString("xh"));
```

2. JDBC 驱动程序

JDBC 连接数据库需要驱动程序的支持，不同数据库平台有不同的 JDBC 驱动程序。

JDBC 驱动程序的加载方法为：

```
Class.forName(drivername);
```

其中，drivername 是 JDBC 驱动程序名，区分大小写。例如，加载 MySQL JDBC 驱动程序为：

```
Class.forName("org.gjt.mm.mysql.Driver");
```

或

```
Class.forName("com.mysql.jdbc.Driver");
```

3. JDBC URL

JDBC URL 是一种标识数据库的方法，可以使相应的 JDBC 驱动程序识别数据库并与之建立连接。

JDBC URL 的构成语法如下：

```
jdbc:<子协议>:<子名称>
```

<子协议>：指定数据库连接机制名。

<子名称>：数据库标识名称，通过子名称能够定位到要连接的数据库。

例如，JDBC 连接 MySQL 的 student 数据库：

```
jdbc:mysql://localhost:3306/student?allowMultiQueries=true
```

或

```
jdbc:mysql://localhost:3306/student?user=root&password=123&allowMult
iQueries=true
```

其中，默认端口号 3306 可以省略，allowMultiQueries=true 允许一次执行多条 SQL 语句。

6.1.2 JDBC 基本对象

JDBC 提供了丰富的接口，利用这些接口，用户可以方便地进行数据库程序开发。

1. DriverManager

DriverManager 对象用于调入驱动程序并提供数据库连接支持，主要方法有以下几种：

1) Connection DriverManager. getConnection (JDBC URL)

建立与 JDBC URL 指定数据库的连接，返回 Connection 对象。

以下代码创建了连接 MySQL 中 student 数据库的 conn 连接。

```
String jdbcurl="jdbc:mysql://localhost:3306/student?user=root&password=123";
Connection conn=DriverManager.getConnection(jdbcurl);
```

2) Connection DriverManager. getConnection (JDBC URL, String user, String password)

根据数据库登录账号 user 和密码 password，建立与 JDBC URL 指定数据库的连接，返回 Connection 对象。

以下代码创建了连接 SQL Server 2005/2008 中 student 数据库的 conn 连接。

```
String jdbcurl="jdbc:sqlserver://localhost:1433;DatabaseName=student";
Connection conn=DriverManager.getConnection(jdbcurl,"sa", "123");
                                        //登录账号为 sa，密码为 123
```

2. Connection

Connection 代表一个数据库连接，通过该连接能够建立其他 JDBC 对象。其主要方法包括以下几种：

1) Statement createStatement()

创建一个用于执行 SQL 语句的 Statement 对象。

2) Statement createStatement(int type, int concurrency)

创建一个执行 SQL 语句的 Statement 对象，并设置结果集游标滚动方式和数据更新方式。

参数 type 和 concurrency 含义如下：

type 用于设置结果集的游标滚动方式和结果集更新类型，有两种取值。

(1) ResultSet.TYPE_SCROLL_INSENSITIVE：游标双向滚动，数据库变化时，当前结果集不变。

(2) ResultSet.TYPE_SCROLL_SENSITIVE：游标双向滚动，数据库变化时，当前结果集随之更新。

concurrency 设置结果集能否更新数据库，有两种取值。

(1) ResultSet.CONCUR_READ_ONLY：结果集不能更新数据库。

(2) ResultSet. CONCUR_UPDATABLE：结果集可以更新数据库，但影响速度。

3) PreparedStatement prepareStatement(String sql)

创建一个 PreparedStatement 对象，用于执行 SQL 语句。

4) CallableStatement prepareCall(String)

创建一个 CallableStatement 对象，用于执行存储过程。

5) void close()

关闭数据库连接，同时释放占用的资源。

3. Statement

Statement 由 Connection 对象创建，用于发送 SQL 语句。

以下代码创建了 Statement 对象的实例 stmt。

```
Connection conn=DriverManager.getConnection( … );
Statement stmt=conn.createStatement();
```

Statement 主要方法如下：

(1) ResultSet executeQuery(String sql)：执行 SQL 的 select 语句，返回 ResultSet 结果集。

(2) int executeUpdate(String sql)：执行数据操纵语句，包括 insert、update、delete 语句，返回实际操作的记录数。

(3) boolean execute(String sql)：执行 SQL 语句。如果执行过程中产生结果集则返回 true，否则返回 false。通过 Statement 对象的 getResultSet() 方法和 getUpdateCount() 方法可以分别获取 Statement 产生的结果集和操作的记录数。

(4) ResultSet getResultSet()：获取 Statement 产生的结果集。
(5) int getUpdateCount()：获取 Statement 操作的记录数。
(6) void close()：释放 Statement 占用的资源。

4. ResultSet

ResultSet 用来存放数据库查询结果。例如，以下代码将 stu 表中的查询结果保存在 ResultSet 对象实例 rs 中。

```
Connection conn=DriverManager.getConnection( … );
Statement stmt=conn.createStatement();
ResultSet rs=stmt.executeQuery("select id, xh, xm from stu");
```

ResultSet 对象主要方法如下：
(1) dataType get DataType (列序号或"列名")：以 dataType 类型获取指定列序号或列名的值。
例如，语句 select id, xh, xm from stu 的查询结果保存在 rs 中，以下语句获取 id 和 xm 值。

```
int sid=rs.getInt("id");          //以 int 类型获取 id 值，按列名获取
```

或

```
int sid=rs.getInt(1);             //按列序号获取 id 值,id 在 select 中的序号为 1
String snm=rs.getString("xm") ;   //以 String 类型获取姓名值，按列名获取
```

或

```
String snm=rs.getString(3);       //按列序号获取 xm 值,xm 在 select 中的序号为 3
```

(2) boolean next()：将记录集游标移到下一行记录上，移动后若游标不是位于最后一行记录的后面，则返回 true，否则返回 false。获得一个 ResultSet 结果集时，游标位于第一行记录的前面，因此读取第一行记录时必须先调用 next() 使游标指向第一行记录。
(3) boolean previous()：将记录集游标移到上一行记录上。
(4) boolean first()：将记录集游标移到第一行记录上。
(5) void beforeFirst()：将记录集游标移到第一行记录的前面。
(6) boolean last()：将记录集游标移到最后一行记录上。
(7) void afterLast()：将记录集游标移到最后一行记录的后面。
(8) boolean absolute(int row)：将记录集游标移到第 row 行，row>0 表示从前向后移，row<0 表示从后向前移。
(9) int getRow()：返回记录集游标当前所在记录行的行号，若游标位于第一行前面或最后一行后面则返回 0。
(10) ResultSetMetaData getMetaData()：获取 ResultSetMetaData 对象，该对象保存 ResultSet 的列数、列名等信息。
(11) void close()：释放 ResultSet 占用的资源。

说明：
(1) 有些 JDBC 驱动程序默认情况下不支持记录集游标的 previous、first、last、absolute

等方法，如 SQL Server 的 JDBC 驱动程序，因此需要在创建 Statement 对象时指定参数，以使记录集游标能够任意移动。例如：

```
Connection conn = DriverManager.getConnection ( … );
Statement stmt = conn.createStatement(ResultSet.TYPE_SCROLL_INSENSITIVE,
                                      ResultSet.CONCUR_READ_ONLY);
```

(2) JDBC-ODBC 连接 Access 数据库或 JDBC 连接 MySQL 数据库时，默认情况下即支持游标的任意滚动，此时建立 Statement 对象时不需要指定参数。

(3) 一个 Statement 对象只能有一个结果集活动，如果 Statement 产生一个结果集后再执行下一个 SQL，那么上一个结果集被关闭。因此，如果需要同时操作多个结果集，就需要建立多个 Statement。如果多个结果集不需要同时操作，建议在一个 Statement 上按顺序操作每个结果集，这样可以减少数据库连接数，提高数据库访问性能。 例如：

```
Connection conn=DriverManager.getConnection( … );
Statement stmt=conn.createStatement();
ResultSet rs1=stmt.executeQuery("select … from …");
…  //rs1 的处理
ResultSet rs2=stmt.executeQuery("select … from …");
                                    //因使用同一个 stmt，此时 rs1 已关闭
```

5. ResultSetMetaData

ResultSetMetaData 对象保存 ResultSet 的列数、列名等信息，主要方法如下：

(1) int getColumnCount()：获取 ResultSet 中列的个数。

(2) String getColumnName(列序号)：获取 ResultSet 中指定列序号对应的列名。

6.1.3 嵌入式 SQL 的书写

数据库程序开发通常需要将 SQL 语句嵌入在程序中，嵌入的 SQL 中经常会涉及变量，这些变量与 SQL 混合在一起，使得 SQL 代码形式比较复杂，书写容易出错。

嵌入式 SQL 涉及的 Java 变量，按照以下方法书写，可大大减少 SQL 代码的书写错误率。

(1) 若 Java 变量对应的数据库中数据类型为数值型(如整型、浮点型)，则 Java 变量在嵌入式 SQL 中的书写形式为："+Java 变量名+"。

(2) 若 Java 变量对应的数据库中数据类型为非数值型(如字符型、日期型)，则 Java 变量在嵌入式 SQL 中的书写形式为：'"+Java 变量名+"'。

例如，表 grade 中的字段 sno 和 cno 为字符型，grade 为整型，嵌入在 JSP 中向 grade 中添加记录的 SQL 代码如下：

```
<%
    String vsno="j0401", vcno="c01", vgrade="85" ;
    String sql=" insert into grade(sno, cno, grade) values( '"+vsno+"',
    '"+vcno+"', "+vgrade+" ) ";
    out.print(sql);
```

```
%>
```

页面输出的 SQL 指令为：

```
insert into grade(sno, cno, grade) values( 'j0401', 'c01', 85)
```

6.2　准 备 工 作

6.2.1　创建 MySQL 数据库和表

按照 1.2.4 节和 1.2.5 节介绍的方法，启动 MySQL 并进入 MySQL 可视化管理工具 HeidiSQL。

1. 创建数据库 student

在 HeidiSQL 中，右击会话名，执行“创建新的”→“数据库”命令，在弹出的界面中输入数据库名称 student，如图 6-1 所示，然后单击“确定”按钮完成数据库 student 的创建。

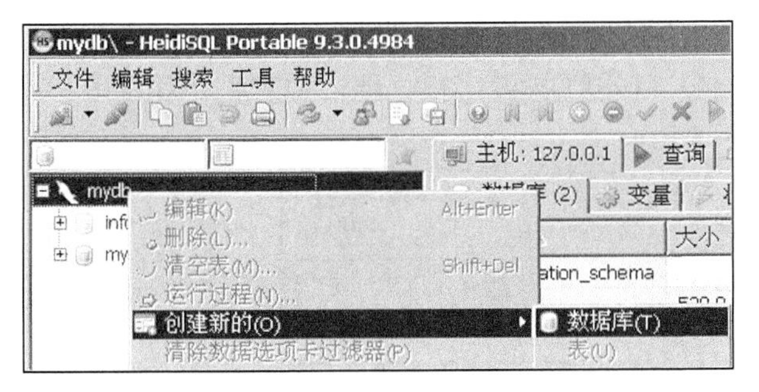

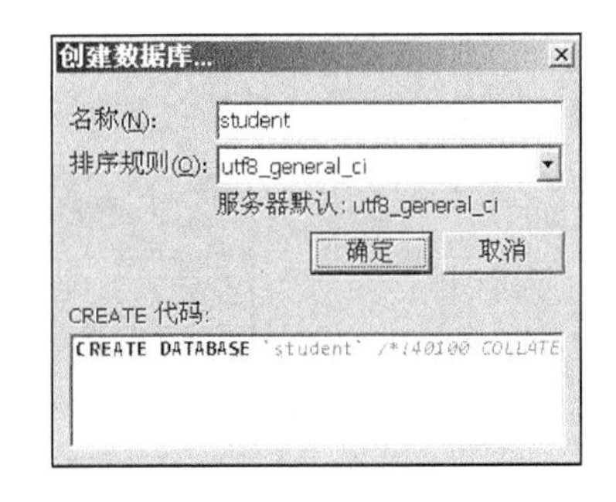

图 6-1　创建数据库

2. 创建表 stu

stu 表结构如表 6-1 所示。

表 6-1　stu 表结构

列名	数据类型	含义	约束	是否允许空	默认值
id	int，自动编号	记录编号	主键	N	
xh	varchar(10)	学号	unique	N	
xm	varchar(20)	姓名		Y	

在 HeidiSQL 中，右击数据库 student，执行“创建新的”→“表”命令，在弹出的图 6-2 所示界面中输入 stu 表结构。创建主键和 unique 约束的快捷方法是，右击，选择“字段”→“创建新索引”→“索引类型”命令。最后单击“保存”按钮完成 stu 表的创建。

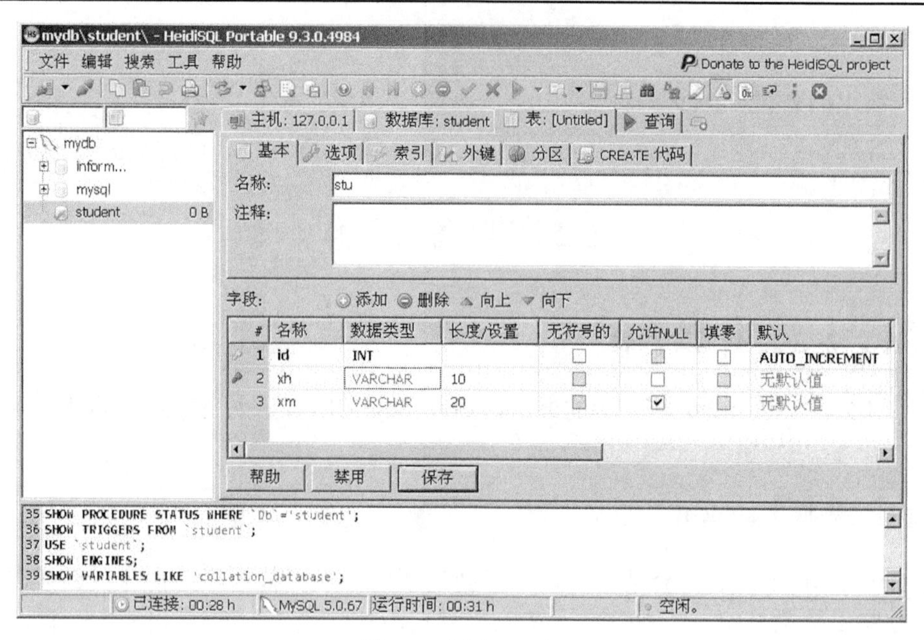

图 6-2　创建 stu 表

为方便查看程序运行效果，可在 stu 表中添加若干条测试数据。方法是在 HeidiSQL 中单击 stu 表，然后单击其“数据”选项卡，单击按钮可视化地添加数据，如图 6-3 所示。

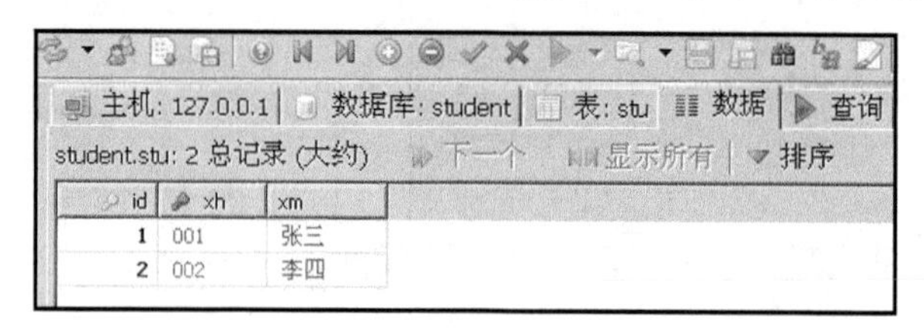

图 6-3　可视化添加记录

读者也可以通过“文件”→“加载 SQL 文件”命令运行电子资料中 chap6\WebContent 目录中的 db.sql 完成 student 库、stu 表和测试数据的创建。

6.2.2　添加 MySQL JDBC 驱动类库

在 Eclipse 中创建工程 chap6，将 MySQL JDBC 驱动类库 mysql-connector- java-5.1.7-bin.jar 复制到工程 chap6 的 WEB-INF/ lib 目录中。

6.3　JSP 操作数据

数据库连接和数据操作可以在一个 JSP 中完成，以下例子通过纯 JSP 实现数据查询。

[例 6.1]　从 student 库的 stu 表中查询数据并显示在 JSP 页面中，文件名为 stu_info_stmt.jsp，运行结果如图 6-4 所示。

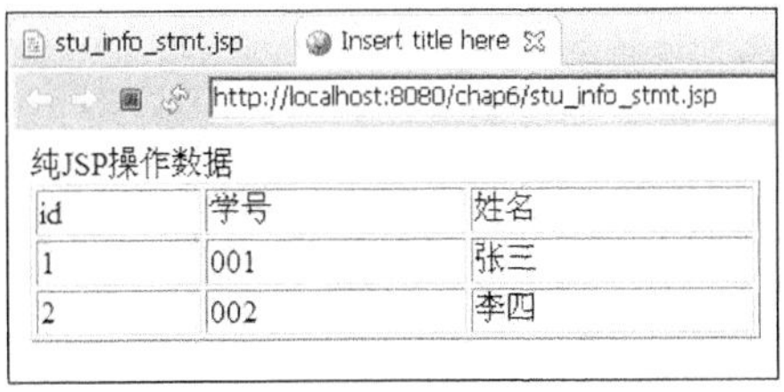

stu_info_stmt.jsp　Insert title here

http://localhost:8080/chap6/stu_info_stmt.jsp

纯JSP操作数据

id	学号	姓名
1	001	张三
2	002	李四

图 6-4　stu_info_stmt.jsp 运行结果

stu_info_stmt.jsp 代码如下：

```
<%@page import="java.sql.*"%>
<%@ page language="java" contentType="text/html; charset=UTF-8"
   pageEncoding="UTF-8"%>
<!DOCTYPE html PUBLIC "-//W3C//DTD HTML 4.01 Transitional//EN"
"http://www.w3.org/TR/html4/loose.dtd">
<html>
<head>
<meta http-equiv="Content-Type" content="text/html; charset=UTF-8">
<title>Insert title here</title>
</head>
<%
    String jdbcurl="jdbc:mysql://localhost:3306/student";
    String userName="root"; //账号登录
    String userPassword="x5"; //登录密码
    Class.forName("org.gjt.mm.mysql.Driver"); //加载驱动程序
    Connection conn=DriverManager.getConnection(jdbcurl, userName,
    userPassword); //创建连接
    Statement stmt=conn.createStatement(); //创建 Statement 对象来执行 SQL
    String sql="select id,xh,xm from stu"; //定义 SQL
    ResultSet rs=stmt.executeQuery(sql); //执行 SQL，结果保存在 rs 中
%>
<body>
纯 JSP 操作数据
<table width="500" border="1">
  <tr>
    <td>id</td>
    <td>学号</td>
    <td>姓名</td>
  </tr>
  <% while(rs.next()){ %>
  <tr>
    <td><%= rs.getString("id") %></td>
    <td><%= rs.getString("xh") %></td>
    <td><%= rs.getString("xm") %></td>
```

```
    </tr>
    <% } %>
  </table>
  <%
      if(rs!=null)rs.close();     //关闭 rs
      if(stmt!=null)stmt.close();  //关闭 stmt
      if(conn!=null)conn.close();  //关闭 conn
  %>
  </body>
  </html>
```

注意：

(1) 驱动程序名“org.gjt.mm.mysql.Driver”要注意大小写。

(2) JDBC URL 的“jdbc:mysql://localhost:3306/student”中不能出现空格。

(3) 要将 MySQL JDBC 驱动类库 mysql-connector-java-5.1.7-bin.jar 复制到工程 chap6 的 WEB-INF/ lib 目录中。

6.4　JSP+JavaBean 操作数据

纯 JSP 操作数据库的缺点是 JSP 页面代码量大，修改和维护难度大，例如，更改数据库驱动程序时，所有页面的数据库连接代码都要修改。因此通常不采取纯 JSP 操作数据库的方式，而采用 JSP+JavaBean 方式，即创建一个数据库操作的 JavaBean，该 Bean 封装数据库连接、数据操纵和查询方法，然后在 JSP 中调用此 Bean，这样既可以简化 JSP 代码，也易于代码维护。

6.4.1　数据库操作 Bean

JSP+JavaBean 操作数据库方式中，JavaBean 封装数据库连接、数据操纵和查询方法。

[例 6.2]　创建 DbConn 用于操作 student 数据库，该 Bean 封装数据库连接、数据操纵和查询方法，文件名为 DbConn.java。

DbConn.java 代码如下：

```
package chap6;
import java.sql.*;
public class DbConn{
    private Connection conn=null;
    private Statement stmt=null;
    public boolean getConn() //创建连接，返回连接创建结果
    {
        try{
            String url="jdbc:mysql://localhost:3306/student";
            String userName="root";
```

```
            String userPassword="x5";
            Class.forName("org.gjt.mm.mysql.Driver");
            conn=DriverManager.getConnection(url,userName,userPassword);
            stmt=conn.createStatement();
            return true;
        } catch(Exception e){
            System.out.println("数据库连接失败：" + e.toString());
            return false;
        }
    }
    public ResultSet exeQuery(String sql) //定义数据查询方法
    {
        ResultSet rs=null;
        try{
            if(stmt!=null)
                rs=stmt.executeQuery(sql);
        }catch(Exception e){
            System.out.println("数据查询失败：" + e.toString());
        }
        return rs;
    }
    public int exeSql(String sql) //定义数据操作方法
    {
        int n=-1; //-1 代表数据库连接失败
        try{
            if(stmt!=null)
                n=stmt.executeUpdate(sql);
        }catch(Exception e){
            System.out.println("数据操作失败：" + e.toString());
            n=-2; //-2 表示错误是由 sql 产生的
        }
        return n;
    }
    public void closeConn() //关闭数据库连接
    {
        try{
            if(stmt!=null)
                stmt.close();
            if(conn!=null)
                conn.close();
        }catch(SQLException e){
            System.out.println("数据关闭失败：" + e.toString());
```

```
        }
    }
    public static void main(String bb[]) //测试 DbConn
    {
        DbConn aa=new DbConn();
        if(aa.getConn()){ //如果连接创建成功
            try{
                String sql="update stu set xm='' where id=0";
                aa.exeSql(sql); //测试 exeSql 方法
                sql="select * from stu";
                ResultSet rs=aa.exeQuery(sql); //测试 exeQuery 方法
                if(rs!=null)
                    rs.close();
                aa.closeConn();
                System.out.println("测试成功");
            }catch(SQLException e){
                System.out.println("测试失败: "+e.toString());
            }
        }
      }
}
```

DbConn.java 编写完成后单击按钮，选择运行为 Java Application，在控制台查看运行结果，测试成功后才能使用 DbConn。

6.4.2　查询数据

下面的例子利用 JSP+JavaBean 实现数据查询。

[例 6.3]　stu_info.jsp 调用 DbConn 查询 stu 表数据并显示在页面中，运行效果与例 6.1 相同。

stu_info.jsp 主要代码如下(省略代码同例 6.1 的 stu_info_stmt.jsp)：

```
...
<jsp:useBean id="dc" class="chap6.DbConn" scope="page"></jsp:useBean>
<%
    String sql="select id,xh,xm from stu"; //定义 SQL
    ResultSet rs=null;
    if(dc.createConn())  //创建数据库连接
        rs=dc.exeQuery(sql); //执行 SQL，结果保存在 rs 中
%>
<body>
JSP+JavaBean 查询数据
...
<%
```

```
        if(rs!=null)
            rs.close();     //关闭 rs
        dc.closeConn();  //关闭数据库连接
%>
</body>
</html>
```

6.4.3　添加数据

下面的例子利用 JSP+JavaBean 实现数据添加。

[例 6.4]　stu_add.jsp 调用 DbConn 实现向 stu 表插入数据，运行效果如图 6-5 所示。

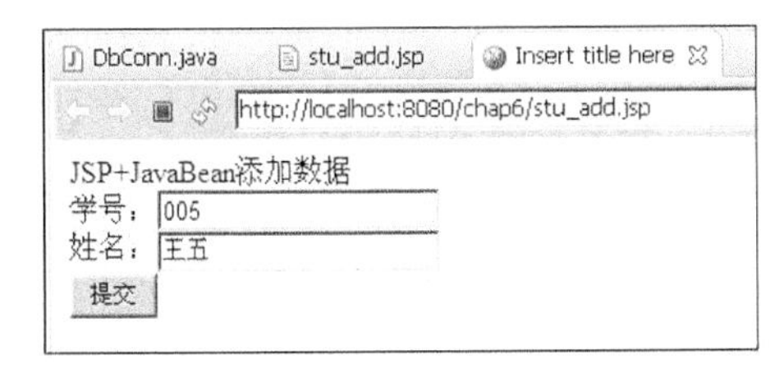

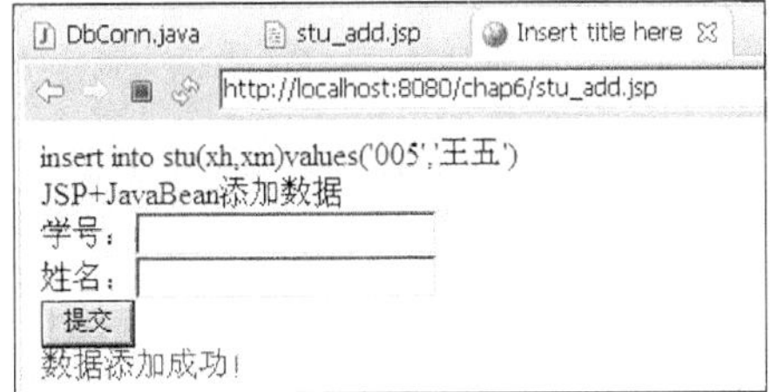

图 6-5　stu_add.jsp 运行效果

stu_add.jsp 主要代码如下：

```
<jsp:useBean id="dc" class="chap6.DbConn" scope="page"></jsp:useBean>
<%
    request.setCharacterEncoding("UTF-8");
    String xh=request.getParameter("xh");  //获取提交的数据
    String xm=request.getParameter("xm");
    String msg="";
    if(xh!=null && xm!=null){ //如果提交数据
        String sql="insert into stu(xh,xm)values('"+xh+"','"+xm+"')";
        out.print(sql+"<br>"); //查看 SQL 指令
        if(dc.createConn()){  //数据库连接成功
            if(dc.exeSql(sql)==1){
                msg="数据添加成功！";
            }
            else
                msg="数据添加失败！可能原因学号已存在或数据超出定义宽度。";
            dc.closeConn();
        }
        else msg="数据库连接失败！";
    }
%>
<body>
JSP+JavaBean 添加数据
```

```
<form name="form1" method="post" action="stu_add.jsp">
    学号：<input name="xh" type="text" /><br>
    姓名：<input name="xm" type="text" /><br>
    <input type="submit" name="Submit" value="提交" /><br>
    <span style="color: #FF0000"><%= msg %></span>
</form>
</body>
</html>
```

为了方便操作，可在例 6.3 的 stu_info.jsp 中创建指向 stu_add.jsp 的超链接，即

```
<a href="stu_add.jsp">【添加学生】</a>
```

6.4.4 修改数据

下面的例子利用 JSP+JavaBean 实现数据修改。

[例 6.5] stu_edit.jsp 调用 DbConn 实现 stu 表数据的修改。

分析：为了方便实现数据修改，需要在例 6.3 的 stu_info.jsp 中创建一个超链接，该超链接向 stu_edit.jsp 传递被修改记录的 id(通过参数 sid 传递)，即

```
<a href="stu_edit.jsp?sid=<%= rs.getString("id") %>">修改</a>
```

stu_edit.jsp 根据接收的 id 查询被修改记录的原数据，并显示在对应文本框中，编辑后再根据 id 执行修改，修改成功后转向 stu_info.jsp。

需要注意的是，stu_edit.jsp 中要用一个隐藏域保存被修改记录的 id，即

```
<input name="sid" type="hidden" value="<%= id %>" />
```

否则提交表单时被修改记录的 id 会丢失。

stu_edit.jsp 主要代码如下：

```
<jsp:useBean id="dc" class="chap6.DbConn" scope="page"></jsp:useBean>
<%
    request.setCharacterEncoding("UTF-8");
    String id=request.getParameter("sid");  //获取被修改记录的 id
    String xh=request.getParameter("xh");  //获取提交的数据
    String xm=request.getParameter("xm");
    String msg="",sql;
    if(dc.createConn()){  //数据库连接成功
        if(xh!=null && xm!=null && id!=null){ //如果提交数据
            sql="update stu set xh='"+xh+"',xm='"+xm+"' where id="+id+" ";
            out.print(sql+"<br>"); //查看 SQL 指令
            if(dc.exeSql(sql)==1) //修改成功转向 stu_info.jsp
                response.sendRedirect("stu_info.jsp");
            else msg="数据修改失败！可能原因学号已存在或数据超出定义宽度。";
        }
```

```
        else if(id!=null){ //单击 stu_info.jsp 中的修改超链接，查询原数据
            sql="select xh,xm from stu where id="+id+" ";
            ResultSet rs=dc.exeQuery(sql);
            if(rs.next()){
                xh=rs.getString("xh");
                xm=rs.getString("xm");
            }
            else msg="记录已不存在！";
            rs.close();
        }
        else response.sendRedirect("stu_info.jsp");
        dc.closeConn();
    }
    else msg="数据库连接失败！";
%>
<body>
JSP+JavaBean 修改数据
<form id="form1" name="form1" method="post" action="stu_edit.jsp">
    学号：<input name="xh" type="text" value="<%= xh %>" /><br>
    姓名：<input name="xm" type="text" value="<%= xm %>" /><br>
    <input name="sid" type="hidden" value="<%= id %>" />
    <input type="submit" name="Submit" value="提交" /><br>
    <span style="color: #FF0000"><%= msg %></span>
</form>
</body>
</html>
```

运行 stu_info.jsp，选择一条记录，单击“修改”超链接，进入 stu_edit.jsp 修改数据页面，效果如图 6-6 所示，修改后单击“提交”按钮执行修改操作，修改成功后转向 stu_info.jsp。

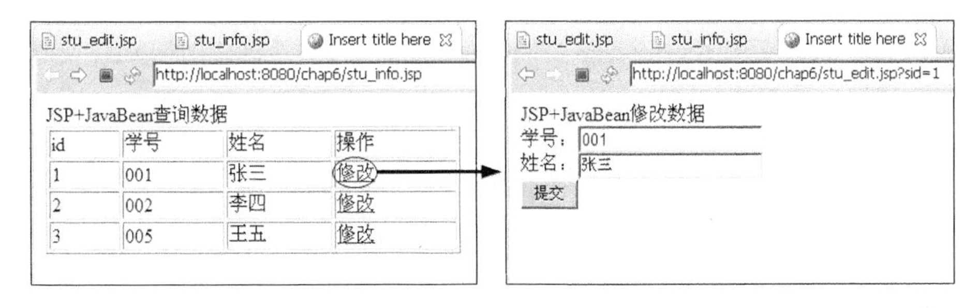

图 6-6　stu_edit.jsp 运行效果

6.4.5　删除记录

下面的例子利用 JSP+JavaBean 实现数据删除。

[例 6.6]　stu_del.jsp 调用 DbConn 实现 stu 表记录的删除。

分析：为了方便删除操作，需要在例 6.3 的 stu_info.jsp 中创建一个超链接向 stu_del.jsp 传递被删除记录的 id(通过参数 sid 传递)，即

```
<a href="stu_del.jsp?sid=<%= rs.getString("id") %>">删除</a>
```

stu_del.jsp 根据接收的 id 执行删除操作，删除成功后转向 stu_info.jsp。

stu_del.jsp 主要代码如下：

```
<jsp:useBean id="dc" class="chap6.DbConn" scope="page"></jsp:useBean>
<%
    String id=request.getParameter("sid");  //获取被删除记录的 id
    String msg="",sql;
    if(dc.createConn()){  //数据库连接成功
        if(id!=null){
            sql="delete from stu where id="+id+" ";
            dc.exeSql(sql);
        }
        response.sendRedirect("stu_info.jsp");
        dc.closeConn();
    }
    else msg="数据库连接失败！";
%>
<body>
<span style="color: #FF0000"><%= msg %></span>
</body>
</html>
```

运行 stu_info.jsp，选择一条记录单击“删除”超链接，进入 stu_del.jsp 执行删除操作。

6.5　PreparedStatement

PreparedStatement 对象能够将 SQL 语句传给数据库进行预编译，从而提高执行效率。PreparedStatement 实例由 Connection 的 prepareStatement 方法创建，创建时需要定义 SQL。例如：

```
Connection conn=DriverManager.getConnection( … );
PreparedStatement pstmt=conn.prepareStatement("select * from stu where
bj=? and id=?");
```

SQL 语句中的问号?代表输入参数，第一个?为 bj 提供值，第二个?为 id 提供值。

PreparedStatement 主要方法有以下几种：

(1) void set DataType(index, value)：为 PreparedStatement 实例中 SQL 的第 index 个输入参数设置 value 值。DataType 代表数据类型，例如，int 值对应 setInt 方法，String 对应 setString 方法。

下面的代码将 SQL 语句的第一个输入参数设置为“马红梅”，第二个输入参数设置为 3。

```
Connection conn=DriverManager.getConnection( … );
PreparedStatement pstmt=conn.prepareStatement("select * from stu where
bj=? and id=?");
pstmt.setString(1,"马红梅");
pstmt.setInt(2,3);
```

(2) ResultSet executeQuery()：执行创建 PreparedStatement 对象时定义的 select 语句，返回 ResultSet 结果集。

(3) int executeUpdate()：执行创建 PreparedStatement 对象时定义的 insert、update、delete 等数据操作语句，返回实际操作的记录数。

(4) boolean execute()：执行创建 PreparedStatement 对象时定义的 SQL 语句。如果执行过程中产生结果集则返回 true，否则返回 false。

(5) ResultSet getResultSet()：获取 PreparedStatement 产生的结果集。

(6) int getUpdateCount ()：获取 PreparedStatement 操作的记录数。

(7) void close()：释放 PreparedStatement 占用的资源。

[例 6.7]　通过 PreparedStatement 对象实现向 student 库的 stu 表添加数据，文件名为 stu_add_pstmt.jsp。

stu_add_pstmt.jsp 部分代码为：

```
…
<%
    request.setCharacterEncoding("gbk");
    if(request.getParameter("Submit")!=null){
        String xh=request.getParameter("xh");
        String xm=request.getParameter("xm");
        String jdbcurl="jdbc:sqlserver://localhost:1433;DatabaseName=
        student";
        String userName="sa";
        String userPassword="123";
        Class.forName("com.microsoft.sqlserver.jdbc.SQLServerDriver");
        Connection conn=DriverManager.getConnection(jdbcurl,userName,
        userPassword);
        String sql="insert into stu(xh,xm)values(?,?)";
        PreparedStatement pstmt=conn.prepareStatement(sql);
        pstmt.setString(1,xh);
        pstmt.setString(2,xm);
        try{
            pstmt.executeUpdate();
            out.print("数据添加成功！");
        }
        catch(SQLException e){
            out.print("数据添加失败！");
            System.out.println(e.toString()); //在控制台输出错误信息
```

```
        }
        if(pstmt!=null)pstmt.close();
        if(conn!=null)conn.close();
    }
%>
<body>
...
```

说明：PreparedStatement 能够防止 SQL 注入，而 Statement 需要额外编程来防止 SQL 注入，因此建议使用 PreparedStatement。

6.6　CallableStatement

CallableStatement 对象用于执行数据库中的存储过程。所谓存储过程是指存储在数据库中经过预编译的 SQL 语句。

CallableStatement 实例通过 Connection 对象的 prepareCall 方法创建。例如：

```
Connection conn=DriverManager.getConnection( … );
CallableStatement cstmt=conn.prepareCall ( " { call 存储过程名 （? , ? , … , ?) }
" );
```

其中，问号?代表存储过程的参数，包括输入参数和输出参数。

CallableStatement 对象的主要方法如下：

(1) void set DataType (index, value)：为存储过程的第 index 个位置的输入参数设置 DataType 类型 value 值。

(2) void registerOutParameter (index, dataType)：登记存储过程中第 index 个位置的输出参数类型。dataType 对应 SQL 数据类型，该类型在 java.sql.Types 中定义。

(3) ResultSet executeQuery()：执行 CallableStatement 对象对应的存储过程，返回 ResultSet 结果集。

(4) int executeUpdate()：执行 CallableStatement 对象对应的存储过程，返回实际操作的记录数。

(5) boolean execute()：执行 CallableStatement 对象对应的存储过程。如果执行过程中产生结果集则返回 true，否则返回 false。通过 CallableStatement 对象的 getResultSet() 方法和 getUpdateCount() 方法可以分别获取 CallableStatement 产生的结果集与操作的记录数。

(6) ResultSet getResultSet()：获取 CallableStatement 产生的结果集。

(7) int getUpdateCount()：获取 CallableStatement 操作的记录数。

(8) DataType get DataType (输出参数位置序号)：获取存储过程指定位置序号的输出参数值。

(9) void close()：释放 CallableStatement 占用的资源。

[例 6.8]　创建存储过程 addstu 实现向 stu 表插入数据，stu_add_cstmt.jsp 调用 addstu 实现数据添加。

分析：存储过程 addstu 包含两个输入参数(分别传递学号和姓名)、1 个输出参数(返回操作状态)，输出参数值为 1 代表添加成功，0 代表添加失败。

存储过程 addstu 内容如下：

```
create procedure addstu( _xh varchar(10), _xm varchar(20), out flag int )
begin
  -- 设定违反 unique 约束时标志为 0，即添加失败标志
  declare continue handler for 1062 set flag=0;
  set flag=1; -- 添加成功标志
  insert into stu(xh,xm)values(_xh,_xm);
end
```

创建 addstu 的方法是，进入 HeidiSQL，右击数据库 student 执行“创建新的”→“存储过程”命令，弹出图 6-7 所示界面，输入相应内容后单击“保存”按钮完成 addstu 创建。

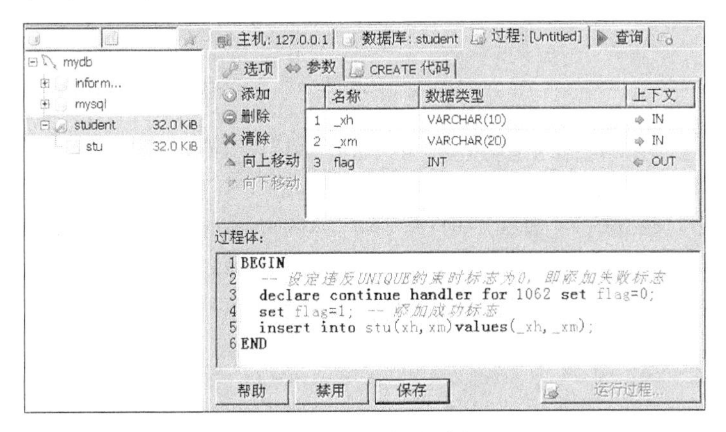

图 6-7　新建存储过程

读者也可以通过“文件”→“加载 SQL 文件”命令运行电子资料中 chap6\WebContent 目录中的 addstu.sql 创建 addstu。

stu_add_cstmt.jsp 主要代码如下：

```
<%
    request.setCharacterEncoding("UTF-8");
    String xh=request.getParameter("xh"); //获取提交的数据
    String xm=request.getParameter("xm");
    String msg="";
    if (xh!=null && xm!=null) { //如果提交数据
        //创建数据库连接
        String url="jdbc:mysql://localhost:3306/student";
        Class.forName("org.gjt.mm.mysql.Driver");
        Connection conn=DriverManager.getConnection(url, "root", "x5");
        //创建 CallableStatement 对象
        String sql="{call addstu(?,?,?)}";
        CallableStatement cstmt=conn.prepareCall(sql);
```

```
            cstmt.setString(1, xh); //设置学号
            cstmt.setString(2, xm); //设置姓名
            cstmt.registerOutParameter(3, Types.INTEGER); //登记存储过程输出参数
            cstmt.execute(); //执行存储过程
            int flag=cstmt.getInt(3); //获取存储过程输出值
            if(flag==1)
                msg="添加成功！";
            else
                msg="学号已存在，添加失败！";
            if(cstmt!=null)
                cstmt.close();
            if(conn!=null)
                conn.close();
        }
    %>
    <body>
    CallableStatement 对象实现添加数据
    <form name="form1" method="post" action="stu_add_cstmt.jsp">
        学号：<input name="xh" type="text" /><br>
        姓名：<input name="xm" type="text" /><br>
        <input type="submit" name="Submit" value="提交" /><br>
        <span style="color: #FF0000"><%= msg %></span>
    </form>
    </body>
    </html>
```

6.7 事务编程

事务(transaction)是数据库的一个操作序列集合(即多条 SQL 语句)，这些操作序列执行时要么全做，要么全不做，不能只执行部分操作。事务中的全部 SQL 语句均成功执行时，才可以提交事务；如果其中任一个操作执行失败，所有操作必须全部取消，此称为事务回滚。

JDBC 打开一个连接对象 Connection 时，默认是自动提交(auto-commit)模式，每个 SQL 语句都被当作一个事务，即每次执行一个 SQL 语句，都会自动提交事务。为了能将多个 SQL 语句组合成一个事务，要将 auto-commit 模式屏蔽。在 auto-commit 模式屏蔽之后，只有在调用 commit()方法后，事务中的所有 SQL 语句才会得到提交确认；如果调用 rollback()，则事务中的所有 SQL 语句操作被取消。

下面通过一个例子介绍 JSP 操作事务的方法。

[例 6.9] 向 stu 表同时添加两名学生，文件名为 tran.jsp，要求：两名学生要么同时添加成功，要么都不添加，不能只添加一个。

分析：很显然这需要通过事务完成操作，将两个学生的 insert 指令放在事务中。

tran.jsp 主要代码如下：

```
<jsp:useBean id="dc" class="chap6.DbConn" scope="page"></jsp:useBean>
<%
    request.setCharacterEncoding("UTF-8");
    String[] xh=request.getParameterValues("xh");  //获取学号
    String[] xm=request.getParameterValues("xm");  //获取姓名
    String msg="",sql;
    if(xh!=null && xm!=null && xh.length==2 && xm.length==2){ //如果提交数据
        out.print("学生 1 学号："+xh[0]+"; 姓名："+xm[0]+"<br>");
        out.print("学生 2 学号："+xh[1]+"; 姓名："+xm[1]+"<br>");
        if(dc.createConn()){  //数据库连接成功
            try{
                dc.getConn().setAutoCommit(false);  //禁止自动提交事务
                sql="insert into stu(xh,xm)values('"+xh[0]+"',
                '"+xm[0]+"')";
                dc.getStmt().executeUpdate(sql);  //添加学生 1
                sql="insert into stu(xh,xm)values('"+xh[1]+"',
                '"+xm[1]+"')";
                dc.getStmt().executeUpdate(sql);  //添加学生 2
                dc.getConn().commit();  //提交事务
                msg="事务操作成功，学生 1、2 均成功添加！";
            }
            catch(SQLException e){  //事务操作失败
                dc.getConn().rollback();  //回滚整个事务
                msg="事务操作失败:"+e.toString();
            }
            finally{
                dc.getConn().setAutoCommit(true);  //恢复自动提交模式
            }
            dc.closeConn();
        }
        else msg="数据库连接失败！";
    }
%>
<body>
通过事务添加数据
<form name="form1" method="post" action="tran.jsp">
    学生 1 学号：<input name="xh" type="text" />
    姓名：<input name="xm" type="text" /><br>
    学生 2 学号：<input name="xh" type="text" />
    姓名：<input name="xm" type="text" /><br>
    <input type="submit" name="Submit" value="提交" /><br>
    <span style="color: #FF0000"><%= msg %></span>
```

```
    </form>
  </body>
</html>
```

运行 tran.jsp，输入两个学生数据，学生 1 输入 stu 表已存在的学号，如 001，学生 2 输入 stu 表没有的学号，然后提交，由于学生 1 的学号 001 已存在，所以学生 1 插入失败，最终两个学生均不能添加，运行效果如图 6-8 所示。只有输入的两个学号在 stu 表中均不存在时才能同时添加成功，插入后的数据可以通过运行例 6.3 的 stu_info.jsp 查看。

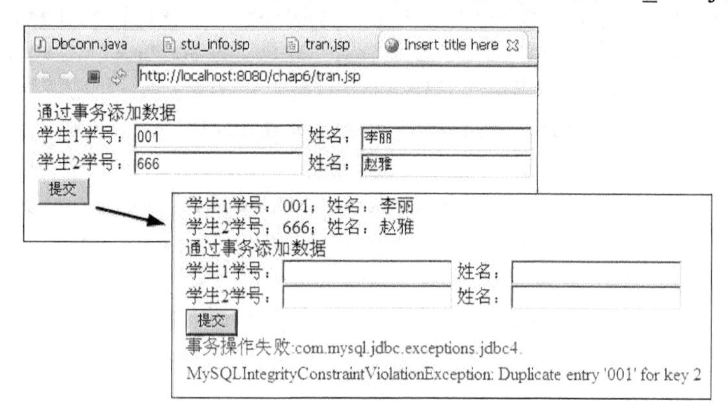

图 6-8　事务运行

6.8　数 据 分 页

当查询的记录数很多时，若在一页中把全部数据都显示出来，会导致页面加载数据量大，加载速度慢，这时就需要对结果数据进行分页显示。

数据分页显示的方法很多，本书介绍的方法是，根据查询结果中的总记录数 rowCount 和每页显示的记录数 pageSize，利用如下公式计算出总页数 pageCount：

$pageCount = (rowCount-1) / pageSize + 1$

再利用如下公式计算出第 intPage 页中第 1 行记录的行号 n：

$n = (intPage-1) \times pageSize + 1$

从第 n 行记录开始，循环输出第 intPage 页需显示的记录。

设某查询结果中，总记录数 rowCount=8，每页显示的记录数 pageSize=3，由此可以计算出总页数 pageCount=3，各页的页码和行号对应关系如图 6-9 所示。

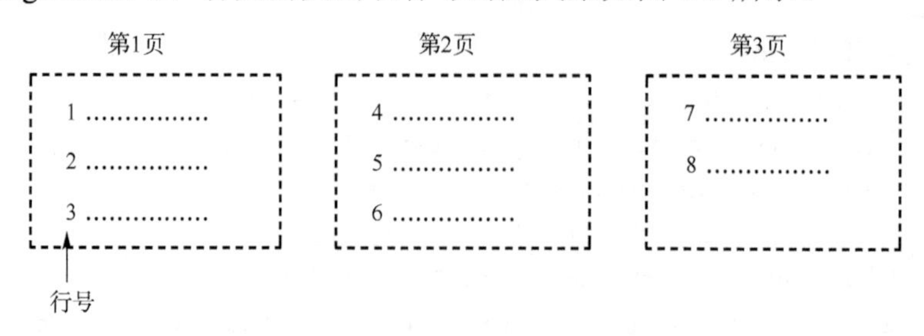

图 6-9　页码和行号对应关系示意图

[例 6.10]　查询 student 数据库 stu 表的学生信息，对查询结果按每页 3 条记录分页显示，文件名为 stu_info_splitpage.jsp，运行结果如图 6-10 所示。

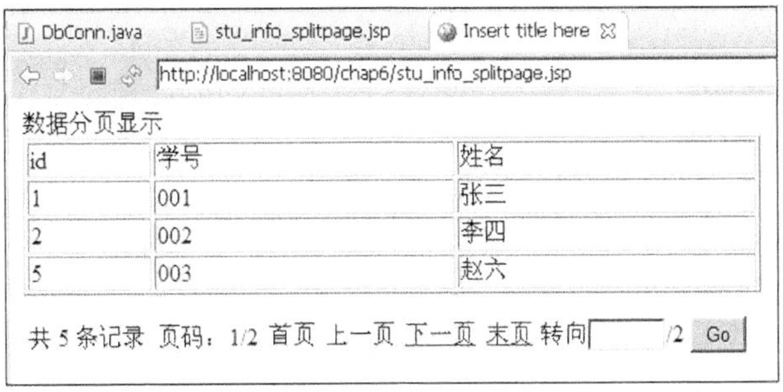

图 6-10　stu_info_splitpage.jsp 运行结果

stu_info_splitpage.jsp 主要代码如下：

```
<jsp:useBean id="dc" class="chap6.DbConn" scope="page"></jsp:useBean>
<%
    String sql="select id,xh,xm from stu"; //定义 SQL
    ResultSet rs=null;
    int rowCount=0; //总记录数
    if(dc.createConn()){ //创建数据库连接
        rs=dc.exeQuery(sql);
        rs.last(); //光标指向结果集中的最后一行
        rowCount=rs.getRow(); //最后一行的行号即总记录数
    }
    int pageSize=3; //每页显示的记录数
    int pageCount=(rowCount-1) / pageSize+1; //计算总页数
    String strPage=request.getParameter("page"); //待显示页码
    int intPage; //整型的待显示页码
    //调整待显示页码
    if(strPage==null)
        intPage=1;
    else{
        try{
            intPage=Integer.parseInt(strPage);
        }catch(Exception e){
            intPage=1;
        }
        if(intPage<1) //若页码小于 1，则显示第 1 页
            intPage=1;
        else if(intPage>pageCount) //若页码大于总页数，则显示最后一页
            intPage=pageCount;
    }
%>
```

```
<body>
数据分页显示
<table width="500" border="1">
  <tr>
    <td>id</td>
    <td>学号</td>
    <td>姓名</td>
  </tr>
  <% if(rowCount==0){ %>
  <tr>
    <td colspan="3" align="center">无记录</td>
  </tr>
  <%
      }
      else{
          rs.absolute((intPage-1)*pageSize+1); //定位待显示页的第 1 行记录
          int i=0;
          while(i<pageSize && !rs.isAfterLast()){
  %>
  <tr>
    <td><%= rs.getInt("id") %></td>
    <td><%= rs.getString("xh") %></td>
    <td><%= rs.getString("xm") %></td>
  </tr>
  <%
              rs.next();
              i++;
          }
      }
  %>
</table>
<!-- 显示分页控制 -->
<%
    if(rowCount>0){
        String crntReqURI=request.getRequestURI(); //当前页面 URL
%>
<form name="pageGoform" method="post" action="<%= crntReqURI %>">
<table width="500" height="57" border="0">
  <tr>
    <td>共 <%= rowCount %> 条记录</td>
    <td>页码：<%= intPage %>/<%= pageCount %></td>
    <td><% if(intPage>1){ %><a href="<%= crntReqURI %>?page=1">首页
    </a><% }else{ %>首页<% } %></td>
```

```
        <td><% if(intPage>1){ %><a href="<%= crntReqURI %>?page=<%=
        intPage-1 %>">上一页</a><% }else{ %>上一页<% } %></td>
        <td><% if(intPage<pageCount){ %><a href="<%= crntReqURI %>?page=<%=
        intPage+1 %>">下一页</a><% }else{ %>下一页<% } %></td>
        <td><% if(intPage<pageCount){ %><a href="<%= crntReqURI %>?page=<%=
        pageCount %>">末页</a><% }else{ %>末页<% } %></td>
        <td>转向<input name="page" type="text" size="3">/<%= pageCount %>
        <input name="pageGoSubmit" type="submit" value="Go">
        </td>
      </tr>
    </table>
    </form>
    <%
        }
        if(rs!=null)
            rs.close();      //关闭 rs
        dc.closeConn();  //关闭数据库连接
    %>
    </body>
    </html>
```

6.9 数据库连接池技术

前面介绍的数据库访问都是按照新建数据库连接，用完后关闭连接的方式来完成的，这样做对于一个数据库访问不是很频繁的系统而言，不会带来明显的性能上的影响。但对于一个数据库访问频繁的系统，情况就不同了，因为建立一个数据库连接需要消耗一定的系统资源，频繁地建立和关闭数据库连接，会极大地降低系统的性能，形成系统瓶颈。

能否事先建立一定数量的数据库连接，访问数据库时直接使用这些已建好的连接，用完后再将这些连接释放出来供其他访问使用，避免数据库连接频繁建立和关闭的开销?答案是可以的，数据库连接池就是基于这种思路提出的。

6.9.1 数据库连接池概述

数据库连接池是指在服务器启动时预先建立一定数量的数据库连接，并将它们放在一起(称为连接池)集中管理，当有数据库访问时，应用程序会从连接池中取出一个连接供其使用(不是新建)，使用结束后再将连接释放回连接池，以供其他数据库访问继续使用，这种方式称为连接复用。

通过建立数据库连接池以及一套连接分配、使用策略，一个数据库连接可得到高效的复用，避免频繁建立和关闭连接的开销。

Java 的数据库连接池实现方式很多，本节介绍 Tomcat 连接池和 Proxool 连接池。

6.9.2　Tomcat 连接池

Tomcat 连接池不需要第三方类库支持，下面以工程 chap6 为例，介绍 Tomcat 连接池的使用方法。

1. 配置 Tomcat 连接池

进入 Eclipse，在 chap6/WebContent/META-INF 目录中创建 context.xml，在 context.xml 中配置 chap6 工程的 Tomcat 连接池数据源，名称为 chap6_TcPoolDS，内容如下：

```
<Context>
    <Resource name="chap6_TcPoolDS"
        type="javax.sql.DataSource" auth="Container"
        driverClassName="org.gjt.mm.mysql.Driver"
        url="jdbc:mysql://localhost:3306/student"
        username="root"
        password="x5"
        maxActive="1500"
        maxIdle="100"
        minIdle="5"
        maxWait="10000"
    />
</Context>
```

上述配置中，数据源<Resource>主要属性及其描述如表 6-2 所示。

表 6-2　<Resource>主要属性及其描述

属性名称	描述
name	连接池的数据源名称
type	数据源类型
auth	数据源的管理者，它有两个可选值：容器 Container 和应用服务 Application
driverClassName	JDBC 驱动程序名
url	连接数据库的 URL
username	连接数据库的登录名
password	连接数据库的登录密码
maxActive	连接池中的最大连接数目，0 表示不受限制
maxIdle	连接池中的最大空闲连接数目，0 表示不受限制
minIdle	连接池中的最小空闲连接数目
maxWait	连接池中连接用完时，新的请求允许等待的时间(毫秒)，-1 表示不限制

说明：除可以在 META-INF\context.xml 中配置连接池外，还可以在 Tomcat 根目录\conf\server.xml 中配置，方法是在 server.xml 的<Host> </Host>节点中增加连接池配置代码，例如：

```
<Context path="/chap6" docBase="chap6" reloadable="true" >
    <Resource name="chap6_TcPoolDS"
        type="javax.sql.DataSource" auth="Container"
```

```
        driverClassName="org.gjt.mm.mysql.Driver"
        url="jdbc:mysql://localhost:3306/student"
        username="root"
        password="x5"
        maxActive="1500"
        maxIdle="100"
        minIdle="5"
        maxWait="10000"
        />
    </Context>
</Host>
```

这种方法配置的连接池为全局连接池。全局连接池要求 JDBC 驱动程序放在 Tomcat 根目录\lib 中，并且一旦配置了全局连接池，对同一工程配置的其他连接池将无效。

2. 使用连接池

连接池的使用通过 DataSource 对象完成。以下是 chap6_TcPoolDS 连接池的使用步骤。

(1) 通过 Context 获取数据源 chap6_TcPoolDS。

```
javax.naming.Context ctx=new javax.naming.InitialContext(); //获取上下文
javax.sql.DataSource ds=(javax.sql.DataSource)ctx.lookup("java:comp/env/
chap6_TcPoolDS"); //获取数据源 chap6_TcPoolDS
```

(2) 从数据源中获得数据库连接。

```
Connection conn=ds.getConnection();
```

(3) 用完后将数据库连接释放给连接池。

```
conn.close();
```

说明：

(1) java:comp/env 是环境命名上下文(environment naming context，ENC)的标准 JNDI context。Tomcat 启动后会在 java:comp/env 处创建一个 JNDI 上下文环境，在该环境中用 JNDI 的 lookup() 方法查找 java:comp/env 后面的变量名。

(2) 在连接池中使用 close() 方法关闭数据库连接，并非真正关闭，而是将其放回连接池的空闲队列中，这与非连接池中使用 close() 方法是不一样的。

下面通过一个例子介绍 Tomcat 连接池的使用方法。

[例 6.11]　通过 Tomcat 连接池查询学生信息，文件名为 stu_info_byTcPool.jsp。

stu_info_byTcPool.jsp 主要代码如下：

```
<%
    javax.naming.Context ctx=new javax.naming.InitialContext();
                                                        //获取上下文
    javax.sql.DataSource ds=(javax.sql.DataSource) ctx.lookup
```

```
        ("java:comp/env/chap6_TcPoolDS"); //获取数据源 chap6_TcPoolDS
        Connection conn=ds.getConnection(); //从数据源中获取连接
        Statement stmt=conn.createStatement();
        String sql="select id,xh,xm from stu";
        ResultSet rs=stmt.executeQuery(sql);
%>
<body>
通过 Tomcat 连接池查询学生信息
…
<%
        if(rs!=null) rs.close();    //关闭 rs
        if(stmt!=null) stmt.close();  //关闭 stmt
        if(conn!=null) conn.close();  //关闭 conn
%>
</body>
</html>
```

6.9.3 Proxool 连接池

Proxool 是一个开源的、性能优异的数据库连接池框架，读者可以从官网：http://proxool.sourceforge.net 下载 Proxool，本书采用 Proxool 0.9.1，本书电子资料中提供了 proxool-0.9.1，文件名为 proxool-0.9.1.rar。

下面以工程 chap6 为例介绍 Proxool 连接池的使用方法。

1. 添加 Proxool 类库支持

解压 Proxool 0.9.1，产生 proxool-0.9.1.jar 和 proxool-cglib.jar，另外还需下载一个用于记录日志的类库 commons-logging.jar，将这三个文件复制到 chap6 的 WEB-INF\lib 目录中。本书电子资料中提供了 commons-logging.jar。

另外，还需要将 MySQL 的 JDBC 驱动程序 mysql-connector-java-5.1.7-bin.jar 复制到 chap6 的 WEB-INF\lib 目录中。

2. 配置 Proxool 连接池

1) 配置 Proxool 连接池属性

Proxool 连接池属性很多，比较重要的属性及描述见表 6-3。

表 6-3 Proxool 连接池主要属性及描述

属性名称	描述
alias	连接池别名
driver-url	连接数据库的 URL
driver-class	JDBC 驱动程序名
driver-properties	设置驱动属性，设置连接数据库的登录名和密码
maximum-connection-count	最大连接数(默认 5 个)，超过这个数，再有请求时，就排在队列中等候，最大的等待请求数由 simultaneous-build-throttle 决定

续表

属性名称	描述
minimum-connection-count	最小连接数(默认 2 个)
house-keeping-sleep-time	Proxool 自动侦察各个连接状态的时间间隔(毫秒)，侦察到空闲的连接就马上回收，超时的销毁，默认 30 秒
simultaneous-build-throttle	没有空闲连接可以分配时在队列中等候的最大请求数，超过这个请求数的用户连接就不会被接受
prototype-count	最少保持的空闲连接数(默认 2 个)，如果当前连接池中的空闲连接少于这个数值，新的连接将被建立(假设没有超过最大可用数)
maximum-active-time	连接的活动时间(毫秒，默认 5 分钟)，如果一个连接超过这个时间，则被强制收回。该值不能设置得太小，否则一个数据库操作可能还没完成就被终止了
test-before-use	使用连接之前是否测试连接
house-keeping-test-sql	用于测试连接的 SQL 语句

配置 Proxool 连接池属性的方法是，在 chap6 的 WEB-INF 目录中创建 chap6proxool.xml(文件名自定)，内容如下：

```
<?xml version="1.0" encoding="UTF-8"?>
<something-else-entirely>
  <proxool>
     <alias>chap6_proxoolDbPool</alias>
     <driver-url>jdbc:mysql://localhost/student</driver-url>
     <driver-class>com.mysql.jdbc.Driver</driver-class>
     <driver-properties>
        <property name="user" value="root" />  <!-- 数据库连接用户名 -->
        <property name="password" value="x5" />  <!-- 数据库连接密码 -->
        <property name="allowMultiQueries" value="true" />
                                        <!--允许多条SQL语句一次执行 -->
     </driver-properties>
     <!-- 最大连接数 -->
     <maximum-connection-count>500</maximum-connection-count>
     <!-- 最小连接数 -->
     <minimum-connection-count>10</minimum-connection-count>
     <!-- Proxool 自动侦察各个连接状态的时间间隔(毫秒) -->
     <house-keeping-sleep-time>5000</house-keeping-sleep-time>
     <!-- 没有空闲连接可以分配时在队列中等候的最大请求数 -->
     <simultaneous-build-throttle>50</simultaneous-build-throttle>
     <!-- 空闲连接数 -->
     <prototype-count>5</prototype-count>
     <!-- 连接活动时间 -->
     <maximum-active-time>10000</maximum-active-time>
     <!-- 在使用之前测试 -->
     <test-before-use>true</test-before-use>
     <!-- 用于保持连接的测试语句 -->
     <house-keeping-test-sql>select 1</house-keeping-test-sql>
```

```
  </proxool>
</something-else-entirely>
```

2) 配置 web.xml

在 chap6 的 WEB-INF\web.xml 中指明 Proxool 的配置文件，内容如下：

```
<?xml version="1.0" encoding="UTF-8"?>
<web-app>
     <servlet>
       <servlet-name>ServletConfigurator</servlet-name>
       <servlet-class>org.logicalcobwebs.proxool.configuration.
       ServletConfigurator
       </servlet-class>
       <init-param>
           <param-name>xmlFile</param-name>
           <param-value>WEB-INF/chap6proxool.xml</param-value>
       </init-param>
       <load-on-startup>1</load-on-startup>
     </servlet>
</web-app>
```

说明：设置<load-on-startup>1</load-on-startup>让 Tomcat 启动时自动创建 Proxool 连接池。

3) 配置 Proxool 数据源

在 chap6 的 META-INF\context.xml 中配置 Proxool 连接池数据源，内容如下：

```
<Context>
    <Resource name="chap6_proxoolPoolDS"
        type="javax.sql.DataSource" auth="Container"
        factory="org.logicalcobwebs.proxool.ProxoolDataSource"
        proxool.alias="chap6_proxoolDbPool"
    />
</Context>
```

以上三方面内容也可以放在 chap6 的 META-INF\context.xml 一个文件中配置，内容如下：

```
<Resource name="chap6_proxoolPoolDS"
    type="javax.sql.DataSource" auth="Container"
    factory="org.logicalcobwebs.proxool.ProxoolDataSource"
    proxool.alias="chap6_proxoolDbPool"
    proxool.driver-url="jdbc:mysql://localhost/student"
    proxool.driver-class="com.mysql.jdbc.Driver"
    user="root"
    password="x5"
    proxool.maximum-connection-count="100"
    proxool.minimum-connection-count="10"
```

```
    proxool.house-keeping-sleep-time="5000"
    proxool.simultaneous-build-throttle="50"
    proxool.prototype-count="5"
    proxool.maximum-active-time="10000"
    proxool.test-before-use="true"
    proxool.house-keeping-test-sql="select 1"
/>
```

3. 使用 Proxool 连接池

完成上述配置后，就可以使用 Proxool 连接池了。下面通过一个例子介绍 Proxool 连接池的使用方法。

[例 6.12]　通过 Proxool 连接池查询学生信息，文件名为 stu_info_byProxoolPool.jsp。

stu_info_byProxoolPool.jsp 主要代码如下：

```
<%
    javax.naming.Context ctx=new javax.naming.InitialContext(); //获取上下文
    //获取 chap6_proxoolPoolDS 数据源
    javax.sql.DataSource
    ds=(javax.sql.DataSource)ctx.lookup("java:
    comp/env/chap6_proxoolPoolDS");
    Connection conn=ds.getConnection(); //从数据源中获取连接
    Statement stmt=conn.createStatement();
    String sql="select id,xh,xm from stu";
    ResultSet rs=stmt.executeQuery(sql);
%>
<body>
通过 Proxool 连接池查询学生信息
…
<%
    if(rs!=null) rs.close();     //关闭 rs
    if(stmt!=null) stmt.close();  //关闭 stmt
    if(conn!=null) conn.close();  //关闭 conn
%>
</body>
</html>
```

4. 监测 Proxool 连接池状态

Proxool 可以实时监测连接池状态，方法是在 chap6 的 WEB-INF\web.xml 中加入如下内容：

```
<servlet>
  <servlet-name>Admin</servlet-name>
  <servlet-class>org.logicalcobwebs.proxool.admin.servlet.
  AdminServlet</servlet-class>
```

```
</servlet>
<servlet-mapping>
   <servlet-name>Admin</servlet-name>
   <url-pattern>/chap6admin</url-pattern>
</servlet-mapping>
</web-app>
```

配置后重启 Tomcat，在浏览器中输入 http://localhost:8080/chap6/chap6admin，就可以查看工程 chap6 的 Proxool 连接池状态了，如图 6-11 所示。

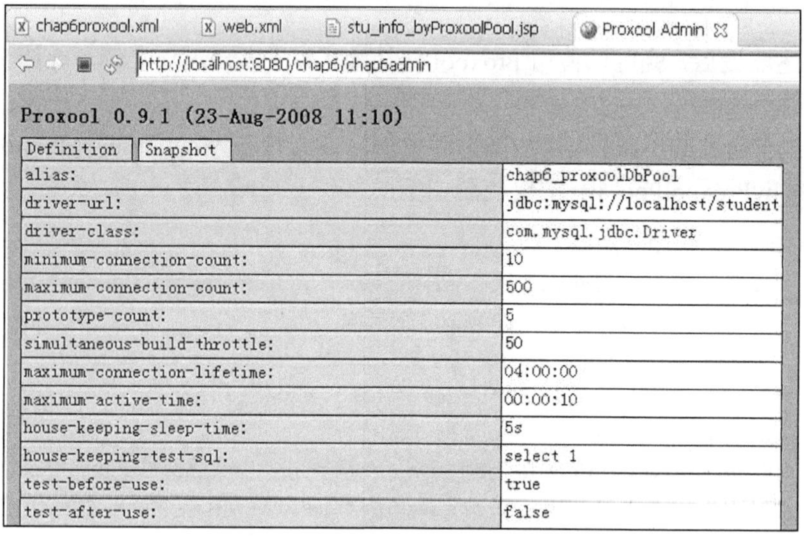

chap6proxool.xml　web.xml　stu_info_byProxoolPool.jsp　Proxool Admin

http://localhost:8080/chap6/chap6admin

Proxool 0.9.1 (23-Aug-2008 11:10)

Definition　Snapshot

alias:	chap6_proxoolDbPool
driver-url:	jdbc:mysql://localhost/student
driver-class:	com.mysql.jdbc.Driver
minimum-connection-count:	10
maximum-connection-count:	500
prototype-count:	5
simultaneous-build-throttle:	50
maximum-connection-lifetime:	04:00:00
maximum-active-time:	00:00:10
house-keeping-sleep-time:	5s
house-keeping-test-sql:	select 1
test-before-use:	true
test-after-use:	false

图 6-11　查看 Proxool 连接池状态

6.10　JSP 连接其他数据库

不同数据库连接的区别在于驱动程序和 JDBC URL 的不同。下面介绍 JSP 连接 SQL Server、Access、Visual FoxPro 数据库的方法。

6.10.1　连接 SQL Server

SQL Server 是微软推出的基于 Windows 的关系型数据库系统，具有功能强大、可伸缩性好、与相关软件集成程度高等优点。

JSP 连接 SQL Server 的方法很多，以下代码利用 SQL Server JDBC Type 4 驱动程序连接 SQL Server。读者可以从微软官网下载该驱动，也可以从本书提供的电子资料中获取，文件名为 sqljdbc4.jar。

```
String jdbcurl="jdbc:sqlserver://localhost:1433;DatabaseName=
student";  //连接 student 数据库
String userName="sa";  //使用 sa 账号登录
String userPassword="123";  //sa 的登录密码
Class.forName("com.microsoft.sqlserver.jdbc.SQLServerDriver");
```

```
//加载驱动程序
Connection conn=DriverManager.getConnection(jdbcurl,userName,userPass-
word); //创建连接
Statement stmt=conn.createStatement(); //创建 Statement 对象
String sql="select id,xh,xm from stu"; //定义 SQL
ResultSet rs=stmt.executeQuery(sql); //执行 SQL
```

使用 JDBC 连接 SQL Server 需要注意的问题如下：

(1) SQL Server 需支持 SQL Server 身份验证模式，并启用 TCP/IP 连接端口 1433。

(2) 如果结果集使用 previous、first、last、absolute 等方法，则需用如下方法创建 Statement 对象：

```
Statement stmt = conn.createStatement(ResultSet.TYPE_SCROLL_INSENSITIVE,
                                      ResultSet.CONCUR_READ_ONLY);
```

(3) 如果出现驱动程序无法通过使用安全套接字层（SSL）加密与 SQL Server 建立安全连接的提示，则需要更换高版本的 JDK。

6.10.2 连接 Access

Access 是微软推出的基于 Windows 的桌面关系型数据库系统。Access 数据库可以通过 JDBC-ODBC 连接，也可以通过 JDBC 连接，下面分别介绍连接方法。

1. 通过 JDBC-ODBC 连接 Access

JDBC-ODBC 连接 Access 数据库需要通过数据源(DSN)完成，数据源可以手工建立，也可以在程序中建立。

以下代码在程序中创建数据源并建立数据库连接。

```
String dburl="c:/myaccess.mdb"; //Access 数据库文件的绝对路径
Class.forName("sun.jdbc.odbc.JdbcOdbcDriver");
Connection conn = DriverManager.getConnection("jdbc:odbc:Driver={MicroSoft
Access Driver (*.mdb)};DBQ="+dburl); //在程序中建立数据源
Statement stmt=conn.createStatement();
String sql="select id,xh,xm from stu";
ResultSet rs=stmt.executeQuery(sql);%>
```

需要说明的是，通过 JDBC-ODBC 连接 Access 数据库需要 ODBC 驱动的支持。64 位 Windows 平台默认不安装 ODBC 驱动，本书电子资料中提供了 64 位 ODBC 驱动程序，文件名为 AccessDatabaseEngine_x64.exe，该驱动将安装一系列组件，帮助在现有的 Microsoft Office 文件(如 Access 和 Excel)与其他数据源(如 Microsoft SQL Server)之间传输数据，还会安装 ODBC 和 OLE DB 驱动程序，供应用程序开发人员在开发与 Office 文件格式连接的应用程序时使用。

2. 通过 JDBC 连接 Access

通过 JDBC 连接 Access 数据库不需要数据源支持，更方便移植。以下代码利用 HXTT

Access JDBC 连接 Access 数据库，读者可从本书提供的电子资料中获取驱动程序 access_jdbc30.jar。

```
String dburl="c:/myaccess.mdb";  //Access 数据库文件的绝对路径
String jdbcurl="jdbc:access:///"+dburl;
Class.forName("com.hxtt.sql.access.AccessDriver");
Connection conn=DriverManager.getConnection(jdbcurl);
Statement stmt=conn.createStatement();
String sql="select id,xh,xm from stu";
ResultSet rs=stmt.executeQuery(sql);
```

需要说明的是，HXTT Access JDBC 是一个付费组件，access_jdbc30.jar 是试用版，它一次最多查询 1000 条记录，并且 Tomcat 单次运行中只能使用 50 次。读者可从 www.hxtt.com 获取相关信息。

6.10.3 连接 Visual FoxPro

VFP(Visual FoxPro)是微软推出的桌面型数据库产品，它简单易学，处理速度快，是日常工作中的得力助手，一些行业的数据管理和数据上报仍采用 VFP。本书电子资料中提供了精简版 Visual FoxPro 6.0。

以下代码通过 JDBC-ODBC 连接 VFP 数据库，连接时需要 VFPODBC 驱动程序的支持，本书电子资料中提供了 VFPODBC 驱动程序 VFPODBC.msi，双击即可安装。

```
String dburl="c:/ ";  //VFP 数据库文件的绝对路径
Class.forName("sun.jdbc.odbc.JdbcOdbcDriver");
Connection conn=DriverManager.getConnection("jdbc:odbc:Driver={MicroSoft
Visual FoxPro Driver};SourceType=DBF;SourceDB="+dburl);
                                          //SourceDB 不需要指定数据库文件名
//或：Connection conn=DriverManager.getConnection("jdbc:odbc:Driver=
{MicroSoft Visual FoxPro Driver};SourceType=DBF;SourceDB="+dburl+";
Exclusive=No;");  //非独占方式访问
Statement stmt=conn.createStatement();
String sql="select id,xh,xm from stu";
ResultSet rs=stmt.executeQuery(sql);
```

需要说明的是，JDBC-ODBC 连接 VFP 时，JDBC URL 中的 ourceDB 不需要指明数据库的文件名，只需给出数据库文件所在的目录就可以了。

6.11 小　结

本章介绍了 JDBC 技术和 JSP 操作数据库的常用对象，给出这些对象操作数据库的方法，介绍了事务操作、数据库连接池的实现方法，最后介绍了其他数据库的连接方法。本章是 JSP 编程的核心，也是前几章的综合应用，读者一定要熟练掌握本章内容。

习题

1．下述选项中不属于 JDBC 基本功能的是(　　)。

A．与数据库建立连接　　B．提交 SQL 语句

C．处理查询结果　　D．数据库维护管理

2．设 ResultSet rs=stmt.executeQuery("select xh,xm from stu");以下获取 xh 数据的语句中错误的是(　　)。

A．String sno=rs.getString("xh");　　B．String sno=rs.getString(1);

C．String sno=rs.getString(xh);　　D．String sno=rs.getString("1");

3．设表 grade 中字段 sno 和 cno 为字符型，grade 为整型，Java 变量 vsno、vcno、vgrade 分别为字段 sno、cno 和 grade 提供值，下列向 grade 中添加记录的语句中正确的是(　　)。

A．String sql="insert into grade(sno,cno,grade) values("+vsno+","+vcno+","+vgrade+")";

B．String sql="insert into grade(sno,cno,grade) values('"+vsno+"','"+vcno+"',"+vgrade+")";

C．String sql="insert into grade(sno,cno,grade) values("+vsno+","+vcno+",'"+vgrade+"')";

D．String sql="insert into grade(sno,cno,grade) values(vsno,vcno,vgrade)";

4．设表 friend 中有三个字段，分别是：id 为自动编号型，name 和 tel 为文本型，程序拟实现修改 name 字段值，新值保存在变量 u_name 中，被修改记录的 id 值保存在变量 u_id 中，下列语句正确的是(　　)。

A．String sql= " update friend set name= u_name where id= u_id " ;

B．String sql= " update friend set name= "+ u_name+" where id="+ u_id;

C．String sql= " update friend set name= ' "+ u_name+" ' where id=' "+ u_id +" ' ";

D．String sql= " update friend set name= ' "+ u_name+" ' where id="+ u_id;

5．当打开一个非空的记录集 ResultSet 时，光标的位置为(　　)。

A．指向第一条记录　　B．指向第一条记录的前面

C．指向第一条记录后面　　D．位置不确定

6．SQL Server JDBC Type 4 驱动程序名及连接 SQL Server 中 mydb 数据库的 JDBC URL 是什么？

7．MySQL JDBC 驱动程序名及连接 MySQL 中 mydb 数据库的 JDBC URL 是什么？

8．JDBC-ODBC 连接 Access 的驱动程序名以及连接 E:/mydb.mdb 数据库的 JDBC URL 是什么？

9．JDBC-ODBC 连接 VFP 数据库的驱动程序名以及连接 E:/myvfpTb.dbf 数据表的 JDBC URL 是什么？

10．如何获取 ResultSet 结果集 rs 中的数据行数？

上机题

创建数据库 coursedb，在 coursedb 中建立 course 表，表结构如表 6-4 所示。

采用 JSP+JavaBean 方式编程完成 course 表数据的显示、新增、修改和删除，其中 JavaBean 完成数据库连接和数据操作。

表 6-4　course 表结构

列名	数据类型	含义	约束	是否允许空	默认值
id	整型，自动编号	记录编号	主键	N	
cno	字符型，宽度 20	课程编号	unique	N	
cname	字符型，宽度 50	课程名称		Y	

第 7 章　Servlet

Servlet 是运行在服务器端的 Java 程序，用于处理及响应客户端的请求。JSP 中使用 Servlet 能够使 Web 应用获得更高的开发和执行效率。

7.1　Servlet 概述

Servlet 是一种比 JSP 更早的动态网页编程技术，与 JSP 或 CGI 一样，当浏览器请求 Servlet 时，服务器运行 Servlet，并将结果返回给浏览器。实际上执行 JSP 的时候，JSP Container(JSP 容器，如 Tomcat)也是把 JSP 文件转换为 Servlet(*.java)文件，然后再编译成类文件(*.class)并执行。因此从 JSP 的角度看，Servlet 实际上是 JSP 执行的中间过程。

开发 Servlet 需要类库 servlet-api.jar 的支持，有时还需要 jsp-api.jar 的支持，这两个类库可以在 Tomcat 中的 lib 目录中获取。

7.1.1　Servlet 基本构成

Servlet 是个特殊的 Java 类，这个类继承于 HttpServlet，常用形式为：

```
import java.io.*;
import javax.servlet.*;
import javax.servlet.http.*;
public class 类名 extends HttpServlet{
  protected void doPost(HttpServletRequest request, HttpServletResponse
  response)
       throws ServletException, IOException
  {
    …
  }
  protected void doGet(HttpServletRequest request, HttpServletResponse
  response)
       throws ServletException, IOException
  {
    …
  }
}
```

Servlet 至少需要 java.io、javax.servlet 和 javax.servlet.http 三个包的支持，方法 doPost 和 doGet 分别处理 POST 和 GET 请求，二者处理和响应客户端请求的过程是一致的，实现其中一个，另一个调用它就可以了。

7.1.2 一个简单的 Servlet

[例 7.1] Hello.java 是一个简单的 Servlet，实现在页面中输出“Hello World”，代码如下：

```
package chap7;
import java.io.*;
import javax.servlet.*;
import javax.servlet.http.*;
import javax.servlet.annotation.WebServlet;
@WebServlet("/myHello")
public class Hello extends HttpServlet{
    private static final long serialVersionUID=1L;
    protected void doGet(HttpServletRequest request, HttpServletResponse
    response) throws ServletException, IOException{
        response.setContentType("text/html;charset=UTF-8");
                                                        //设置网页编码
        PrintWriter out=response.getWriter(); //获取 out 对象
        out.println("<html>");
        out.println("<head>");
        out.println("<title></title>");
        out.println("</head>");
        out.println("<body>");
        out.println("Hello World");
        out.println("</body>");
        out.println("</html>");
    }
    protected void doPost(HttpServletRequest request, HttpServletResponse
    response) throws ServletException, IOException{
        this.doPost(request, response);
    }
}
```

Eclipse 中创建 Hello.java 的方法是，执行 Eclipse 主菜单 File→New→Servlet 命令，弹出图 7-1 所示界面，选择项目 chap7(需事先创建项目 chap7)，包名不限，本例为 chap7，类名为 Hello，然后单击 Next 按钮进入图 7-2 所示的参数设置界面，本例设置 URL mappings 为“/myHello”(默认为 Hello，单击 Edit 按钮可修改)，最后单击 Finish 按钮完成新建，并输入上述 doPost 和 doGet 内容，完成后单击按钮运行 Hello.java。

上述运行方式是在 Servlet 3.0 中通过 Annotation(注解)完成的 Servlet 部署，也就是图 7-2 中设置 URL mappings 为“/myHello”，其对应代码为@WebServlet("/myHello")，对应的访问地址为 http://localhost:8080/chap7/myHello。

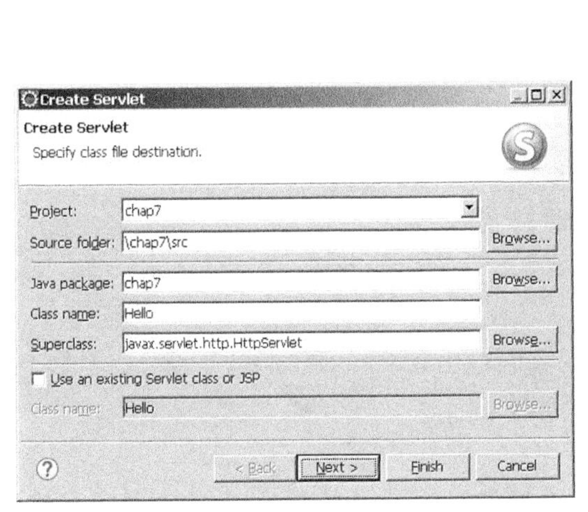

图 7-1 新建 Servlet

图 7-2 设置 Servlet 参数

通过 Annotation 部署 Servlet 的方法是在 Servlet 类名声明前加上如下代码：

```
@WebServlet(name="",urlPatterns={""},initParams={@WebInitParam(name=
"",value=""),loadOnStartup=1} )
```

Servlet 无初始参数配置时，Annotation 部署可以简写如下：

```
@WebServlet({"/URL1" , "/URL2" , …})  //部署多个 URL
```

或

```
@WebServlet("/URL")  //部署单一 URL
```

需要注意的是，Tomcat 7 及以后版本才可以通过 Annotation 方式部署 Servlet。

除了用 Annotation 方式部署 Servlet，也可以在项目的 web.xml 中部署 Servlet。例如，Hello.java 的部署(带底色部分)如下：

```
<?xml version="1.0" encoding="UTF-8"?>
<web-app>
   <servlet>
      <servlet-name>ABC</servlet-name>
      <servlet-class>chap7.Hello</servlet-class>
   </servlet>
   <servlet-mapping>
      <servlet-name>ABC</servlet-name>
      <url-pattern>/myHello</url-pattern>
   </servlet-mapping>
</web-app>
```

各标签含义如下：

<servlet>：定义 Servlet 别名及其指向的 Servlet 类。

<servlet-name>：定义 Servlet 别名。

<servlet-class>：定义 Servlet 别名指向的 Servlet 类。

<servlet-mapping>：定义访问 Servlet 的 URL。

<servlet-name>：指定 Servlet 别名，即<servlet>定义的别名。

<url-pattern>：定义访问 Servlet 的 URL。

注意，web.xml 修改后，一定要重启 Tomcat 才能生效。

7.1.3　Servlet 优点

从上述 Hello.java 可以看出，Servlet 在实现页面输出(即表示层)时非常麻烦，不如 JSP 方便，因此 Servlet 的优势不在表示层，而在业务层。

Servlet 的优点主要表现在以下几方面：

(1)执行效率高。Servlet 中，每个请求由一个轻量级的 Java 线程处理(而不是重量级的操作系统进程)，因此执行效率很高。

(2)开发方便。Servlet 提供了大量的实用工具例程，如自动解析和解码 HTML 表单数据、读取及设置 HTTP 头、处理 Cookie、跟踪会话状态等。

(3)功能强大。很多传统 CGI 程序难以完成的任务都可以使用 Servlet 轻松地完成。例如，Servlet 能够直接和 Web 端交互，能够在各个程序之间共享数据，使得数据库连接池之类的功能很容易实现。

(4)可移植性好。Servlet 用 Java 编写，所以很好地继承了 Java 跨平台性的特点。由于 Servlet API 具有完善的标准，几乎所有的主流服务器，如 Apache、IIS 等，都直接或通过插件支持 Servlet。

7.2　Servlet 常用方法

Servlet 继承于 HttpServlet，它提供多种方法用于响应客户端请求，常用方法包括以下几种。

1. doGet 方法

doGet 方法用于响应客户端的 GET 请求，格式如下：

```
protected void doGet(HttpServletRequest request, HttpServletResponse
response)
      throws ServletException, IOException
{ … }
```

2. doPost 方法

doPost 方法用于响应客户端的 POST 请求，格式为：

```
protected void doPost(HttpServletRequest request, HttpServletResponse
```

```
response)
        throws ServletException, IOException
{  …   }
```

3. doPut 方法

doPut 用于响应客户端的 PUT 请求，来模拟通过 FTP 发送一个文件，格式为：

```
protected void doPut(HttpServletRequest request, HttpServletResponse
response)
        throws ServletException, IOException
{  …   }
```

4. doDelete 方法

doDelete 用于响应客户端的 DELETE 请求，请求一个从 Server 移出的 URL，格式为：

```
protected void doDelete(HttpServletRequest request, HttpServletResponse
response)
        throws ServletException, IOException
{  …   }
```

5. init 方法

init 方法用于初始化 Servlet，完成 Servlet 装载时需要处理的操作，如数据库连接。服务器装载 Servlet 时会自动执行 init 方法。

init 方法格式为：

```
public void init(ServletConfig config) throws ServletException
{
   super.init(config);  //需在第一行调用 super.init(config)
   …
}
```

[例 7.2]　Servlet 读取 web.xml 配置的参数值，并将该值保存到 application 中，文件名为 Servlet_init.java。

Servlet_init.java 代码如下：

```
package chap7;
import javax.servlet.ServletConfig;
import javax.servlet.ServletException;
import javax.servlet.http.HttpServlet;
public class Servlet_init extends HttpServlet{
    private static final long serialVersionUID=1L;
    public void init(ServletConfig config) throws ServletException{
        super.init(config);
```

```
            String init_info=config.getInitParameter("info");
                                                    //获取初始化参数 info 值
            System.out.println("初始化信息:" + init_info);
            //将数据保存到 application 对象中，供其他程序使用
            javax.servlet.ServletContext application=config. getServlet-
            Context();
            application.setAttribute("init_info_app", init_info);
        }
    }
```

web.xml 内容如下：

```
<?xml version="1.0" encoding="UTF-8"?>
<web-app>
    <servlet>
        <servlet-name>svletInit</servlet-name>
        <servlet-class>chap7.Servlet_init</servlet-class>
        <init-param>
            <param-name>info</param-name>
            <param-value>Hello 中国</param-value>
        </init-param>
        <load-on-startup>1</load-on-startup>
    </servlet>
</web-app>
```

说明：设置<load-on-startup>1</load-on-startup>是让 Tomcat 启动时执行。

启动 Tomcat，服务器会自动装载 Servlet_init 并执行其 init 方法，注意不能通过浏览器运行 Servlet_init.java。

6. destroy 方法

服务器卸载 Servlet 时会自动调用 destroy 方法，回收在 init 方法中创建的资源，格式为：

```
public void destroy()
{  ...  }
```

7.3 Servlet 中使用内置对象

JSP 中内置了 request、response、out、session、application、config、pageContext 等内置对象，所以 JSP 可以直接使用这些内置对象，然而 Servlet 中却没有内置这些对象，因此 Servlet 必须先创建这些对象，然后才能使用。

1. request 和 response 对象

request 和 response 对象的基类分别为 HttpServletRequest 和 HttpServletResponse，它们通过 do 方法(如 doPost 和 doGet)的形参来传递，例如：

```
protected void doPost(HttpServletRequest request, HttpServletResponse
response)
   throws ServletException, IOException
{ … }
```

2. out 对象

Servlet 中，out 对象通过 response 对象的 getWriter 方法获取，例如：

```
protected void doPost(HttpServletRequest request, HttpServletResponse
response)
   throws ServletException, IOException
{
   PrintWriter out=response.getWriter();
   …
}
```

3. session 对象

Servlet 中，session 对象可以通过 request 对象的 getSession 方法获取，例如：

```
protected void doPost(HttpServletRequest request, HttpServletResponse
response)
   throws ServletException, IOException
{
   HttpSession session=request.getSession(boolean param);
```

或

```
HttpSession session=request.getSession();
   …
}
```

如果 session 不存在，request.getSession()和 request.getSession(false)均返回 null，而 request.getSession(true)会创建 session。

4. application 对象

Servlet 中，获取 application 对象的方法很多，以下利用 getServletContext()方法直接获取 application 对象：

```
protected void doPost(HttpServletRequest request, HttpServletResponse
response)
   throws ServletException, IOException
{
   javax.servlet.ServletContext application=getServletContext();
   …
}
```

此外，Servlet 中也可以实现<jsp:include>、<jsp:forward>功能。以下代码实现 Servlet 中 include 和 forward 页面“/cc.jsp”：

```
getServletContext().getRequestDispatcher("/cc.jsp").include(request, response);
getServletContext().getRequestDispatcher("/cc.jsp").forward(request, response);
```

5. config 对象

Servlet 中，config 对象可以通过 JSP Container 初始化时传递，主要方法有以下两种：

(1) String getInitParameter(String name)：获取在项目 web.xml 中定义的初始参数 name 值，如果参数 name 不存在则返回 null。

(2) javax.servlet.ServletContext getServletContext()：获取 Servlet 归属的 application 对象。

config 对象使用示例见例 7.2。

6. pageContext 对象

Servlet 中，可以通过 JspFactory 对象获取 pageContext，方法如下：

```
pageContext=JspFactory.getDefaultFactory().getPageContext(this,
                                    request, response, null, true, 8192, true);
```

参数 this 传递一个 Servlet；第四个参数是发生错误后的 URL，如果没有则设为 null；第五个参数设置是否需要 session；第六个参数是缓存大小；第七个参数设置是否需要刷新。

以下代码获取 pageContext 对象和 application 对象：

```
protected void doPost(HttpServletRequest request, HttpServletResponse response)
   throws ServletException, IOException
{
   PageContext pageContext=JspFactory.getDefaultFactory().getPageContext(this,
                                  request,response,null,true,8192,true);
   javax.servlet.ServletContext application=pageContext.getServlet-
   Context();
   ...
}
```

说明：对象 JspFactory 和 pageContext 属于包 javax.servlet.jsp.*，该包在 jsp-api.jar 中。

7.4 JSP 的开发模式

根据是否使用 JavaBean 和 Servlet，可以将 JSP 的开发模式分为以下 3 种。

1. 纯 JSP 开发模式

这种开发模式是将业务层和表示层全部放在 JSP 中。其优点是开发简单，但缺点是把复杂的业务处理全部放在 JSP 中，会使 JSP 代码量非常大，很难阅读，修改和维护不方便，并且大量 Java 脚本放在 JSP 中会降低运行效率，所以不推荐使用这种开发模式。

2. JSP+JavaBean 开发模式

这种开发模式是将部分业务层交给 Bean 处理，表示层放在 JSP 中。其优点是开发效率高，Bean 的使用可以实现组件复用，大大降低了 JSP 的代码量，也能够带来一定效率的提升，一般 Web 系统推荐采用这种开发模式。

3. MVC 开发模式（JSP+JavaBean+Servlet）

模式视图控制器（model-view-controller，MVC）模式即 JSP+JavaBean+Servlet 开发模式，Servlet 充当控制者角色，负责响应客户请求，完成大量的业务处理，JavaBean 实现组件的复用，JSP 负责内容的呈现。

这种开发模式的优点是能够最大限度地实现业务层和表示层的分离，充分发挥开发人员的技术优势（界面美工人员专门负责页面设计，Java 程序员专门负责 JavaBean 和 Servlet 设计），同时获得最高的运行效率。一般大型 Web 系统推荐采用这种开发模式。

7.5 MVC 实现数据添加

本节通过例子介绍 MVC 模式实现数据添加。程序功能是向第 6 章 student 库的 stu 表添加学生，stu.jsp 是录入页面，DbConn.java 是数据库操作 Bean，Stu_svlt.java 是实现学生添加的 Servlet。

程序运行前需先创建 student 库和 stu 表，具体参见 6.2.1 节。

7.5.1 编写 Bean：DbConn.java

DbConn.java 是数据库操作 Bean，此 Bean 通过 prepareStatement 实现数据操作，读者可以与例 6.2 的 DbConn.java 进行对比。

DbConn.java 代码如下：

```
package chap7;
import java.sql.*;
import java.util.*;
public class DbConn{
    public static Connection getConn(){
        try{
            String url="jdbc:mysql://localhost:3306/student";
            String userName="root";
```

```
                String userPassword="x5";
                Class.forName("org.gjt.mm.mysql.Driver");
                Connection conn=DriverManager.getConnection(url, userName,
                userPassword);
                return conn;
            }catch(Exception e){
                System.out.println("数据库连接失败: " + e.toString());
                return null;
            }
        }
        public static int exeSQL(Connection conn,String sql){
            return exeSQL(conn, sql, null);
        }
        public static int exeSQL(Connection conn,String sql,List<Object> params){
            int n=-1; //-1 表示数据操作失败
            PreparedStatement pstmt=null;
            try{
                pstmt=conn.prepareStatement(sql);
                if(params!=null)
                for(int i=0; i<params.size(); i++){
                    pstmt.setObject(i+1, params.get(i));
                }
                n=pstmt.executeUpdate();
            }catch(SQLException e){
                System.out.println("数据操作失败: "+e.toString());
            }finally{
                try{
                    pstmt.close();
                }catch(SQLException e){ }
            }
            return n;
        }
        public static void closeConn(Connection conn){
            try{
                conn.close();
            }catch(SQLException e){ }
        }
    }
```

7.5.2 编写 Servlet：Stu_svlt.java

Stu_svlt.java 是实现学生添加的 Servlet，代码如下：

```
package chap7;
```

```
import java.sql.*;
import java.io.*;
import javax.servlet.*;
import javax.servlet.http.*;
import java.util.*;
import chap7.DbConn;
public class Stu_svlt extends HttpServlet{
    private static final long serialVersionUID=1L;
    protected void doPost(HttpServletRequest request, HttpServlet-
    Response response) throws ServletException, IOException{
        request.setCharacterEncoding("UTF-8");
        String xh=request.getParameter("xh");  //获取提交的数据
        String xm=request.getParameter("xm");
        String msg="";
        if(xh!=null && xm!=null){ //如果提交数据
            Connection conn=DbConn.getConn();
            if(conn!=null){  //数据库连接成功
                String sql="insert into stu(xh,xm)values(?,?)";
                List<Object> params = new ArrayList<Object>();
                                                    //创建传递数据的对象
                params.add(xh); //设置学号，即第 1 个问号
                params.add(xm); //设置姓名，即第 2 个问号
                if(DbConn.exeSQL(conn, sql, params)>0) //新增成功
                    msg="1-学生添加成功！";
                else
                    msg="2-学生添加失败！可能原因学号已存在或数据超出宽度。";
                DbConn.closeConn(conn);
            }
            else msg="3-数据库连接失败！";
            request.setAttribute("msg_reqAttr", msg);
        }
        request.getRequestDispatcher("stu.jsp").forward(request,
        response);
    }
    protected void doGet(HttpServletRequest request, HttpServlet-
    Response response) throws ServletException, IOException{
        response.sendRedirect("stu.jsp"); //Get 请求不处理，直接跳转至 stu.jsp
    }
}
```

7.5.3 部署 Servlet

打开项目配置文件 WEB-INF\web.xml，在<web-app>…</web-app>中添加如下代码：

```
<web-app>
  …
  <servlet>
     <servlet-name>stuadd</servlet-name>
     <servlet-class>chap7.Stu_svlt</servlet-class>
   </servlet>
   <servlet-mapping>
     <servlet-name>stuadd</servlet-name>
     <url-pattern>/Stu_svlt</url-pattern>
   </servlet-mapping>
</web-app>
```

7.5.4　编写 JSP：stu.jsp

stu.jsp 是学生信息录入页面，主要代码如下：

```
<%
    request.setCharacterEncoding("UTF-8");
    String xh="",xm="",msg="";
    if(request.getAttribute("msg_reqAttr")!=null){
        msg=(String)request.getAttribute("msg_reqAttr");
                                        //获取 Servlet 中添加的结果信息
        if(!msg.subSequence(0, 1).equals("1")){ //未成功,
            xh=request.getParameter("xh");  //获取 Servlet 转交的数据
            xm=request.getParameter("xm");
        }
    }
%>
<body>
MVC 实现数据添加
<form name="form1" method="post" action="Stu_svlt">
    学号：<input name="xh" type="text" value="<%= xh %>" /><br>
    姓名：<input name="xm" type="text" value="<%= xm %>" /><br>
    <input type="submit" name="Submit" value="提交" /><br>
    <span style="color: #FF0000"><%=msg%></span>
</form>
</body>
</html>
```

以上所有程序编写完成后，启动(重启)Tomcat，在 stu.jsp 或 Stu_svlt.java 编辑窗口中单击▶按钮运行程序。

7.6 小结

本章介绍了 Servlet 的基本构成和常用方法，以及 Servlet 中使用内置对象的途径，在介绍 JSP 的三种开发模式后，通过具体示例讲解了 MVC 模式实现数据添加的方法。

习题

1. 开发 Servlet 需要哪些类库的支持？Tomcat 中如何获取这些类库？
2. 如何在 Servlet 装载时获取项目配置文件 web.xml 中配置的参数？
3. Servlet 中如何使用 request、response、out、session、application 对象？
4. MVC 开发模式中，JSP、JavaBean 和 Servlet 各自充当什么角色？

上机题

通过 MVC 模式(JSP+JavaBean+Servlet)向第 6 章上机题的 course 表中添加课程，程序编写和运行前需先创建数据库 coursedb 和 course 表。

第 8 章　目录与文件操作

JSP 应用中的输入/输出操作通常是针对服务器上的目录和文件进行的，例如，将客户提交的信息保存到文件中，或将服务器上的文件内容显示到客户端。

Java 提供了 java.io 包实现输入/输出操作。

8.1　File 类

File 类可以对目录或文件进行操作，如创建、重命名、删除目录或文件、获取文件属性(大小、修改日期等)。

File 类有两个构造方法：

1) File(String filename)

创建一个指向 filename 的文件对象。filename 通常由“绝对路径+文件名”给出，也可以只包含文件名，例如：

```
File fobj1=new File("E:/aaaa/aabb.txt");  //绝对路径+文件名
File fobj2-ncw Filc("aabb.txt");  //仅文件名
```

两种方式中，fobj1 指向的位置是确定的，而 fobj2 指向的位置是不确定的，它会因不同运行环境而不同，所以使用时尽可能采用“绝对路径+文件名”给出文件对象指向的位置。

2) File(String directoryPath, String filename)

在路径 directoryPath 中创建一个指向 filename 的文件对象。例如：

```
File fobj3=new File("E:/aaaa","aabb.txt");
```

路径中的“/”可以用“\\”代替。

8.1.1　创建目录

File 类有两个方法创建目录，分别是 mkdir()和 mkdirs()，其原型分别是：

boolean mkdir() throws SecurityException：在指定的目录中创建下一级子目录，创建成功返回 true，失败返回 false。

boolean mkdirs() throws SecurityException：在指定的目录中创建多级子目录，如果待创建的所有子目录均在当前目录中存在，则创建失败，返回 false。

[例 8.1]　在工程根目录中分别创建 aa 目录和 bb/cc 目录，程序文件名为 create_dir.jsp，主要代码如下：

```
<%@page import="java.io.*" %>
…
```

```
<body>
<%
    //获取工程根目录的绝对路径
    String syspath=application.getRealPath("/");
    //在工程根目录中创建 aa 目录
    File fobj1=new File(syspath+"aa");
    if(!fobj1.exists()){ //如果被创建对象不存在
        if(fobj1.mkdir())
        out.print("成功在"+syspath+"中创建 aa 目录");
        else out.print(syspath+"创建失败");
    }
    else out.print(syspath+"中已存在 aa 目录");
    out.print("<br>");
    //在工程根目录中创建 bb/cc 目录
    File fobj2=new File(syspath,"bb/cc");
    if(fobj2.mkdirs())
    out.print("成功在"+syspath+"中创建 bb/cc 目录");
    else out.print(syspath+"中创建 bb/cc 目录失败");
%>
</body>
</html>
```

8.1.2　创建文件

File 类的 createNewFile()方法可以创建一个新文件，原型是 boolean createNewFile() throws IOException，在指定的目录中创建一个新文件，创建成功返回 true，失败返回 false。

[例 8.2]　create_file.jsp 在应用程序根目录中新建文件 newfile.txt，主要代码如下：

```
<%@page import="java.io.*" %>
...
<body>
<%
    //获取工程根目录的绝对路径
    String syspath=application.getRealPath("/");
    String filename="newfile.txt";
    File fobj=new File(syspath+"/"+filename);
    try{
        if(!fobj.exists()){
            fobj.createNewFile();
            out.print("成功在"+syspath+"中创建"+filename);
        }
        else out.print(syspath+"中已存在"+filename);
    }
    catch(IOException e){
        out.println("创建失败："+e.toString());
    }
```

```
%>
</body>
</html>
```

8.1.3　重命名目录/文件

File类的renameTo()方法可以对目录或文件重命名，原型是boolean renameTo(File file) throws SecurityException，将目录或文件更名为 file 指向的名称，如果重命名成功则返回true，失败返回 false。

[例 8.3]　程序 rename_dir_file.jsp 将例 8.2 中创建的文件 newfile.txt 重命名为 newfile2.txt，主要代码如下：

```
<%@page import="java.io.*" %>
…
<body>
<%
    String syspath=application.getRealPath("/");
    String filename1="newfile.txt"; //被重命名的原目录或文件名
    String filename2="newfile2.txt"; //重命名后的目录或文件名
    File fobj1=new File(syspath+filename1);
    if(fobj1.exists()){ //如果 fobj1 指向的目录或文件存在
        File fobj2=new File(syspath+filename2);
        if(fobj1.renameTo(fobj2)) //如果重命名成功
        out.print("成功将"+syspath+"中的"+filename1+"重命名为"+filename2);
        else
        out.print(syspath+"已存在"+filename2+"，重命名失败");
    }
    else{
        out.print(syspath+"中不存在"+filename1);
    }
%>
</body>
</html>
```

8.1.4　删除目录/文件

File类的delete()方法可以删除文件或目录，原型是boolean delete() throws SecurityException，删除文件或目录，如果删除目录，则该目录必须是一个空目录，删除成功返回 true，否则返回 false。

[例 8.4]　程序 del_dir_file.jsp 用来删除 mydir，主要代码如下：

```
<%@page import="java.io.*" %>
…
<body>
<%
    String syspath=application.getRealPath("/");
    String filename="mydir"; //被删除的目录或文件名
```

```
        File fobj=new File(syspath+filename);
        if(fobj.exists()){ //如果 fobj 指向的目录或文件存在
            if(fobj.delete()) //如果删除成功
            out.print("成功删除"+syspath+"中的"+filename);
            else
            out.print("删除失败，原因："+syspath+"中的"+filename+"不是空目录");
        }
        else{
            out.print(syspath+"中不存在"+filename);
        }
    %>
    </body>
    </html>
```

8.1.5　获取目录中的文件和子目录

通过 File 对象方法可以获取其属性信息，如名称、大小、修改时间等，对于目录，还可以获取其目录下的文件和子目录。部分常用方法见表 8-1。

表 8-1　File 对象部分常用方法

方法	功能
boolean isDirectory()	判断 File 对象是否是目录，如果是目录则返回 true，否则返回 false
boolean isFile()	判断 File 对象是否是文件，如果是文件则返回 true，否则返回 false
File [] listFiles()	返回 File 对象目录下的全部文件和子目录。如果 File 对象指向的是文件，则返回 null
String getName()	获取 File 对象所指目录或文件名
long length()	获取文件的长度(单位：字节)
long lastModified()	获取 File 对象所指目录或文件的最后修改时间，由于该时间是从 1970 年 0 点至文件最后修改时刻的毫秒数，因此实际使用时需要通过 Date 将该毫秒数转化为对应日期
boolean canRead()	判断文件是否是可读的，如果是则返回 true，否则返回 false
boolean canWrite()	判断文件是否可被写入，如果可被写入则返回 true，否则返回 false
boolean isHidden()	判断 File 对象所指目录或文件是否是隐藏的，如果是则返回 true，否则返回 false

[例 8.5]　程序 file_list.jsp 列出了当前应用程序目录下的所有文件和子目录，运行效果如图 8-1 所示。

file_list.jsp　Insert title here

http://localhost:8080/chap8/file_list.jsp

工程目录中的子目录和文件（共 10 个对象）

名称	类型	大小	修改时间	读权限	写权限	隐藏
META-INF	目录	–	2017-2-21 10:27:44	true	true	false
WEB-INF	目录	–	2017-2-21 10:27:44	true	true	false
aa	目录	–	2017-2-21 10:28:00	true	true	false
bb	目录	–	2017-2-21 10:28:00	true	true	false
create_dir.jsp	文件	1021 Bytes	2017-2-21 10:31:00	true	true	false
create_file.jsp	文件	804 Bytes	2017-2-21 10:50:14	true	true	false
newfile.txt	文件	0 Bytes	2017-2-21 10:50:18	true	true	false
rename_dir_file.jsp	文件	1042 Bytes	2017-2-21 10:53:22	true	true	false
del_dir_file.jsp	文件	855 Bytes	2017-2-21 10:58:06	true	true	false
file_list.jsp	文件	1407 Bytes	2017-2-21 11:06:32	true	true	false

图 8-1　file_list.jsp 运行结果

file_list.jsp 主要代码如下：

```
<%@page import="java.io.*" %>
…
<%
    String syspath=application.getRealPath("/");
    File fobj=new File(syspath);
    File[] flist=fobj.listFiles(); //获取 fobj 的所有子目录和文件
%>
<body>
工程目录中的子目录和文件(共 <%= flist.length %> 个对象)
<table width="900" border="1" cellspacing="0" cellpadding="0">
  <tr align="center">
    <td width="26%">名称</td>
    <td width="9%">类型</td>
    <td width="17%">大小</td>
    <td width="24%">修改时间</td>
    <td width="8%">读权限</td>
    <td width="8%">写权限</td>
    <td width="8%">隐藏</td>
  </tr>
  <% for(int i=0;i<flist.length;i++){ %>
  <tr>
    <td><%= flist[i].getName() %></td>
    <td><%= flist[i].isFile()?"文件":"目录" %></td>
    <td><%= flist[i].isFile()?flist[i].length()+" Bytes":"—" %></td>
    <td><%= (new java.util.Date(flist[i].lastModified())).toLocaleString()
    %></td>
    <td><%= flist[i].canRead() %></td>
    <td><%= flist[i].canWrite() %></td>
    <td><%= flist[i].isHidden() %></td>
  </tr>
  <% } %>
</table>
</body>
</html>
```

8.1.6　递归删除目录

利用 File 类的 delete()方法删除目录时，被删目录必须是空目录(即目录中不能包含文件或子目录)。对于非空目录，可以采用递归方式来逐一删除其包含的文件或子目录。

采用递归方法删除目录的思路是，首先获取被删目录下的所有文件和子目录，如果是文件则直接删除，如果是目录则再次调用递归方法删除目录，如此循环遍历，直至删除所有的文件和子目录，最后再删除当前目录。

[例 8.6]　程序 del_dir_all.jsp 是递归删除 mydir 的示例，mydir 既可以是目录(可无限级包含子目录和文件)，也可以是文件，主要代码如下：

```
<%@page import="java.io.*" %>
...
<body>
<%!
    //定义删除目录(文件)的递归函数
    public void delDir(String path){
        File dir=new File(path);
        if(dir.exists()){
            File[] tmp=dir.listFiles(); //获取当前对象中所有目录和文件
            if(tmp!=null) //如果被删对象中包含文件或子目录
            for(int i=0;i<tmp.length;i++){ //遍历当前对象中的文件和目录
                if(tmp[i].isDirectory()) //如果是目录则递归调用 delDir
                delDir(path+"/"+tmp[i].getName());
                else //如果是文件则直接删除
                tmp[i].delete();
            }
            dir.delete(); //删除当前目录或文件
        }
    }
%>
<%
    String syspath=application.getRealPath("/");
    String filename="mydir"; //被删除的目录或文件名
    delDir(syspath+filename); //调用 delDir 递归删除 mydir
    out.print("成功删除"+syspath+"中的"+filename);
%>
</body>
</html>
```

8.2　以字节流访问文件

流是一个形象化的概念，当程序需要读取数据的时候，就会开启一个通向数据源的流，这个数据源可以是文件、内存或是网络连接。同样地，当程序需要写入数据的时候，就会开启一个通向目的地的流，这个目的地同样可以是文件、内存或是网络连接。通过这种流的方式实现数据的读取、传输和写入。

Java 中，能够读取字节序列的对象称为字节输入流，主要包括 InputStream、FileInputStream 和 BufferedInputStream。能够写入字节序列的对象称为字节输出流，主要包括 OutputStream、FileOutputStream 和 BufferedOutputStream。

8.2.1 InputStream 和 OutputStream

InputStream 是所有字节输入流的父类，它定义了所有字节输入流都具有的共同特性。常用方法见表 8-2。

表 8-2　InputStream 对象部分常用方法

方法	功能
int read()	读取单字节值(0～255 的一个整数)，如果未读出字节则返回-1
int read(byte *b*[])	读取多字节放置在数组 *b* 中，读取的字节数为数组 *b* 的长度(即 *b*.length)，返回为实际读取的字节数。如果到达文件的末尾，则返回-1
int read(byte *b*[],int off, int len)	读取 len 字节放置到以下标 off 开始的字节数组 *b* 中，返回实际读取的字节数，如果到达文件的末尾，则返回-1
int available()	返回输入流中尚未读取的字节数
long skip(long byteNums)	输入流中读指针跳过 byteNums 字节不读，返回实际跳过的字节数
void close()	关闭字节输入流

与 InputStream 类相对应的类是 OutputStream 类。OutputStream 是所有字节输出流的父类，它定义了所有字节输出流都具有的共同特性。常用方法见表 8-3。

表 8-3　OutputStream 对象部分常用方法

方法	功能
void write(int *n*)	将单字节 *n* 的值写入输出流中
void write(byte *b*[])	将字节数组 *b* 中的内容写入输出流中
void write(byte *b*[],int off,int len)	将字节数组 *b* 中从下标 off 开始、长度为 len 字节的内容写入输出流中
void flush()	刷新输出流，将缓存中的所有内容强制写入输出流中
void close()	关闭字节输出流

8.2.2 FileInputStream 读文件

FileInputStream 用于以字节流方式对文本文件进行读取，该类从 InputStream 派生出来，因此它继承了 InputStream 类的所有方法。

FileInputStream 常用构造方法为：FileInputStream(File file)，即使用 File 对象创建一个 FileInputStream 对象。

[例 8.7]　程序 byte_readfile.jsp 实现工程根目录下 mytext.txt 文件的读取，主要代码如下：

```
<%@page import="java.io.*" %>
...
<body>
<%
    String syspath=application.getRealPath("/");
    String filename="mytext.txt";
    File fobj=new File(syspath+filename);
    if(fobj.exists()){
        try{
            FileInputStream fins=new FileInputStream(fobj);
```

```
            int n=fins.available(); //获取读取的字节数
            byte[] b=new byte[n];
            fins.read(b);
            //将字节数组中从下标 0 开始的 n 字节转换为字符串
            String str=new String(b,0,n);
            out.print("文件"+syspath+filename+"共"+n+"字节，内容为:
            <br>"+str);
            fins.close();
        }
        catch(IOException e){
            out.print("发生 IO 异常:"+e.toString());
        }
    }
    else
    out.print(syspath+filename+"不存在");
%>
</body>
</html>
```

8.2.3　FileOutputStream 写文件

FileOutputStream 用于以字节流方式对文本文件进行写操作，该类从 OutputStream 派生出来，因此它继承了 OutputStream 类的所有方法。

FileOutputStream 常用构造方法为：FileOutputStream(File file)，使用 File 对象创建一个 FileOutputStream 对象，输出的内容将覆盖文件原内容；FileOutputStream(File file , true | false)，使用 File 对象创建一个 FileOutputStream 对象，取 true 时，输出的内容追加在文件原内容后面，取 false 时，输出的内容覆盖文件原内容。

[例 8.8]　程序 byte_writefile.jsp 将内容“I like Java!”写入 mybytewrite.txt 中，主要代码如下：

```
<%@page import="java.io.*" %>
...
<body>
<%
    String syspath=application.getRealPath("/");
    String filename="mybytewrite.txt"; //写入的文件名
    String str="I like Java!";
    try{
        File fobj=new File(syspath+filename);
        if(!fobj.exists()&&!fobj.createNewFile())
        out.print(syspath+filename+"创建失败");
        else{
            FileOutputStream fouts=new FileOutputStream(fobj);
```

```
                fouts.write(str.getBytes());
                                            //将字符串转换为字节数组后，写入到文件中
                fouts.close();
                //读取并显示写入的文件内容
                FileInputStream newfins=new FileInputStream(fobj);
                int n=newfins.available();
                byte[] b2=new byte[n];
                newfins.read(b2);
                //将字节数组中从下标 0 开始的 n 字节转换为字符串
                String str2=new String(b2,0,n);
                out.print("写入到"+ syspath +filename+"中，内容为：<br>"+str2);
                newfins.close();
            }
        }
        catch(IOException e){
            out.print("发生 IO 异常:"+e.toString());
        }
    %>
    </body>
    </html>
```

8.2.4 BufferedInputStream 和 BufferedOutputStream

为了提高数据的读写效率，避免频繁地读写物理设备，Java 提供了缓冲输入字节流 BufferedInputStream 和输出流 BufferedOutputStream。

读取数据时，FileInputStream 经常和 BufferedInputStream 配合使用。BufferedInputStream 的常用构造方法是：BufferedInputStream(InputStream ins)。

该构造方法创建缓存输入字节流，该输入流指向一个字节输入流。当读取一个文件，如 A.txt 时，可以先建立一个指向该文件的文件输入字节流：

```
FileInputStream fins=new FileInputStream("A.txt");
```

然后创建一个指向字节流 fins 的缓存字节流：

```
BufferedInputStream bins=new BufferedInputStream(fins);
```

这时可以通过 bins 调用 read 方法读取文件的内容，bins 在读取文件的过程中，会进行缓存处理，提高读取的效率。

同样在写入数据时，FileOutputStream 经常和 BufferedOutputStream 配合使用。BufferedOutputStream 的常用构造方法是：BufferedOutputStream(OutputStream outs)。

该构造方法创建缓存输出字节流，该输出流指向一个字节输出流。当写入一个文件，如 B.txt 时，可以先建立一个指向该文件的文件输出字节流：

```
FileOutputStream fouts=new FileOutputStream("B.txt");
```

然后创建一个指向输出流 fouts 的缓存输出流：

```
BufferedOutputStream bouts=new BufferedOutputStream(fouts);
```

这时，通过 bouts 调用 write 方法向文件写入内容时会进行缓存处理，提高写入的效率。需要注意的是，写入完毕后，需调用 BufferedOutputStream 的 flush 方法将缓存中的数据存入文件。

[例 8.9]　程序 buf_byte_writefile.jsp 利用缓存输入和输出字节流实现将工程根目录下的 mytext.txt 文件内容写入 mynewtext.txt 中。主要代码如下：

```
<%@page import="java.io.*" %>
…
<body>
<%
    String syspath=application.getRealPath("/");
    String filename="mytext.txt"; //读取的文件名
    String newfilename="mynewtext.txt"; //写入的文件名
    File fobj=new File(syspath+filename);
    if(fobj.exists()){
        try{
            FileInputStream fins=new FileInputStream(fobj);
            BufferedInputStream bins=new BufferedInputStream(fins);
            int n=bins.available(); //获取读取的字节数
            byte[] b=new byte[n]; //从文件输入流 fins 中读取字节到数组中
            bins.read(b);
            bins.close();
            //创建并写入文件内容
            File newfobj=new File(syspath+newfilename);
            if(!newfobj.exists()&&!newfobj.createNewFile())
            out.print(syspath+newfilename+"创建失败");
            else{
                FileOutputStream fouts=new FileOutputStream(newfobj);
                BufferedOutputStream bouts=new BufferedOutputStream(fouts);
                bouts.write(b);
                bouts.flush(); //强制将缓存中的数据存入文件
                bouts.close();
                out.print("成功将文件"+syspath+filename+"的内容写入
                "+newfilename);
            }
        }
        catch(IOException e){
            out.print("发生 IO 异常:"+e.toString());
        }
    }
    else
```

```
    out.print(syspath+filename+"不存在");
%>
</body>
</html>
```

8.3　以字符流访问文件

用字节流处理以 Unicode 表示的字符流时很不方便，有时还会出现乱码，为此，Java 提供了字符流处理数据的方法。

Java 中，能够读取一个字符序列的对象称为字符输入流，它们包括 Reader、FileReader 和 BufferedReader。能够写入一个字符序列的对象称为字符输出流，它们包括 Writer、FileWriter 和 BufferedWriter。

8.3.1　Reader 和 Writer 类

Reader 是所有字符输入流的父类，它定义了所有字符输入流都具有的共同特性。主要方法见表 8-4。

表 8-4　Reader 对象部分常用方法

方法	功能
int read()	读取一个字符，返回值为读取字符的 ASCII 码值，如果未读出字符就返回-1
int read(char *c*[])	读取多个字符放置在数组 *c* 中，读取的字符数为数组 *c* 的长度(即 *c*.length)，返回值为实际读取的字符数
int read(char *c*[], int off, int len)	读取 len 个字符放置到以下标 off 开始的字节数组 *c* 中，返回实际读取的字符数，如果到达文件的末尾，则返回-1
long skip(long charNums)	输入流中读指针跳过 charNums 个字符不读，返回实际跳过的字符数
void close()	关闭输入流

与 Reader 类相对应的类是 Writer 类。Writer 是所有字符输出流的父类，它定义了所有字符输出流都具有的共同特性。主要方法见表 8-5。

表 8-5　Writer 对象部分常用方法

方法	功能
void write(int *n*)	将整型值 *n* 的低 16 位写入输出流中
void write(char *c*[])	将字符数组 *c* 中的内容写入输出流中
void write(char *c*[],int off,int len)	将字符数组 *c* 中从下标 off 开始、长度为 len 个字符的内容写入输出流中
void write(String str)	将字符串 str 写入输出流中
void flush()	刷新输出流，将缓存中的所有内容强制写入输出流中
void close()	关闭输出流

8.3.2　FileReader 读文件

FileReader 用于以字符流方式对文本文件进行读取，该类是从 Reader 派生出来的，因此它继承了 Reader 类的所有方法。

FileReader 对象的常用构造方法为：FileReader(File file)，使用 File 对象创建一个 FileReader 对象。

[例 8.10]　程序 char_readfile.jsp 实现应用程序根目录下 mytext.txt 文件的读取，代码如下：

```
<%@page import="java.io.*" %>
…
<body>
<%
    String syspath=application.getRealPath("/");
    String filename="mytext.txt"; //读取的文件名
    File fobj=new File(syspath+filename);
    if(fobj.exists()){
        try{
            FileReader rd=new FileReader(fobj);
            String str="";
            int asc;
            //顺序读取每一个字符，并合并为字符串
            while((asc=rd.read())!=-1){
                str+=String.valueOf((char)asc);
            }
            rd.close();
            str=str.replaceAll("\n","<br>"); //将换行符\n 替换为页面换行
            out.print("文件"+syspath+filename+"内容为：<br>"+str);
        }
        catch(IOException e){
            out.print("发生 IO 异常:"+e.toString());
        }
    }
    else
    out.print(syspath+filename+"不存在");
%>
</body>
</html>
```

8.3.3　FileWriter 写文件

FileWriter 用于以字符流方式对文本文件进行写操作，该类是从 Writer 派生出来的，因此它继承了 Writer 类的所有方法。

FileWriter 构造方法为：FileWriter(File file)，使用 File 对象创建一个 FileWriter 对象，输出的内容将覆盖文件原内容；FileWriter(File file , true | false)，使用 File 对象创建一个 FileWriter 对象，取 true 时，输出的内容追加在文件原内容后面，取 false 时，输出的内容覆盖文件原内容。

[例 8.11]　程序 char_writefile.jsp 将字符串“Java 是面向对象语言”写入 mycharwrite.txt 中，主要代码如下：

```
<%@page import="java.io.*" %>
...
<body>
<%
    String syspath=application.getRealPath("/");
    String filename="mycharwrite.txt";
    String str="Java 是面向对象语言";
    File fobj=new File(syspath+filename);
    if(!fobj.exists()&&!fobj.createNewFile())
    out.print(syspath+filename+"创建失败");
    else{
        FileWriter fw=new FileWriter(fobj);
        fw.write(str); //写入文件
        fw.close();
        //读取写入的文件内容
        int asc;
        String str2="";
        FileReader frd2=new FileReader(fobj);
        while((asc=frd2.read())!=-1){
            str2+=String.valueOf((char)asc);
        }
        frd2.close();
        out.print("写入到"+ syspath +filename+"中的内容为：<br>"+str2);
    }
%>
</body>
</html>
```

8.3.4　BufferedReader 和 BufferedWriter

BufferedReader 和 BufferedWriter 分别为缓冲输入和缓冲输出字符流。

读取数据时，BufferedReader 经常和 FileReader 配合使用。BufferedReader 常用构造方法：BufferedReader (Reader rds) 创建缓存输入字符流。当读取一个文件，如 A.txt 时，可以先建立一个指向该文件的文件输入字符流：

```
FileReader frds=new FileReader("A.txt");
```

然后创建一个指向 frds 的缓存输入字符流：

```
BufferedReader brds=new BufferedReader(frds);
```

这样 brds 在读取文件的过程中会进行缓存处理，提高读取效率。

BufferedReader 有一个常用的方法 readLine()，它可以从字符输入流中读取下一行数据，定义形式为：String readLine()，执行时先将读指针移向文件内容的下一行，然后再读取，如果读到文件末尾则返回 null。写入数据时，BufferedWriter 经常和 FileWriter 配合使用。BufferedWriter 常用构造方法：BufferedWriter(Writer wrts)创建缓存输出字符流。当写入一个文件，如 B.txt 时，可以先建立一个指向该文件的文件输出字符流：

```
FileWriter fwrts=new FileWriter("B.txt");
```

然后创建一个指向 fwrts 的缓存输出流：

```
BufferedWriter bwrts=new BufferedWriter(fwrts);
```

这时通过 bwrts 向文件写入内容时会进行缓存处理，提高写入的效率。需要注意的是，写入完毕后，需调用 BufferedWriter 的 flush 方法将缓存中的数据存入文件。

8.4　小　　结

本章通过实例讲解了 JSP 中目录和文件的常用操作方法，接着介绍了以字节流和字符流进行文件读写的方法。通过本章的学习，读者应该能够掌握 JSP 中目录和文件的操作方法，能够进行文件读写。

习题

1. JSP 操作目录和文件需要的支持包是什么？
2. 通过 File 类的 delete()方法删除的目录有什么要求？
3. 字节流访问文件的对象有哪些？
4. 字符流访问文件的对象有哪些？

上机题

1. 编写 JSP 页面，利用字节流文件访问对象向 exp1.txt 文件中写入内容“Hello World!”，再读出 exp1.txt 中的内容显示在页面中。

2. 编写 JSP 页面，利用字符流文件访问对象向 exp2.txt 文件中追加内容“Hello China!”，再读出 exp2.txt 中的内容显示在页面中。

3. 编写 JSP 页面，显示当前目录中所有文件和目录的名称、类型(文件或目录)、大小、修改时间。

第 9 章　JavaScript

JavaScript 是一种面向对象的嵌入式脚本语言，利用 JavaScript 能够增强人与页面(信息)的互动性，增强用户体验。

9.1　JavaScript 基础

9.1.1　JavaScript 嵌入形式

JavaScript 通常可以嵌在页面任意位置，但在含有框架的网页中，JavaScript 需要嵌入在<frameset>之前，否则无法运行。

JavaScript 嵌入形式有以下几种。

1. 通过<script>标记嵌入 JavaScript 脚本

JavaScript 可通过<script>标记嵌入页面中，告诉浏览器此处是一段脚本代码，形式如下：

```
<script language="JavaScript" type="text/javascript" >
    JavaScript 代码
</script>
```

由于浏览器的默认脚本语言为 JavaScript，所以可以简化为如下形式：

```
<script>
    JavaScript 代码
</script>
```

<script>标记具有如下属性：

(1) language 属性：指明脚本采用的语言类型，包括 JavaScript、JavaScript1.1、VBScript、Jscript 等，默认值为 JavaScript。

(2) type 属性：指明脚本代码的类型，默认为 text/javascript 类型。

(3) src 属性：用于将外部 JavaScript 文件嵌入到当前页面中。

浏览器载入嵌有 JavaScript 的页面时，能自动识别 JavaScript 脚本代码起始标记<script>和结束标记</script>，并将其间的 JavaScript 代码加以解释和执行。

[例 9.1]　hello.html 中定义了一段 JavaScript 代码，该代码的功能是弹出一个显示“Hello 中国”的提示框，代码如下：

```
<!DOCTYPE html PUBLIC "-//W3C//DTD HTML 4.01 Transitional//EN" "http://www.
w3.org/TR/html4/loose.dtd">
<html>
```

```
<head>
<meta http-equiv="Content-Type" content="text/html; charset=UTF-8">
<title>Insert title here</title>
</head>
<script language="JavaScript" type="text/javascript">
    alert('Hello 中国! ');
</script>
<body>
</body>
</html>
```

图 9-1　JavaScript 提示框

运行 hello.html，弹出图 9-1 所示的提示框。

2. 通过<script>标记的 src 属性引入 JavaScript 文件

通过<script>标记的 src 属性可以将外部 JavaScript 文件引入到当前页面中，形式如下：

```
<script language="JavaScript" type="text/javascript" src="被引入的 Java-
Script 文件名"></script>
```

或

```
<script src="被引入的 JavaScript 文件名"></script>
```

使用这种形式引入的 JavaScript 文件扩展名必须为.js。

例如，将例 9.1 中的 JavaScript 代码“alert('Hello 中国！');”提取到 JavaScript 文件中，文件名为 1.js，其内容仅有一行，即

```
alert('Hello 中国! ');
```

这样 hello.html 可通过<script>标记的 src 属性引入 1.js，主要代码如下：

```
…
<script language="JavaScript" type="text/javascript" src="1.js"></script>
<body>
</body>
</html>
```

9.1.2　JavaScript 基本语法

1. JavaScript 常量

JavaScript 常量包括整型常量、实型常量、布尔值(true 和 false)、字符型常量和空值 null。字符型常量可以用单引号或双引号引起来，如‘Hello’，“Hello”。

2. JavaScript 变量

JavaScript 变量通过关键字 var 定义，定义变量时不需要指定数据类型，具体的数据类型是在变量使用或赋值时才确定的。JavaScript 变量定义形式为：

```
var 变量名;
```

例如：

```
var id="j04001", yy; //变量id类型是字符串，变量yy类型是undefined(未定义类型)
id=123; //变量id赋整型值，此时id类型自动变为整型
kk=25; //变量kk未定义而直接使用并赋整型值
```

需要说明的是，JavaScript是弱数据类型的语言，所谓弱数据类型是指JavaScript变量可以不定义而直接使用。但从良好的编程习惯来讲，变量要先定义再使用。

3. JavaScript数组

1) 一维JavaScript数组

JavaScript中通过关键词new创建数组，基本形式如下：

```
var 数组名=new Array ( ); //创建时不指定数组长度
```

或

```
var 数组名=new Array (数组长度); //创建时指定数组长度
```

下面的代码定义了一个名为mybooks的数组：

```
var mybooks=new Array(); //或var mybooks=new Array(3);
mybooks[0]="C语言";
mybooks[1]="数据库基础";
mybooks[2]="单片机应用";
```

也可以通过初始值创建数组，例如：

```
var mybooks=new Array("C语言","数据库基础","单片机应用");
```

需要说明的是，JavaScript数组都是变长的，可以随时向数组中添加新元素，换句话说即使指定了数组长度，JavaScript仍然可以将元素存储在规定的长度以外，此时数组长度会随之改变。例如，语句var mybooks=new Array(3)定义mybooks的长度为3，但并不是仅mybooks[0]、mybooks[1]、mybooks[2]可用，其他的像mybooks[3]、mybooks[4]等都可以用来存储数据。

2) 二维JavaScript数组

二维JavaScript数组可通过一维数组来创建，有以下创建方法：

(1) 利用初始值创建二维数组，例如：

```
var arr=new Array(['a','b','c'],['d','e','f']);
```

此时，arr[0]返回第一个一维数组，arr[0][0]返回第一个一维数组的第一个元素'a'。

(2) 动态创建二维数组，例如：

```
var arr2=new Array(); //创建一维数组
```

```
for(i=0;i<10;i++) {
    arr2[i]=new Array(…);  //为一维数组中的元素再创建一维数组
}
```

3) 数组长度：length

通过“数组名.length”可返回数组元素个数，例如，上述定义的 arr 数组中，arr.length 返回 arr 的长度为 2，arr[0].length 返回 arr[0]的长度为 3。

4. JavaScript 函数

JavaScript 函数定义形式为：

```
function 函数名(形参列表){
    函数体
}
```

例如，以下定义了获取两个数中较大值的函数 getmax：

```
function getmax(a,b){
   if(a>b)return a;
   else return b;
}
```

函数调用形式为：函数名(实参列表)。例如，getmax(2,5)结果为 5。

5. with 语句

with 语句用来声明代码块中的默认对象，代码块可以直接使用 with 语句声明对象的属性和方法，而不必写出其完整的引用。with 语句的格式为：

```
with(对象){ 代码块; }
```

例如，下面的代码中：

```
x=Math.cos(3 * Math.PI) + Math.sin(Math.LN10);
y=Math.tan(14 * Math.E);
```

可以使用 with 将 Math 声明为默认对象，从而使代码变得更简洁、易读。

```
with(Math){
   x=cos(3 * PI) + sin(LN10);
   y=tan(14 * E);
}
```

9.1.3 JavaScript 转义字符

JavaScript 有 8 种转义字符，见表 9-1。

表 9-1　JavaScript 转义字符

转义字符	代表含义
\'	单引号字符
\"	双引号字符
\\	反斜杠字符“\”
\r	回车
\n	换行
\f	走纸换页
\t	横向跳格(即跳到下一个输出区)
\b	退格

9.1.4　JavaScript 常用内置函数

JavaScript 常用内置函数包括以下几种：

(1) eval()：将字符串转换为实际代表的语句或运算。

(2) parseInt()：将其他类型的数据转换成整数。

(3) parseFloat()：将其他类型的数据转换成浮点数。

(4) isNaN()：即 not a number，用来判断一个表达式是否是数值。

(5) escape()：对字符串进行编码，如 escape('d 的')的结果为“d%u7684”。

(6) unescape()：与 escape()正好相反，对 escape 的结果进行解码。

(7) encodeURI ()：对 URI 中请求的字符进行 UTF-8 编码，不会被此方法编码的字符包括：

```
! @ # $ & * ( ) = : / ; ? + '
```

9.2　JavaScript 操作浏览器对象

JavaScript 的浏览器对象包括 window 对象、location 对象、history 对象和 document 对象，JavaScript 通过操作这些对象实现页面的交互设计。

9.2.1　window 对象

window 对象处于对象层次的顶端，它提供了处理浏览器窗口的方法和属性。

1. window 对象常用属性

(1) window：当前窗口。

(2) self：当前窗口。

(3) parent：当前窗口的父窗口。

(4) top：当前窗口的顶层窗口。

(5) location：设置或获取当前窗口载入的 URL，例如：

```
window.location=url：//在当前窗口中打开 URL
window.top.location=url：//在当前窗口的顶层窗口中打开 URL
```

2. window 对象常用方法

1) window.close()

关闭窗口。

2) alert(text)

弹出一个窗口来等待用户响应，text 参数为窗口中显示的文字。

3) confirm(text)

弹出一个包含“确定”“取消”按钮和提示信息(在 text 中)的确认框来等待用户响应，单击“确定”按钮时 confirm 返回 true，单击“取消”按钮时 confirm 返回 false。

例如，执行“confirm('确定执行吗？');”语句，弹出如图 9-2 所示对话框。

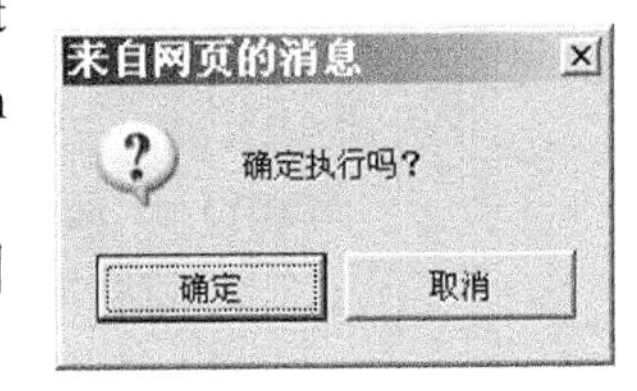

图 9-2　confirm 示例

4) prompt(text,defaultext)

弹出一个包含输入框、“确定”按钮、“取消”按钮和提示信息(在 text 中)的对话框，defaulttext 为输入框默认值，单击“确定”按钮时 prompt 返回输入框值，单击“取消”按钮时 prompt 返回 null。

例如，执行“prompt("请输入内容：","这是初始内容");”语句，弹出如图 9-3 所示对话框。

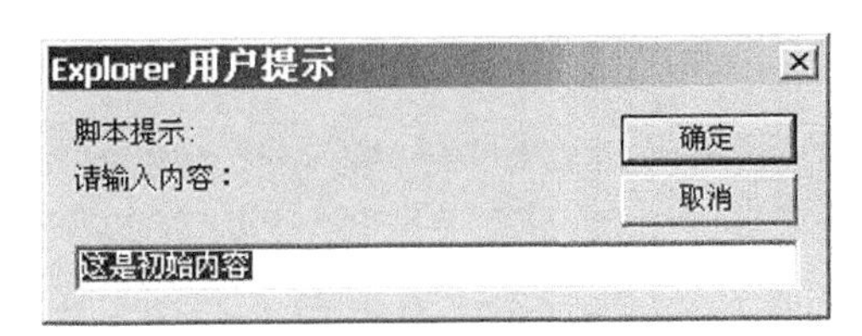

图 9-3　prompt 示例

5) open(url, "窗口 name 属性", "窗口样式的名/值对")

新建窗口打开 URL 页面，窗口样式的属性名/值对用逗号隔开，各属性含义见表 9-2。

表 9-2　open 打开窗口的样式属性含义

属性	含义	属性	含义
height	窗口高度	menubar	是否显示菜单栏
width	窗口宽度	resizable	是否允许调整窗口大小
left	窗口到屏幕左边缘的距离	scrollbars	是否显示滚动条
top	窗口到屏幕顶端的距离	status	是否显示状态栏
directories	是否显示链接工具栏，yes/1-显示，no/0-关闭，下同	toolbar	是否显示工具栏
		location	是否显示地址栏

例如：

```
window.open("a.jsp","我的窗口","height=600,width=400,left=200,top=200,
location= yes, resizable=1,menubar=yes,scrollbars=0,status=0");
```

6) showModalDialog(URL, 参数传递体, "窗口样式的名/值对")

创建一个打开 URL 的网页对话框。参数传递体中包含向对话框传递的参数，该参数在对话框中可通过 window.dialogArguments 获取。对于 IE 浏览器，窗口样式包括 dialogHeight(高度)、dialogWidth(宽度)、dialogLeft(离屏幕左边缘的距离)、dialogTop(离屏幕上边缘的距离)、center(是否居中，默认为 yes)、help(是否显示帮助按钮，默认为 yes)、resizable(是否可被改变大小，默认为 no)、status(是否显示状态栏，默认为 no)、scroll(是否显示滚动条，默认为 yes)。

[例 9.2]　b1.jsp 中利用 showModalDialog 网页对话框打开 b2.jsp 选择学生。

b1.jsp 主要代码为：

```
<script language="JavaScript" type="text/javascript">
    function openStuDialog(){
        var obj = new Object(); //创建参数传递体
        obj.name="国家 china"; //创建参数名和值
        var rtnValue=window.showModalDialog("b2.jsp?tmstmp="+(new
        Date()),obj, "dialogWidth=400px;dialogHeight=300px;scrollbars =
        yes;resizable=yes"); //打开对话框，获取返回值
        if(rtnValue!=undefined)
        document.all.stu.value=rtnValue; //将对话框返回值赋值给 stu 文本框
}
</script>
<body>
学生：<input name="stu" type="text" id="stu" />
<input type="button" name="Submit" onclick="openStuDialog()" value="选择" />
</body>
</html>
```

b2.jsp 主要代码为：

```
<script language="JavaScript" type="text/javascript">
    var obj=window.dialogArguments; //获取传递的参数体
    alert("传递的参数为："+obj.name);
    function clkstu(stu){
        window.returnValue=stu;
        window.close();
    }
</script>
<body>
选择学生：<a href="#" onclick="clkstu('张三')">张三</a> <a href="#" onclick=
"clkstu('李四')">李四</a> <a href="#" onclick="clkstu('王五')">王五</a>
<br>
当前服务器时间：<%= (new java.util.Date()).toLocaleString() %>
<br>
```

```
<a href="#" onclick="window.close();">关闭</a>
</body>
</html>
```

运行 b1.jsp，单击“选择”按钮，弹出“传递的参数为：国家 china”提示框，确定后弹出网页对话框，在对话框中单击具体学生(如李四)，该学生将传递到 b1.jsp 文本框中，运行效果如图 9-4 所示。

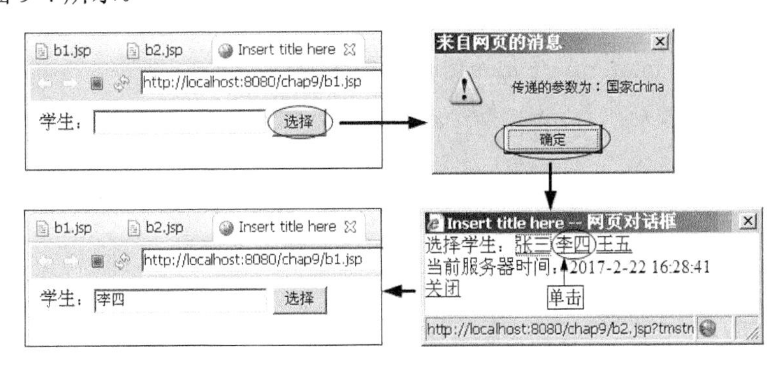

图 9-4　showModalDialog 示例

说明：

(1) 打开网页对话框不需传递参数时，“参数传递体”可用空字符串(" ")或 null 代替。

(2) window.showModalDialog("b2.jsp?tmstmp="+(new Date()),obj, …)中 tmstmp 向 b2.jsp 传递时间戳，目的是实现每次弹出网页对话框均要运行 b2.jsp，而非仅第一次弹出时运行。本例可以看出，每次弹出 b2.jsp 时显示的服务器时间在变化(即每次弹出时 b2.jsp 都被运行)。

(3) 执行 window.close()关闭网页对话框时，网页对话框返回值为 undefined。

(4) 不同浏览器其 showModalDialog 窗口样式名称的定义形式存在差异，如火狐浏览器对应的 showModalDialog 窗口样式名称与表 9-2 相同。为使程序能在不同的浏览器中均可正常运行，需要对浏览器类型进行判断，例如：

```
function openDialog(url,obj){
    url=url+"?tmstmp="+(new Date()); //获取时间戳
    if(document.all){ //IE 浏览器
        feature="dialogWidth=400px;dialogHeight=300px;scrollbars=yes;
        resizable=yes";
        return window.showModalDialog(url,obj,feature);
    }
    else{ //非 IE 浏览器
        feature="width=300,height=200,menubar=no,toolbar=no,
        location=no,";
        feature+="scrollbars=no,status=no,modal=yes";
        return window.showModalDialog(url,obj,feature);
    }
}
```

7) setTimeout(func,inter_ms [,param1,param2, …])

经过 inter_ms 毫秒后，执行 func 指定的函数或表达式。当 func 指定函数时，param1、param2 为函数实参。

例如，在例 9.2 b1.jsp 的 onLoad 事件中加入如下代码，则 b1.jsp 载入 5 秒后会自动弹出 b2.jsp 网页对话框。

```
<body onLoad="window.setTimeout('openStuDialog()',5000)">
```

8) setInterval(func, inter_ms [,param1,param2, …])

每隔 inter_ms 毫秒则执行 func 指定的函数或表达式。当 func 指定函数时，param1、param2 为函数实参。

setInterval()方法会不停地执行调用函数，直到 clearInterval()被调用或窗口被关闭。由 setInterval()返回的 Id 值可用作 clearInterval()方法的参数。

9) clearInterval(setIntervalId)

用于取消由 setInterval()设置的执行策略。参数 setIntervalId 必须是 setInterval()的返回值。

[例 9.3]　setinterval.html 通过 setInterval()实现时钟显示，主要代码如下：

```
...
<script language="javascript">
    var myid=setInterval("clock()",50)
    function clock(){
        var t=new Date()
        document.getElementById("timeshow").innerHTML=t;
    }
</script>
<body>
时间：<span id="timeshow"></span>
<input type="button" name="Submit" onClick="clearInterval(myid)" value=
"停止计时">
</body>
</html>
```

setinterval.html 运行结果如图 9-5 所示，单击“停止计时”按钮时通过调用 clearInterval()停止时钟。

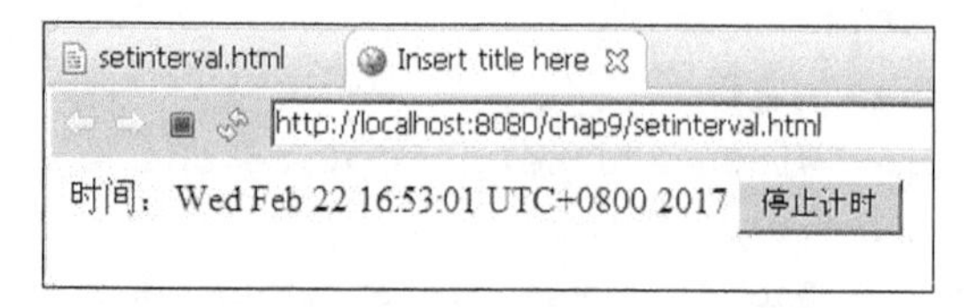

图 9-5　setinterval.html 运行结果

9.2.2 location 对象

location 对象是 window 对象的子对象，它包含当前窗口的 URL 信息。

1. location 常用方法

reload()：重新载入当前页面，相当于浏览器上的“刷新”功能。
例如，在页面中定义一个实现“刷新”功能的按钮：

```
<input type="button" onclick="window.location.reload();" name="Submit"
value="刷新" />
```

在框架集的一个子窗口页面中定义刷新另一个子窗口 mainFrame：

```
<input type="button" onclick="window.top.mainFrame.location.reload();"
name="Submit"value="刷新 mainFrame" />
```

2. location 常用属性

(1) href：设置或获取窗口载入的 URL，例如，window.location.href=url 表示在当前窗口中打开 URL；window.top.location.href=url 表示在当前窗口的最顶层窗口中打开 URL。

(2) search：设置或获取 URL 中的查询内容。例如，某 URL 为：http://localhost:8080/myweb/chap9/htmlsearch.htm?cc=22&&ff=考级，则 location.search 的值为“?cc=22&&ff=考级”。

9.2.3 history 对象

history 对象提供浏览器的浏览历史信息，常用方法包括以下几种：
(1) forward()：前进一个页面，与单击浏览器中的前进按钮等效。
(2) back()：后退一个页面，与单击浏览器中的后退按钮等效。
(3) go(*n*)：到达 *n* 指定的历史页面，*n*<0 则后退 *n* 个页面，*n*>0 则前进 *n* 个页面，*n*=0 则刷新当前页面。因此，go(1) 等价于 forward()，go(–1) 等价于 back()。
例如，在框架集的一个子窗口页面中定义操作主窗口 mainFrame 前进和后退：

```
<input type="button" name="Submit2" onclick="top.mainFrame.history.
go(-1);" value="后退" />
<input type="button" name="Submit2" onclick="top.mainFrame.history.
go(1);" value="前进" />
```

9.2.4 document 对象

document 对象是显示于窗口或框架内的一个页面文档，通过 document 对象可以实现页面属性及其元素的访问。

1. 通过 document 输出文本

(1) document.write(info)：把文本内容 info 写入文档。
(2) document.writeln(info)：把文本内容 info 写入文档，并以换行符结尾。

2. 通过 document 访问页面元素

1) document.getElementById(id)

获取指定 id 的页面元素，如果页面中存在多个相同的 id 元素，则获取第一个出现的 id 元素。

例如：

```
<form id="form1" name="form1" method="post" action="">
  <input name="uid" type="text" id="myid" />
  <input name="uname" type="text" id="myid" />
</form>
```

通过 document. getElementById("myid")获取的是 uid 元素，而不是 uname 元素，因为 uid 第一个出现在页面中。

2) document.getElementsByName(name)

获取指定 name 的页面元素集合，该集合为一个数组对象，可以通过 document. getElementsByName(name)[index]获取序号为 index 的元素。

以下代码遍历 name 为 uid 页面元素的 value 值：

```
<script>
    var obj=document.getElementsByName("uid");
    for(i=0;i<obj.length;i++)
    alert(obj[i].value);
</script>
```

3) document.getElementsByTagName(tagName)

获取指定标签名 tagName 的页面元素集合，该集合为一个数组对象，通过 document. getElementsByTagName(tagName)[index]可获取序号为 index 的元素。

以下代码遍历标签为 input 的页面元素类型：

```
<script language="JavaScript" type="text/javascript">
    var obj=document.getElementsByTagName("input");
    for(i=0;i<obj.length;i++)
    alert(obj[i].type);
</script>
```

4) document.表单名.元素名

获取指定表单中指定名称的元素。例如，document.form1.uid 获得表单 form1 中 name 为 uid 的元素。

5) document.forms["表单名"].elements

获取指定表单中的所有元素集合，该集合为一个数组对象。

9.3　JavaScript 实现表单验证

实现表单数据验证是 JavaScript 的重要应用，常见的验证包括文本框内容验证，下拉列表、单选框和复选框的必选验证。

表单数据提交验证通常在表单的 onSubmit 事件中完成，形式如下：

```
<form name="…" method="…" onSubmit="return 数据验证函数()" action="…">
```

提交表单时触发 onSubmit 事件，在 onSubmit 事件中调用自定义的数据验证函数，如果数据验证函数返回 false，则终止表单提交，否则提交表单。

9.3.1　文本框内容验证

1. 必填项验证

必填项验证的实现方法是，利用 JavaScript 获取文本框的值，如果值等于空字符串(简称空串)则不允许提交数据。

例如，学号文本框 sno 定义如下：

```
<input name="sno" type="text" id="sno" />
```

验证学号为必填项的 JavaScript 代码为：

```
if(document.getElementById('sno').value==''){  //若学号为空串
    alert('学号不能为空！');
    document.getElementById('sno').focus();  //学号文本框获得焦点
    return false;  //返回 false 使表单停止提交
}
```

以下函数实现特定值验证，参数 obj 为被验证对象(如文本框、下拉列表)，value 为特定值，msg 为等于特定值时的提示信息。

```
function ck_value(obj,value,msg){
    if(obj.value==value){  //为特定值
        alert(msg);  //给出提示信息
        obj.focus();  //obj 获得焦点
        return false;
    }
```

```
        else return true;
    }
```

调用 ck_value 实现学号必填项验证的代码如下：

```
if(!ck_value(document.getElementById('sno'), '', '学号不能为空！'))
return false;  //返回 false 停止表单提交
```

2. 特定字符过滤

有时提交数据时需要过滤数据中的特定字符，如过滤空格(两端的空格或所有空格)、单引号等。JavaScript 中字符的过滤可通过调用 String 对象的字符串替换函数 replace()实现，思路是将待过滤的字符替换成空串。

由于 replace()函数仅能过滤左侧第一个待过滤字符串，因此需采用以下方法实现过滤。

(1)采用循环方法过滤字符。以下代码过滤所有英文单引号，执行后 str 值为“acc d”。

```
var str="a'cc' d'";
while(str.indexOf("'")!=-1)  //依次过滤所有英文单引号
str=str.replace("'","");
```

(2)采用正则表达式过滤字符。以下代码过滤 str 中的特定字符。

```
str=str.replace(/'/g,"");  //过滤所有英文单引号
str=str.replace(/ /g,"");  //过滤所有英文空格
str=str.replace(/(^\s*)/g,"");  //过滤左端的英文空格
str=str.replace(/(\s*$)/g,"");  //过滤右端的英文空格
str=str.replace(/(^\s*)|(\s*$)/g,"");  //过滤两端的英文空格
```

3. 全数字验证

全数字是指内容仅由数字 0～9 组成，不包含其他字符，如邮政编码。验证数字 0～9 的正则表达式为“/^\d+(\d+)?$/”，以下函数利用该正则表达式检查 str 中是否包含非数字字符，若包含非数字字符则返回 true，否则返回 false。

```
function haveNotDigital(str){
    var strP=/^\d+(\d+)?$/;  //判断数字 0～9 的正则表达式
    if(!strP.test(str)) return true;
    else return false;
}
```

4. 数值验证

验证数值的正则表达式为“/^\d+(\.\d+)?$/”，以下函数利用该正则表达式验证 str 是否为数值，若 str 为非数值则返回 true，否则返回 false。

```
function isNotNumericalValue(str){
    var strP=/^\d+(\.\d+)?$/;  //检查数值的正则表达式
```

```
        if(!strP.test(str)) return true;
        else return false;
    }
```

5. 全角字符验证

实际应用时，有些数据不允许包含全角字符(如汉字)，如身份证号，这种情况需要对输入的内容进行全角字符验证。实现思路是依次对字符进行 escape 编码，然后判断该编码的长度，如果长度大于 4，则该字符为全角字符。

以下函数检查 str 是否包含全角字符，若包含全角字符则返回 true，否则返回 false。

```
    function haveCNChar(str){
        for(var i=0;i<str.length;i++){  //遍历 str 中每个字符
            if(escape(str.charAt(i)).length>4)
            return true;
        }
        return false;
    }
```

6. 字节长度计算

向数据库中写入的数据长度(字节数)不能超出其对应的字段宽度，否则写入失败，因此提交数据时需要计算数据的字节长度，超出规定长度则不允许提交。

以下函数利用正则表达式计算 str 的字节数。

```
    function btyeLEN(str){
        str=str.replace(/[^\x00-\xff]/g,"**");
        return str.length;
    }
```

需要说明的是，JavaScript 中字符串对象的 length 属性为字符个数，如字符串“Hello 中国”的 length 值为 7 个字符，但其占 9 字节(1 个英文字符占 1 字节，1 个汉字占 2 字节)。因此不能用 String 对象的 length 计算字节数。

7. 日期验证

文本框输入的日期提交时需要进行验证，以下函数利用正则表达式实现日期验证，文本框为空或填写的日期正确则返回 true，错误返回 false。

```
    function check_Date(id){  //参数为文本框的 id 值
        if(document.getElementById(id).value == '')
            return true;
        else{
            var d, date=document.getElementById(id).value;
            var result=date.match(/^(\d{1,4})(-|\/)(\d{1,2})\2(\d{1,2})$/);
            if(result!=null)
                d=new Date(result[1], result[3]-1, result[4]);
```

```
                if(result==null || !(d.getFullYear()==result[1] && (d.
                getMonth() + 1)==result[3] && d.getDate()==result[4])){
                alert("日期错误！");
                document.getElementById(id).focus();
                return false;
            }
            else return true;
        }
    }
```

8. 电子邮件格式验证

文本框输入的电子邮件提交时需要进行验证，以下函数利用正则表达式验证电子邮件格式是否正确，文本框为空或电子邮件格式正确则返回 true，格式错误返回 false。

```
function check_Email(id){  //参数为文本框的 id 值
    if(document.getElementById(id).value=='')
        return true;
    else{
        var reg=/^([a-zA-Z0-9]+[_|\-|\.]?)*[a-zA-Z0-9]+@([a-zA-Z0-9]+
        [_|\-|\.]?)*[a-zA-Z0-9]+\.[a-zA-Z]{2,3}$/gi;
        if(!reg.test(document.getElementById(id).value)){
            alert("邮箱格式错误！");
            document.getElementById(id).focus();
            return false;
        }
        else return true;
    }
}
```

9.3.2 下拉列表验证

下拉列表验证是指必须选择一个选项后才允许提交数据。通常用下拉列表的第一个选项作为必选项的提示项，提示内容如“请选择…”，以下为选择省份的下拉列表。

```
<select name="sf">
    <option value="---">请选择…</option>
    <option value="北京">北京</option>
    …
</select>
```

实现下拉列表必选验证的方法有两个。

1. 通过下拉列表选择项的索引值 selectedIndex 验证

在一个下拉列表中，第一个选项的索引值 selectedIndex 为 0，第二个选项索引值为 1，依次类推。如果第一个选项作为提示项，则可以通过判断下拉列表的 selectedIndex 值是否为 0 来判断用户是否选择了一个选项。例如，省份下拉列表 sf 实现必选验证的代码如下：

```
if(document.getElementById('sf').selectedIndex==0){
    alert('请选择省份！');
    document.getElementById('sf').focus();
    return false;
}
```

2. 通过下拉列表选择项的 value 值验证

每一个下拉列表的选项都有对应的 value 值，因此可以通过 value 值实现下拉列表必选验证。以下代码实现了省份下拉列表 sf 的必选验证：

```
if(document.getElementById('sf').value=='---'){
    alert('请选择省份！');
    document.getElementById('sf').focus();
    return false;
}
```

可以看出，下拉列表的必选验证与文本框的必填项验证相同，因此可以调用 9.3.1 节中定义的 ck_value 函数实现 sf 的必选验证，方法如下：

```
if(!ck_value(document.getElementById('sf') , '---', '请选择省份！'))
return false;  //返回 false 停止表单提交
```

9.3.3 单选按钮和复选框验证

单选按钮和复选框验证是指对单选按钮和复选框选择后才允许提交。单选按钮和复选框的 checked 属性反映其选择状态，选择时 checked 为 true，未选择时 checked 为 false。

例如，性别选择通常采用单选按钮实现，代码如下：

```
<input type="radio" name="xb" value="男" />男
<input type="radio" name="xb" value="女" />女
```

以下 JavaScript 代码实现性别为必选项，否则不允许提交。

```
var i=0;
var obj=document.getElementsByName("xb");  //获取 name 为 xb 元素
for( ; i<obj.length ; i++){  //遍历 xb 中的每一个单选按钮
    if(obj[i].checked)   //若其中一个被选择则退出 for 循环
    break;
}
if(obj.length>0&&i==obj.length){  //xb 元素不存在时 obj.length 为 0
    alert('请选择性别！');
    return false;
```

```
}
```

以下定义了单选按钮和复选框的通用验证函数 ck_checked，参数 obj_name 为被验证的单选按钮或复选框 name，msg 为未选择时的提示信息。

```
function ck_checked(obj_name,msg){
    var i=0;
    var obj=document.getElementsByName(obj_name);
    for( ; i<obj.length ; i++){
        if(obj[i].checked)
        break;
    }
    if(obj.length>0&&i==obj.length){
        alert(msg);
        return false;
    }
    else return true;
}
```

调用 ck_checked 实现性别单选按钮 xb 的必选验证如下：

```
if(!ck_checked("xb",'请选择性别！'))
return false;  //返回 false 停止表单提交
```

9.4 JavaScript 操作页面元素

9.4.1 innerHTML 和 outerHTML

innerHTML 和 outerHTML 是 JavaScript 操作页面元素的常用属性，含义如下：

(1) innerHTML：设置或获取元素起始和结束标签内包含的 HTML 与文本。

(2) outerHTML：设置或获取元素包含的全部内容。

图 9-6 给出了 id 为 did 的元素 innerHTML、outerHTML 值示意图。

```
┌----------- outerHTML -----------┐
&lt;div id="did"&gt;<p> Text in DIV</p></div>
               └--innerHTML ----┘
```

图 9-6 innerHTML、outerHTML 值示意图

如果要获取不含 HTML 的文本(即“Text in DIV”)，可以先用 innerHTML 获取包含 HTML 的内容，然后用正则表达式去除 HTML 标签，即

```
document.getElementById('did').innerHTML.replace(/<.+?>/gim,'')
```

9.4.2　复选框全选/取消全选

控制复选框的 checked 属性值可以实现其勾选和不勾选，checked 值为 true 表示勾选，值为 false 表示取消勾选。以下示例展示了复选框全选或取消全选的实现。

[例 9.4]　checkbox_selAll.jsp 实现复选框全选或取消全选，运行效果如图 9-7 所示。

图 9-7　checkbox_selAll.jsp 示例

checkbox_selAll.jsp 主要代码如下：

```
...
<script language="JavaScript" type="text/javascript">
    //复选框 clickthis 控制 ckbox_name 复选框的全选或全不选
    function ckbox_all(clickthis,ckbox_name){
        //将与 clickthis 同名的复选框勾选状态置为 clickthis 的勾选状态
        var obj1=document.getElementsByName(clickthis.name);
        for(i=0;i<obj1.length;i++)
        obj1[i].checked=clickthis.checked;
        //将名为 ckbox_name 的复选框勾选状态置为 clickthis 的勾选状态
        var obj2=document.getElementsByName(ckbox_name);
        for(i=0;i<obj2.length;i++)
        obj2[i].checked=clickthis.checked;
    }
</script>
<body>
复选框全选或取消全选
<br>
  <input name="ah_ctrl" type="checkbox" onClick="ckbox_all(this,'ah')">全选
<br>
  <input name="ah" type="checkbox" value="音乐">音乐
  <input name="ah" type="checkbox" value="运动">运动
  <input name="ah" type="checkbox" value="旅游">旅游
<br>
  <input name="ah_ctrl" type="checkbox" onClick="ckbox_all(this,'ah')">全选
</body>
</html>
```

9.4.3 屏蔽字符输入

屏蔽字符输入是指对输入不符合要求的字符进行屏蔽，例如，邮政编码文本框只允许输入数字 0～9 和回车键，如果输入其他字符则进行屏蔽。

实现屏蔽的思路是在文本框的 onKeyPress 事件中检测事件(event)的键盘内码值，如果该值不等于允许输入字符的内码值，则进行屏蔽。

[例 9.5] 页面 digital_inputcheck.html 的文本框 postcode 只允许输入 0～9(对应的键盘内码值为 48～57)、退格键(内码值为 8)和回车(内码值为 13)，输入其他值时弹出“只允许输入数字！”警告框。主要代码如下：

```
...
<script>
    function onlyDigital(evt){
        var keycode=window.event?evt.keyCode:evt.which;
                                                    //获取不同浏览器的键盘内码值
        if(!((keycode>=48&&keycode<=57)||keycode==8||keycode==13)){
            //屏蔽当前输入的字符
            if(window.event)  //IE 浏览器
            evt.returnValue=false;
            else  //其他浏览器
            evt.preventDefault();
            alert("只允许输入数字！");
        }
    }
</script>
<body>
邮编：<input type="text" name="postcode" onKeyPress="onlyDigital(event)">
</body>
</html>
```

另外文本框输入数值时，不应屏蔽小数点“.”，小数点对应的键盘内码为 46。

9.4.4 回车焦点转移

回车焦点转移是指用户按回车键时输入焦点自动转移到下一个输入元素，由于回车键的操作频率非常高，所以回车焦点转移能够极大地提高输入效率。

以下例子采用为表单元素添加属性并赋值的方法实现回车焦点转移。

[例 9.6] focus_mobile.jsp 实现回车焦点转移，主要代码如下：

```
...
<script>
    //在单行文本框、密码框、下拉列表和无动作按钮等元素上实现回车焦点转移
    function focus_mbl(evt, formNm){
        var keycode=window.event?evt.keyCode:evt.which;
```

```
                                          //获取不同浏览器的键盘内码值
        var obj=window.event?evt.srcElement:evt.target;
                                          //获取不同浏览器中的元素
        if(keycode==13){
            var ii,counter=0;
            var allipt=document.forms[formNm].elements;
                                          //获取表单 formNm 中的全部元素
            //为实现焦点转移需要为元素定义属性 x 并赋值
            //赋值规则是可以回车焦点转移的对象其 x 属性值递增，否则为-1
            if(allipt[0].x==undefined){
                for(ii=0;ii<allipt.length;ii++){
                    if(allipt[ii].type=='text'||allipt[ii].type==
                    'password'||allipt[ii].type=='select-one'||allipt
                    [ii].type=='button'){
                        allipt[ii].x=counter;
                        counter++;
                    }
                    else allipt[ii].x=-1;
                }
            }
            //焦点转移
            for(ii=0;ii<allipt.length;ii++)
            if(allipt[ii].x==obj.x+1){ //若找到可以回车焦点转移的元素
                allipt[ii].focus();
                break;
            }
        }
    }
</script>
<body onLoad="document.form1.sno.focus()">
<form id="form1" name="form1" method="post" onKeyDown="focus_mbl(event,
'form1');" action="">
学号：<input name="sno" type="text" id="sno" /><br>
姓名：<input name="sname" type="text" id="sname" /><br>
电话：<input name="tel" type="text" id="tel" /><br>
<input type="button" name="Submit" value="保存" />
</form>
</body>
</html>
```

9.4.5　下拉列表联动

下拉列表联动是指在页面无刷新的情况下，改变一个下拉列表(称为源列表)的选项时另一个下拉列表(称为被控列表)的选项内容会随之变化。例如，通过下拉列表选择所在省时，所选省对应的城市会在页面无刷新的情况下显示在另一个下拉列表中。

JavaScript 中将选项标签 dt1 及其对应 value 值 dt2 添加到下拉列表 list_obj 中的常用方法为：

```
list_obj.options[list_obj.length]=new Option(dt1, dt2);
```

将选项添加到下拉列表之前需要先清除下拉列表中的原有选项，最简单的清除方法是设置下拉列表的 length 属性值，length 值决定了下拉列表的选项个数。

例如，以下代码只保留下拉列表 list_obj 的第一个选项，其他选项被清除。

```
list_obj.length=1;
```

[例 9.7]　list_ctrl.jsp 实现了下拉列表 sf 对下拉列表 city 的二级联动，运行效果如图 9-8 所示，改变“所在省”的选择时，“所在市”的选项内容随之变化。

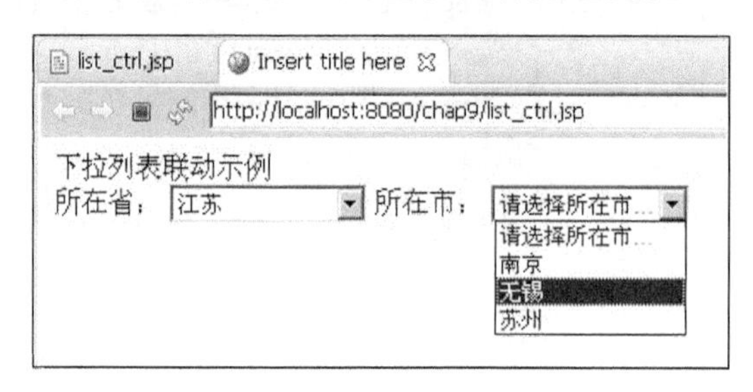

图 9-8　list_ctrl.jsp 示例

list_ctrl.jsp 部分代码如下：

```
<script language="JavaScript" type="text/javascript">
    //创建城市数据
    var citys=new Array();
    citys[0]=new Array('bj','北京');
    citys[1]=new Array('js','南京');
    citys[2]=new Array('js','无锡');
    citys[3]=new Array('js','苏州');
    citys[4]=new Array('sd','济南');
    citys[5]=new Array('sd','青岛');
    citys[6]=new Array('sd','威海');
    //定义函数实现下拉列表 sf 对下拉列表 city 的联动
    function listchg(key){ //key 为省份代码
        var obj= document.getElementById('city');  //获取下拉列表 city
        obj.length=1; //清除下拉列表 city 的其他选项，只保留第一个选项
        for(i=0;i<citys.length;i++){
            if(citys[i][0]==key)//将与 key 相同的 citys 数据添加到下拉列表 city 中
            obj.options[obj.length]=new Option(citys[i][1],citys[i]
            [0]+citys[i][1]);
        }
    }
</script>
```

```
<body>
下拉列表联动示例
<form name="form1" method="post" action="">
所在省:
  <select name="sf" onChange="listchg(this.value)">
    <option value="---">请选择所在省…</option>
    <option value="bj">北京</option>
    <option value="js">江苏</option>
    <option value="sd">山东</option>
  </select>
所在市:
  <select name="city" id="city">
    <option value="---">请选择所在市…</option>
  </select>
</form>
</body>
</html>
```

说明：JavaScript 也可以通过 option 的 value 和 text 属性动态获取并设置下拉列表的选项值和标签。以下代码显示下拉列表选择项的值和标签：

```
<script language="JavaScript" type="text/javascript">
    function show(){
        var f=document.form1;
        var i=f.sf.selectedIndex; //获取下拉列表选择项的序号
        alert("选项值: "+f.sf.options[i].value+"; 选项标签: "+f.sf.
        options[i].text);
    }
</script>
```

9.4.6 页面元素添加和删除

页面元素无刷新添加和删除的实现方法是通过 JavaScript 输出创建页面元素的 HTML 语句。与页面直接输出 HTML 不同的是，通过 JavaScript 输出 HTML 语句时需要对其中的特殊字符进行转义，否则浏览器无法解析。

以下是页面直接输出的无动作按钮“保存”的 HTML 语句：

```
<input type="button" name="Submit" value="保存">
```

通过 JavaScript 输出上述语句时需将其中的双引号“"”转义为“\"”，转义后的语句为：

```
<input type=\"button\" name=\"Submit\" value=\"保存\">
```

[例 9.8]　multifilesupload.jsp 实现多附件选择，运行效果如图 9-9 所示，单击“添加附件”添加新附件，单击“删除”删除对应附件。

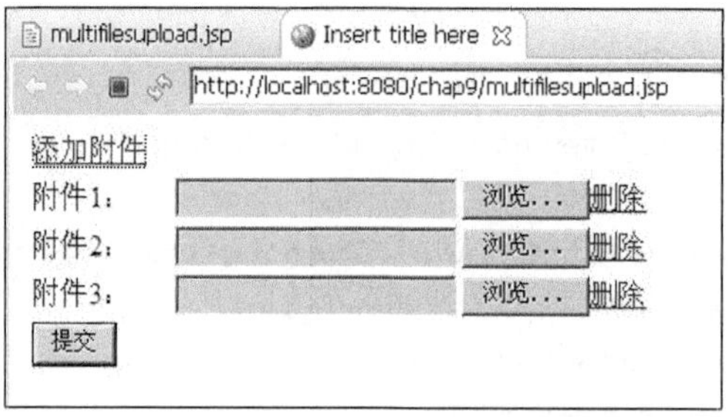

图 9-9　multifilesupload.jsp 运行效果

multifilesupload.jsp 主要代码如下：

```
<script language="JavaScript" type="text/javascript">
    var rnum=1;  //表格行计数
    //定义函数实现在 id 为 tid 的表格最后一行之前添加新行，rownm 为新行的 id 前缀
    function addRow(tid){
        var oT=document.getElementById(tid);  //获取 tid 对应表格
        var newTR=oT.insertRow(oT.rows.length-1);  //在最后一行之前添加新行
        newTR.id=tid+rnum;  //设置新行 newTR 的 id 值
        var newTD0=newTR.insertCell(-1);  //为新行 newTR 创建第 1 列单元格 newTD0
        var newTD1=newTR.insertCell(-1);  //为新行 newTR 创建第 2 列单元格 newTD1
        newTD1.setAttribute("colspan","2");  //合并单元格 newTD0 和 newTD1
        newTD0.innerHTML ="附件"+rnum+": ";
        newTD1.innerHTML = "<input name=\"file" + rnum +
"\" type=\"file\"><a href=\"javascript:deleteRow(\'" + tid + "\'," + rnum
+ ");\">删除</a>";
        rnum++;
    }
    //定义函数删除表格指定行
    function deleteRow(tid, n){
        var oT=document.getElementById(tid);  //获取 tid 对应表格
        oT.deleteRow(document.getElementById(tid+n).rowIndex);
                                                //删除 tid 中的 tid+n 对应行
    }
</script>
<body>
<form name="form1" method="post" action="" enctype="multipart/form-data">
<table width="400" id="oTable">
  <tr>
    <td width="20%"><a href="javascript:addRow('oTable')">添加附件</a></td>
    <td width="80%"> </td>
  </tr>
  <tr>
    <td colspan="2"><input type="submit" name="Submit" value="提交"></td>
```

```
  </tr>
</table>
</form>
```

9.5 小　　结

本章介绍了 JavaScript 基本语法，JavaScript 操作浏览器对象及其常用属性和方法，介绍了 JavaScript 常见的客户端验证内容和 JavaScript 操作页面元素的典型应用。开发高性能的 Web 应用必须用到 JavaScript，读者一定要熟练掌握。

习题

1. 页面中嵌入 JavaScript 的常见形式有几种？
2. JavaScript 操作的浏览器对象有哪些？
3. JavaScript 可以通过哪些途径获取页面元素？

上机题

1. 在第 4 章上机题第 1 题中增加数据提交验证，验证内容包括：①过滤用户名中全部空格；②用户名为必填项；③性别和爱好为必选项。验证全部通过后才允许提交。

2. 实现一个学生分班功能，处理流程为：页面 1(图 9-10(a))用来输入班级名称，并选择学生，单击“+”弹出页面 2(图 9-10(b))选择学生(可多选)，选择后单击“确定”按钮，选择的学生显示在页面 1 中(图 9-10(c))，此时单击“提交”按钮，页面 3 接收并显示页面 1 提交的班级名称和选择的学生(图 9-10(d))，并有一个返回至页面 1 的超链接。验证要求：页面 1 中只有输入班级并选择学生后才允许提交，页面 2 中至少选择一个学生后才允许确定。

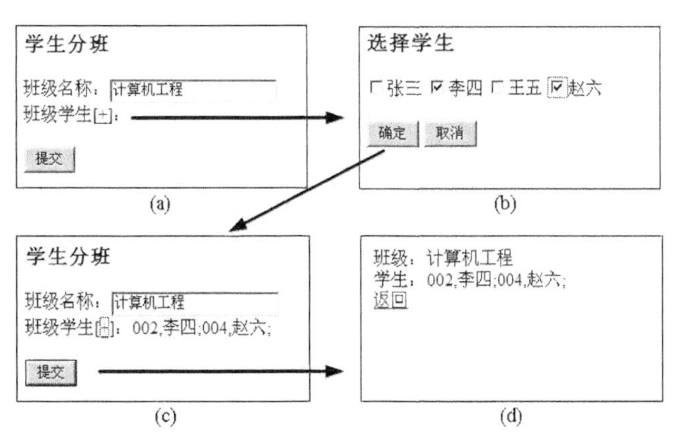

图 9-10　上机题 2 运行图

第 10 章　AJAX 和 JSON

AJAX 是 asynchronous JavaScript and XML 的缩写，即异步 JavaScript 及 XML，它能够在不刷新整个页面的情况下实现前端与服务器端通信。JSON 是一种轻量级的用于 AJAX 前端与服务器端的数据交换格式。

10.1　AJAX

AJAX 并不是一种新的编程语言，而是现有技术的组合应用，包括 JavaScript、XML、HTML、CSS、文档对象模型(document object model，DOM)。

10.1.1　AJAX 实现过程

AJAX 的实现过程是，用户向服务器端发出请求，等待服务器端处理，处理完毕返回结果数据。

1. 创建 XMLHttpRequest 对象

AJAX 的核心是 XMLHttpRequest 对象，该对象能够向服务器端发出异步请求并处理服务器端响应。目前浏览器已内置 XMLHttpRequest 对象，但不同浏览器的创建方法有差异。

以下函数 createXMLHttpRequest()创建了不同浏览器下的 XMLHttpRequest 对象。

```
function createXMLHttpRequest(){
    var xmlreq;
    if(window.XMLHttpRequest){  //非 IE 浏览器
        xmlreq=new XMLHttpRequest();
    }
    else if(window.ActiveXObject){  //IE 浏览器
        try{
            xmlreq=new ActiveXObject("Msxml2.XMLHTTP");
        }
        catch(e1){
            try{
                xmlreq=new ActiveXObject("Microsoft.XMLHTTP");
            }
            catch(e2){  }
        }
    }
    return xmlreq;
}
```

XMLHttpRequest 对象与服务器端的请求通过调用方法完成，常用方法见表 10-1。

表 10-1　XMLHttpRequest 常用方法

方法	描述
abort	停止当前请求
getAllResponseHeaders ()	把请求的所有响应首部作为键-值对返回
getResponseHeader ("label")	返回指定的首部值
open (method, url, async)	建立到服务器端的请求，指明请求类型、URL、是否异步处理 method：请求类型，GET 或 POST async：数据请求类型，true (异步)，false (同步)
send (content)	向服务器端发送请求
setRequestHeader ("label","value")	为指定首部设置值

XMLHttpRequest 对象与服务器端建立数据请求后，可以通过相关属性获取数据请求状态，常用属性见表 10-2。

表 10-2　XMLHttpRequest 常用属性

属性	描述
onreadystatechange	状态改变的事件触发器
readyState	对象状态 0：未初始化 1：正在装载 2：装载完毕 3：交互中 4：服务器端响应完成
status	服务器端返回的 HTTP 的状态码，典型值如： 200：成功 404：文件找不到 500：服务器端内部错误
responseText	服务器端返回的文本
responseXML	服务器端返回的 XML 文档对象
statusText	服务器端返回的状态文本信息

2. 发送请求

XMLHttpRequest 向服务器端请求数据通过 open () 和 send () 两个方法实现。

1) open(method, url, asynch)

建立到服务器端的请求，各参数含义如下。

method：指定数据请求的类型，取值为 GET 或 POST。

url：请求的 URL，后面可以带参数，如 url="a.jsp?flag=2&qstr=3"。

需要注意的是，有些浏览器会把多个 XMLHttpRequest 请求的结果缓存在同一个 URL 中，导致运行异常。为此，可把当前时间戳追加到 URL 最后，以确保 URL 的唯一性，避免浏览器缓存，如 url="a.jsp?flag=1&qstr=3×tamp="+(new Date ())。

asynch：指明请求是否需要异步传输，默认值为 true (异步)。指定 true 则在读取后面的脚本之前，不需要等待服务器端响应。指定 false 则脚本处理过程经过这点时会停下来，一直等到请求执行完毕再继续执行。

GET 数据示例如下：

```
var request=createXMLHttpRequest();  //调用函数创建 XMLHttpRequest 对象
var cstr="flag=…&q=…";  //定义请求数据
cstr=encodeURI(cstr);  //对请求的数据进行 encodeURI 编码
request.open("GET", "ifexist.do?"+cstr, true);  //创建 GET 请求
request.send(null);  //向服务器端发送请求
```

2) send(content)

将 content 数据通过 POST 方式发送给服务器端，在发送前需要将“Content-type”设置为“application/x-www-form-urlencoded”。

POST 数据示例如下：

```
var request=createXMLHttpRequest();  //创建 XMLHttpRequest 对象
request.open("POST", "ifexist.do", true);  //创建 POST 请求
request.setRequestHeader("Content-Type","application/x-www-form-urle
ncoded");  //设置 MIME
var cstr="flag=…&q=…";  //定义请求数据
request.send(cstr);  //向服务器端发送请求
```

需要说明的是，使用 XMLHttpRequest 请求的数据可以是任何格式，虽然从名字上建议的是 XML 格式。

3. 处理服务器端响应

向服务器端发送数据后，客户端需要对服务器端响应进行处理，主要过程如下。

1) 定义服务器端响应处理函数

通过 XMLHttpRequest 的 onreadystatechange 属性定义服务器端响应处理函数，例如：

```
var request=createXMLHttpRequest();
request.onreadystatechange=function(){  //定义服务器端响应处理函数
    …
}
```

或

```
var request=createXMLHttpRequest();
request.onreadystatechange=abc;  //设定服务器端响应处理函数名 abc
```

其中，abc 是用户定义的 JavaScript 函数名，不要写成 abc()，函数本身需要另外定义。

2) 判断服务器端的响应状态

处理服务器端响应时，需要通过 XMLHttpRequest 的 readyState 属性来判断服务器端的响应状态。readyState 取值分别为：0(未初始化)、1(正在装载)、2(装载完毕)、3(交互中)、4(服务器端响应完成)，所以只有当 readyState 等于 4 时，一个完整的服务器端响应才算完成。

3) 检查服务器端的响应结果

服务器端响应完成后，需要通过 XMLHttpRequest 对象的 status 属性检查服务器端的响应结果。当 status 等于 200 时，表示服务器端响应成功，此时客户端可以接收服务器端的返回数据。

4) 接收服务器端返回数据

服务器端响应成功后，可以通过 XMLHttpRequest 的 responseText 或 responseXML 接收服务器端的返回数据。

responseText 包含了从服务器端返回的数据，它可以是一个 HTML、XML 或普通文本，这取决于服务器端发送的内容。

如果服务器端返回的是 XML，那么数据将存储在 responseXML 中。只有服务器端发送了带有正确首部信息的数据，responseXML 才是可用的，此时 MIME 类型为 text/xml。

以下是一个完整的 AJAX 流程代码模板：

```
var request=createXMLHttpRequest();  //创建 XMLHttpRequest 对象
request.open(…);  //创建请求
request.setRequestHeader("Content-Type","application/x-www-form-urle
ncoded");  //视需要而定
request.send(…);  //发送请求
request.onreadystatechange=function()  //定义服务器端响应处理函数
{
    if(request.readyState==4)  //服务器端响应完成
    {
        if(request.status==200){  //服务器端响应成功
            …
        }
        else{  //服务器端响应失败
            …
        }
    }
}
```

10.1.2　AJAX 举例

下面的例子介绍 AJAX 实现方法。

[例 10.1]　前端页面 ajax.html 输入文本，通过 AJAX 将文本异步发送给 ajax.jsp，ajax.jsp 将接收到的文本返回给前端，运行效果如图 10-1 所示。

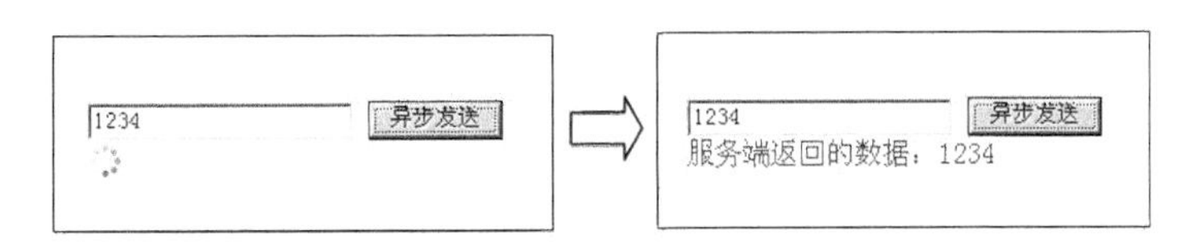

图 10-1　ajax_get.html 运行效果

ajax.html 主要代码如下：

```
<script type="text/javascript" src="comm.js"></script>
<script language="JavaScript" type="text/javascript">
    //创建异步请求函数
    function sendInfo(){
        var qstr=document.getElementById("info").value; //获取文本框输入值
        if(qstr!=''){
            var o=document.getElementById("result");
            o.innerHTML='<img src=\"pic/loading.gif\" />'; //显示等待图片
            var request=createXMLHttpRequest();
                                    //通过 comm.js 创建 XMLHttpRequest 对象
            request.open("get", encodeURI("ajax.jsp?s="+qstr) ,true);
            //创建请求，需对 URI 进行 UTF-8 编码，否则中文会出现乱码
            request.send(null); //发送请求
            request.onreadystatechange=function(){
                                                //定义服务器端响应处理函数
                if(request.readyState==4){ //服务器端响应完成
                    var kk=request.status; //提取服务器端响应状态
                    if(kk==200) //服务器端响应成功
                    o.innerHTML=request.responseText;
                    else //服务器端响应失败
                    o.innerHTML="运行出错，代码："+kk;
                }
            }
        }
    }
</script>
<body>
<input name="info" type="text" id="info">
<input type="button" name="Submit" onClick="sendInfo()" value="异步发送">
<div id="result" style="color:#FF0000"></div>
</body>
</html>
```

ajax.jsp 代码如下：

```
<%@ page language="java" contentType="text/html; charset=UTF-8"
   pageEncoding="UTF-8"%>
<%
    request.setCharacterEncoding("UTF-8"); //设置请求数据的编码方式
    String info=request.getParameter("s");
    Thread.sleep(1000); //延时 1 秒以查看异步处理效果
    out.print("服务器端返回的数据："+info); //将数据返回给前端
%>
```

如果采用 POST 方式请求数据，需将 ajax.html 中如下代码：

```
request.open("get", encodeURI("ajax.jsp?s="+qstr) ,true);
request.send(null);  //发送请求
```

改为：

```
request.open("POST" , "ajax.jsp" , true);  //创建 POST 请求
request.setRequestHeader("Content-Type","application/x-www-form-urle
ncoded");  //设置 MIME
var cstr="s="+qstr;  //定义请求数据
request.send(cstr);  //向服务器端发送请求
```

10.1.3　AJAX 传递中文时的乱码解决方法

AJAX 传递中文字符时，前端和服务器端需进行相应编码设置，否则中文会出现乱码。

1. 服务器端编码

由于 AJAX 请求的默认编码为 UTF-8，所以服务器端接收 AJAX 数据时需要设置 request 的编码为 UTF-8，即

```
request.setCharacterEncoding("UTF-8");
```

2. 前端编码

如果前端采用 GET 方式创建 AJAX 请求，则需对请求数据进行 encodeURI 编码，而 POST 方式则不需要。

前端和服务器端的编码要求见表 10-3。

表 10-3　AJAX 传递中文字符时的编码要求

前端请求方式	前端请求数据编码	服务器端编码
GET 方式	encodeURI()编码	request.setCharacterEncoding("UTF-8")
POST 方式	无要求	

10.2　JSON

JSON 即 JavaScript object natation，是一种轻量级的数据交换格式，用于 AJAX 中前端与服务器端的数据交换。

10.2.1　JSON 结构形式

JSON 是一种与编程语言无关的文本格式，易于阅读和编写。JSON 有两种结构形式。

1. “键-值”对集合

这种结构以“{”开始，“}”结束，键和值之间用冒号分隔，键-值对之间用逗号分隔，键值可以是普通数据，也可以是函数。例如：

```
var user=
{
    "username":"andy",
    "age":20,
    "isOk":true,
    "say":function(){alert('Hello world!');}
}
```

或写成一行：

```
var user={"username" : "andy", "age" : 20, "isOk" : true, "say" :
function(){alert('Hello world!');}}
```

代码定义了名为 user 的 JSON 对象，它拥有键 username、age、isOk 和 say，其中 say 为函数，各键的引用方法为 user.username、user.age、user.isOk 和 user.say()。

说明：

(1)键两端可以不加引号，但从规范来讲，建议加引号。

(2)数值、布尔类型值两端可以不加引号，其他类型值两端必须加引号。

(3)值定义为函数时，函数两端不要加引号。

2. 值列表

值列表结构是将多个由键-值对构成的 JSON 对象集合在一起，以“[”开始，“]”结束，各 JSON 对象之间用逗号分隔。例如：

```
var addressList=
[
    {"city":"beijing","postcode":"100000"},
    {"city":"nangjing","postcode":"220000"}
]
```

代码定义了名为 addressList 的 JSON 对象，它拥有两个 JSON 子对象，分别为 addressList[0]和 addressList[1]，每个子对象包含 city 和 postcode 属性，属性引用方法为：

```
addressList[0].city
addressList[1].postcode
```

再如：

```
var user2=
{
    "username":"andy",
    "age":20,
    "address":
    [
        {"city": "beijing","postcode" : "100000"},
        {"city": "nangjing","postcode" : "220000"}
```

```
        ],
        "say":function(){alert('Hello world!');}
    }
```

部分属性引用方法为：

```
user2.username
user2.address[0].city
user2.say();
```

10.2.2 JavaScript 中 JSON 操作

JavaScript 中 JSON 操作包含两方面：一是创建 JSON 对象；二是 JSON 对象与 JSON 字符串的相互转换。

1. 创建 JSON 对象

利用 JavaScript 的 push()方法可以创建 JSON 数据对象。例如：

```
<script>
    var jsn_obj=[];  //空的 JSON 对象
    for(var i=0;i<2;i++)
    jsn_obj.push({ "id" : i , "title" : "titleStr"+i });
</script>
```

生成的 jsn_obj 内容为：

```
[{"id":0,"title":"titleStr0"},{"id":1,"title":"titleStr1"}]
```

2. JSON 对象与 JSON 字符串的相互转换

1) 浏览器内置方法转换

利用浏览器内置方法可以实现 JSON 对象与 JSON 字符串的相互转换，方法如下(jsn_obj 代表 JSON 对象，jsn_str 代表 JSON 字符串)：

JSON 对象转为 JSON 字符串：JSON.stringify(jsn_obj)。

JSON 字符串转为 JSON 对象。

方法 1：JSON.parse(jsn_str)。

方法 2：eval('(' + jsn_str + ')')。

需要注意的是，较老版本的浏览器没有内置 JSON 对象，如 IE 8(兼容模式)、IE 7、IE 6 等，这时需要借助第三方 JavaScript 插件实现转换。

2) 插件方法转换

第三方 JavaScript 插件如 json.js、json2.js 和 jQuery 提供了方法实现 JSON 对象与 JSON 字符串的相互转换。

json.js 提供的转换方法如下：

JSON 对象转为 JSON 字符串：jsn_obj.toJSONString()。

JSON 字符串转为 JSON 对象：jsn_str.parseJSON()。

json2.js 提供的转换方法如下：

JSON 对象转为 JSON 字符串：JSON.stringify(jsn_obj)。

JSON 字符串转为 JSON 对象：JSON.parse(jsn_str)。

jQuery 提供的 JSON 字符串转为 JSON 对象的方法：jQuery.parseJSON(jsn_str)。

10.2.3 Java 中 JSON 操作

Java 中 JSON 的操作也包含两方面：一是创建 JSON 对象；二是 JSON 对象与 JSON 字符串的相互转换。本书利用第三方类库 json.jar 实现 JSON 处理。

1. 生成 JSON“键-值”数据

json.jar 中的 JSONObject 是定义 JSON 数据的基本单元，其 put()方法可以将各种数据对象添加到 JSON 数据中，toString()方法可以将 JSON 数据转换为 JSON 字符串。

例如：

```
JSONObject jsnObj=new JSONObject();
jsnObj.put("title","book");
jsnObj.put("price",20);
String jsnStr=jsnObj.toString();
```

生成的 JSON 数据为：

```
{
    "title" : "book" ,
    "price" : 20
}
```

以下代码生成嵌套 JSON 数据：

```
JSONObject jsnObj=new JSONObject();
jsnObj.put("title", "book").put("price", 20);
JSONObject jsnObj2=new JSONObject();
jsnObj2.put("name", "张扬").put("degree", "硕士");
jsnObj.put("author", jsnObj2);
String jsnStr=jsnObj.toString();
System.out.println(jsnStr);
```

生成的 JSON 数据为：

```
{
    "title": "book",
    "price": 20,
    "author":
    {
```

```
        "name": "张扬",
        "degree": "硕士"
    }
}
```

2. 生成 JSON 值列表数据

JSON 值列表数据可以通过 json.jar 的 JSONArray 生成。JSONArray 代表值列表对象，其 put()方法可以将各种数据对象添加到 JSON 数据中，toString()方法可以将 JSON 数据转换为 JSON 字符串。

例如：

```
JSONArray jsonArray=new JSONArray();
JSONObject jsnObj=new JSONObject();
jsnObj.put("title", "book").put("price", 20);
jsonArray.put(jsnObj);
JSONObject jsnObj2=new JSONObject();
jsnObj2.put("title", "苹果").put("price", 30);
jsonArray.put(jsnObj2);
String jsnStr=jsonArray.toString();
```

生成的 JSON 数据为：

```
[
    { "title": "book", "price": 20 },
    { "title": "苹果", "price": 30 }
]
```

3. 解析 JSON 字符串

JSON 字符串的解析可以通过 json.jar 的 JSONObject 对象完成，例如：

```
String jsnStr="{'title': 'book', 'price': 20}";  //JSON 字符串
JSONObject jsonobj=new JSONObject(jsnStr);  //将 JSON 字符串转换为 JSON 对象
String title=jsonobj.getString("title");  //通过 get 方法获取 title 数据
int price=jsonobj.getInt("price");  //获取 price 数据
```

JSON 值列表数据的解析需要 JSONArray 对象和 JSONObject 对象共同完成，例如：

```
String jsnStr="[ { 'title' : 'book', 'price': 20 } , { 'title' : '橘子',
'price' : 50 } ]";
JSONArray jsonArray=new JSONArray(jsnStr);  //将 JSON 字符串转换为 JSONArray
对象
for(int i=0;i<jsonArray.length();i++){  //遍历 JSONArray 数据
    String title=jsonArray.getJSONObject(i).getString("title");
    int price=jsonArray.getJSONObject(i).getInt("price");
}
```

10.2.4 JSON 举例

下面通过例子介绍 JSON 实现前端和服务器端数据交换的方法，前端需要 json2.js 支持（高版本浏览器不需要），服务器端需要 json.jar 支持。

[例 10.2] json.html 中输入姓名和电话，通过 AJAX 以 JSON 格式将数据异步发送给服务器端 json.jsp，json.jsp 处理后再将数据返回给前端，运行效果如图 10-2 所示。

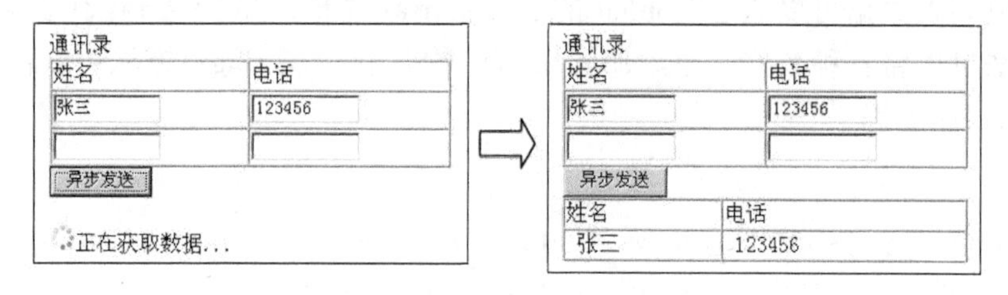

图 10-2　json.html 运行效果

json.html 主要代码如下：

```
<script src="js/json2.js"></script>
<script src="comm.js"></script>
<script>
    var request=null;
    function sendJSON(){
        document.getElementById("result").style.display="none";
                                                        //关闭表格显示
        document.getElementById("wId").style.display="block";  //显示等待
        //生成 JSON 数据
        var a_pname=document.getElementsByName("pname");  //获取姓名文本框
        var a_phone=document.getElementsByName("phone");  //获取电话文本框
        var jsn_obj=[];
        for(var i=0;i<a_pname.length;i++)
        jsn_obj.push({"pname":a_pname[i].value,"phone":a_phone[i].
        value});
        var jsn_str=JSON.stringify(jsn_obj);  //将 JSON 对象转换为 JSON 字符串
        request=createXMLHttpRequest();  //POST 方法向服务器端发送 JSON 字符串
        request.open("POST","json.jsp",true);
        request.setRequestHeader("Content-Type","application/x-www-form-
        urlencoded");
        request.send("jsnStr="+jsn_str);
        request.onreadystatechange=showInfo;  //响应函数 showInfo
    }
    //定义响应函数 showInfo
    function showInfo(){
        if(request.readyState==4){  //响应完成
            var kk=request.status;  //提取响应状态
```

```
                if(kk==200){  //响应成功
                    var tb=document.getElementById("TbId");
                    while(tb.rows.length>1)  //删除第 1 行之后的行
                    tb.deleteRow(tb.rows.length-1);
                    var str=request.responseText;  //提取服务器端返回的 JSON 字符串
                    var arr=JSON.parse(str);  //将 JSON 字符串转换为 JSON 对象
                    if(arr.length>0)
                    for(var i=0; i<arr.length; i++){    //输出表格数据
                        var tr=tb.insertRow(tb.rows.length);
                        var td1=tr.insertCell(0);
                        var td2=tr.insertCell(1);
                        td1.innerHTML=" "+arr[i].pnm;
                        td2.innerHTML=" "+arr[i].ph;
                    }
                    else{  //输出"无数据"提示行
                        var tr=tb.insertRow(tb.rows.length);
                        tr.align="center";
                        var td1=tr.insertCell(0);
                        td1.colSpan="2"; //合并单元格
                        td1.style.color="#FF0000";
                        td1.innerHTML="无数据";
                    }
                    document.getElementById("wId").style.display="none";
                    //关闭等待
                    document.getElementById("result").style.display="block";
                    //显示表格
                }
                else  //响应失败
                alert("运行出错，代码："+kk);
            }
        }
</script>
<body>
…
<input type="button" name="Submit" onClick="sendJSON();" value="异步发送">
<div id="result" style="display:none">
<table width="300" border="1" cellspacing="0" id="TbId">
  <tr>
    <td>姓名</td>
    <td>电话</td>
  </tr>
</table>
</div>
```

```
<p id="wId" style="display:none"><img src="pic/loading.gif" width="20"
height="20" />正在获取数据…</p>
</body>
</html>
```

json.jsp 代码如下：

```
<%@ page import="org.json.*"%>
<%@ page language="java" contentType="text/html; charset=UTF-8"
   pageEncoding="UTF-8"%>
<%
    request.setCharacterEncoding("UTF-8");
    String rtnJsonStr="[]"; //空 JSON 值列表数据
    try{
        JSONArray rtnJsonArray=new JSONArray();  //返回的 JSON 值列表
        String jsnStr=request.getParameter("jsnStr");  //获取 JSON 字符串
        JSONArray jsonArray=new JSONArray(jsnStr);  //获取 JSON 值列表
        for(int i=0;i<jsonArray.length();i++){
            JSONObject JsonObj=jsonArray.getJSONObject(i);
            String pname=JsonObj.getString("pname");
            String phone=JsonObj.getString("phone");
            //创建返回的 JSON 值列表
            if(!"".equals(pname) || !"".equals(phone)){
                JSONObject rtnJsnObj=new JSONObject();
                rtnJsnObj.put("pnm",pname).put("ph",phone);
                rtnJsonArray.put(rtnJsnObj);
            }
        }
        rtnJsonStr=rtnJsonArray.toString();  //JSON 对象转换为 JSON 字符串
    }
    catch(Exception e){ }
    Thread.sleep(1000);  //延时 1 秒以查看异步处理效果
    out.print(rtnJsonStr);
%>
```

10.3 jQuery 实现 AJAX

jQuery 是一个开源 JavaScript 库，它的功能非常强大，利用 jQuery，开发人员能高效、方便地实现 AJAX 应用。

10.3.1 jQuery 实现数据异步请求

利用 jQuery 的$.ajax()方法可以实现数据异步请求。$.ajax()形式和常用属性如下：

```
$.ajax({
```

```
        url: reqURL,
        type: reqType,
        data: reqData,
        success: successCallFun,
        error: errorCallFun,
        dataType: RtnDataType
    });
```

各属性含义如下：

url：请求的 URL，必需项。

type：请求类型，POST 或 GET，默认为 GET，可选项。

data：发送至服务器端的数据，可选项。

数据有三种发送方式：拼接成 URL 参数、form 表单序列化数据、JSON 数据。

(1) 拼接成 URL 参数，例如：

```
$.ajax({
    url: 'getdata.jsp?id=123&mode=DEL'
});
```

(2) 表单经 serialize() 序列化作为 data 数据，例如：

```
$.ajax({
    url: 'getdata.jsp',
    data: $("#form1").serialize()
});
```

(3) JSON 作为 data 数据，例如：

```
$.ajax({
    url:'getdata.jsp',
    type:'post',
    data:{
        'id': '1234',
        'mode': 'DEL'
    }
});
```

success：请求成功时的回调函数，参数包括服务器端返回的数据、状态信息，可选项。

error：请求失败时的回调函数，参数包括 XMLHttpRequest 对象，状态信息，捕获的错误对象，可选项。

dataType：服务器端返回的数据类型，常用类型有 JSON、HTML、Text，如果不指定，jQuery 会自动判断，可选项。

需要注意的是，jQuery 1.4 以后，若 dataType 设为 JSON，则服务器端返回的 JSON 数据键和值两端必须加双引号，形式如 {"键":"值","键":"值"}，接收的数据直接为 JSON 对象，例如：

```
$.ajax({
    url: 'getdata.jsp',
    dataType: 'json',
    success: function (tt){  //服务器端返回 JSON 数据形如 {"id":"123","mode":
    "DEL"}
        alert(tt.id);  //接收的数据 tt 直接作为 JSON 对象
    }
});
```

若 dataType 设为 text，返回的 JSON 数据键和值两端用单引号和双引号均可以，接收的 JSON 数据需要转换为 JSON 对象。

下面的例子利用 jQuery+JSON 实现与例 10.2 相同的功能，前端需要 jquery-1.7.1.js 和 json2.js 支持(高版本浏览器不需要 json2.js)，服务器端需要 json.jar 支持。

[例 10.3] jquery.html 输入姓名和电话，通过 jQuery 以 JSON 格式将数据异步发送给服务器端 json.jsp，json.jsp 处理后再将数据返回给前端，运行效果如图 10-3 所示。

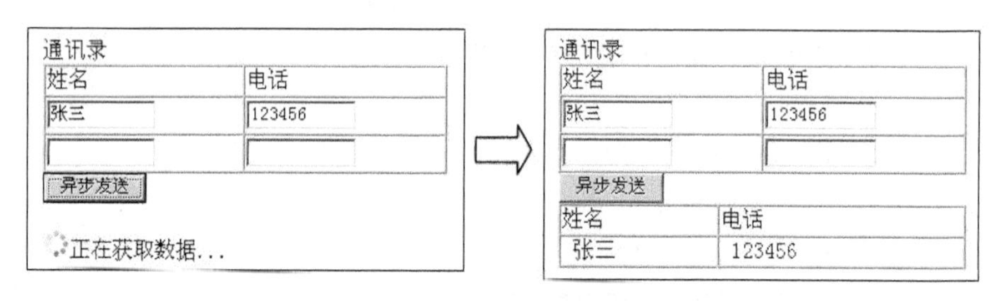

图 10-3 jquery.html 运行效果

jquery.html 主要代码如下：

```
<script src="js/json2.js"></script>
<script src="js/jquery-1.7.1.js"></script>
<script>
    function sendJSON(){
        document.getElementById("result").style.display="none";
                                                        //关闭表格显示
        document.getElementById("wId").style.display="block";  //显示等待
        //生成 JSON 数据
        var a_pname=document.getElementsByName("pname");
        var a_phone=document.getElementsByName("phone");
        var jsn_obj=[];
        for(var i=0;i<a_pname.length;i++)
        jsn_obj.push({"pname":a_pname[i].value,"phone":a_phone[i].
        value});
        //定义异步请求
        $.ajax({
            url:'json.jsp',
            type:'post',
```

```
            data:{
                jsnStr: JSON.stringify(jsn_obj)  //JSON 对象转 JSON 字符串
            },
            dataType:'text',
            success:showInfo,
            error:erInfo
        });
    }
    //定义成功时的回调函数
    function showInfo(rtnData){
        var tb=document.getElementById("TbId");
        while(tb.rows.length>1)  //删除第 1 行之后的行
        tb.deleteRow(tb.rows.length-1);
        var arr=JSON.parse(rtnData);
                      //设置 dataType:'text'时，rtnData 需转换为 JSON 对象
        //var arr=rtnData;
             //设置 dataType:'json'时，rtnData 本身为 JSON 对象，不需要转换
        if(arr.length>0)
        … //省略同例 10.2 的 json.html 中 if…else…代码
        document.getElementById("wId").style.display="none";  //关闭等待
        document.getElementById("result").style.display="block";
                                                              //显示表格
    }
    //定义失败时的回调函数
    function erInfo(xhr,s,e){
        alert('error:'+xhr+"|"+s+"|"+e);
    }
</script>
<body>
…
```

10.3.2 ajaxFileUpload 实现文件异步上传

实现文件异步上传的方法很多，ajaxFileUpload 就是其中的一个。ajaxFileUpload 是实现文件异步上传的 jQuery 插件，其形式和常用属性如下：

```
$.ajaxFileUpload({
    url: reqURL,
    fileElementId: fileId,
    dataType: RtnDataType,
    success: successCallFun,
    error: errorCallFun
});
```

各属性含义如下：

url：请求的 URL，必需项。

fileElementId：需要上传的文件域的 ID，即<input type="file">的 ID，必需项。

dataType：服务器端返回的数据类型，常用类型有 JSON、HTML、text。如果不指定，jQuery 会自动判断，可选项。

success：请求成功时的回调函数，参数包括服务器端返回的数据、状态信息，可选项。

error：请求失败时的回调函数，参数包括 XMLHttpRequest 对象、状态信息、捕获的错误对象，可选项。

ajaxFileUpload 需配合 jQuery 一同使用，下面的例子利用 ajaxFileUpload 和 jQuery 实现文件异步上传，前端需要 ajaxfileupload.js 和 jquery-1.7.1.js 支持。

[例 10.4] ajaxFileUpld.html 中点击并选择图片后，通过 ajaxFileUpload 异步请求服务器端 PicUpld(对应 FileLoadServelt.java)执行文件上传，完成后回显上传图片，运行效果如图 10-4 所示。

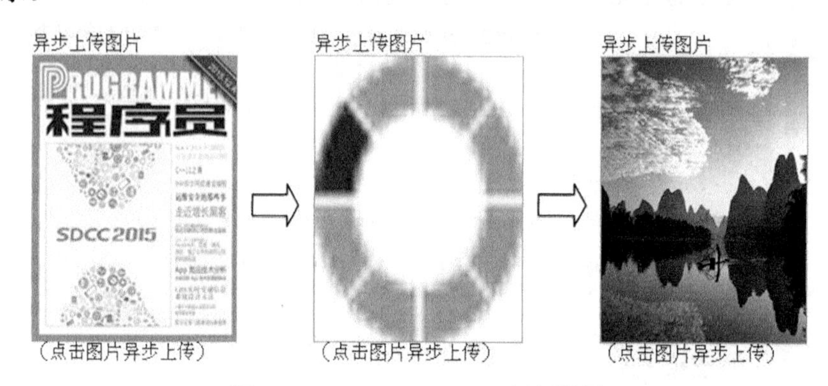

图 10-4 ajaxFileUpld.html 运行效果

ajaxFileUpld.html 主要代码如下：

```
<script src="js/jquery-1.7.1.js"></script>
<script src="js/ajaxfileupload.js"></script>
<script>
    function fileupload(){
        var file=$("#filePath").val();
        if(file==""){
            alert("上传文件不为空!");
            return false;
        }
        else{
            var fileType=file.substring(file.lastIndexOf(".")+1);
            if(fileType.toLowerCase()!="png"&&fileType.toLowerCase()!=
            "jpg"){
                alert("只能上传 png、jpg 格式图片！");
                return false;
            }
```

```
            else{
                $("#srcImg").attr("src","pic/loading2.gif");
                                                    //显示等待图片
                $.ajaxFileUpload({
                    url:"PicUpld",
                    fileElementId:'filePath',
                    dataType: 'text',
                    success: function (data) {
                        //上传图片采用相同文件名保存,需加时间戳来重新加载图像
                        $("#srcImg").attr("src","upload/"+data+"?
                        timestamp="+(new Date().getTime()));
                    },
                    error: function(data, status, e){
                        alert("fail: \n"+"data: "+data+"\nstatus:
                        "+status+"\ne: "+e);
                    }
                });
            }
        }
    }
</script>
</head>
<body>
异步上传图片
<div class="M_file">
    <img style="cursor:pointer" src="pic/init_pic.jpg" width="180"
    height="240" id="srcImg">
    <input title="点击更换图片" type="file" name="filePath" onChange=
    "fileupload()" id="filePath"/>
</div>
(点击图片异步上传)
</body>
</html>
```

FileLoadServelt.java 实现文件上传，代码如下：

```
package chap10;
import java.io.*;
import javax.servlet.*;
import javax.servlet.http.*;
public class FileLoadServelt extends HttpServlet{
  public void doPost(HttpServletRequest request, HttpServletResponse
  response)
       throws ServletException, IOException
  {
```

```
        request.setCharacterEncoding("UTF-8");  //设为上传页面编码
        response.setContentType("text/html;charset=UTF-8");
        String filepath=this.getServletContext().getRealPath("")+ java.
        io.File.separator
            + "upload" + java.io.File.separator;
                                                //上传文件保存在 upload 文件夹下
        String filename="";
        String type="";
        byte[] buf=new byte[8196];
        ServletInputStream in=request.getInputStream();
        int len=in.readLine(buf, 0, buf.length);
        String f=new String(buf, 0, len - 1);
        while ((len=in.readLine(buf, 0, buf.length))!=-1){
          filename=new String(buf, 0, len, request.getCharacter-
          Encoding());
          int j=filename.lastIndexOf("\"");
          int p=filename.lastIndexOf(".");
          type=filename.substring(p, j); //文件类型
          filename="12345" + type.toLowerCase(); //用固定文件名保存文件
          DataOutputStream fileStream=new DataOutputStream(
              new BufferedOutputStream(new FileOutputStream(filepath +
              filename)));
          len=in.readLine(buf, 0, buf.length);
          len=in.readLine(buf, 0, buf.length);
          while ((len=in.readLine(buf, 0, buf.length))!=-1){
            String tempf=new String(buf, 0, len - 1);
            if(tempf.equals(f) || tempf.equals(f + "--")){
              break;
            } else{
              fileStream.write(buf, 0, len);
            }
          }
          fileStream.close();
        }
        in.close();
        PrintWriter out=response.getWriter();
        out.print(filename);  //返回文件名
    }
}
```

部署 FileLoadServelt.java，在 WEB-INF 目录中创建 web.xml，内容如下：

```
<?xml version="1.0" encoding="UTF-8"?>
<web-app>
  <servlet>
    <servlet-name>S_PicUpld</servlet-name>
    <servlet-class>chap10.FileLoadServelt</servlet-class>
```

```
  </servlet>
  <servlet-mapping>
    <servlet-name>S_PicUpld</servlet-name>
    <url-pattern>/PicUpld</url-pattern>
  </servlet-mapping>
</web-app>
```

上述程序运行时需要在工程根目录中创建 upload 目录用于保存上传的图片。

10.4　小　　结

本章介绍了 AJAX 的概念和实现过程，JSON 的概念、结构形式以及前端和服务器端 JSON 数据的操作，最后介绍了 jQuery 实现 AJAX 数据异步请求和文件异步上传。这些技术的应用能够提高 Web 运行效率，增强用户体验，读者应熟练掌握。

习题

1．AJAX 的实现过程是什么？

2．AJAX 异步请求数据发出后，客户端接收服务器端返回数据的条件是什么？

3．JSON 的结构形式有几种，各自特点是什么？

上机题

1．通过 AJAX 请求 JSP 方式计算并显示一个整数的累加和：1+2+3+…+n，即页面文本框中输入一个整数，然后异步请求 JSP，JSP 计算并返回累加和的结果，结果显示在页面中，运行如图 10-5 所示。

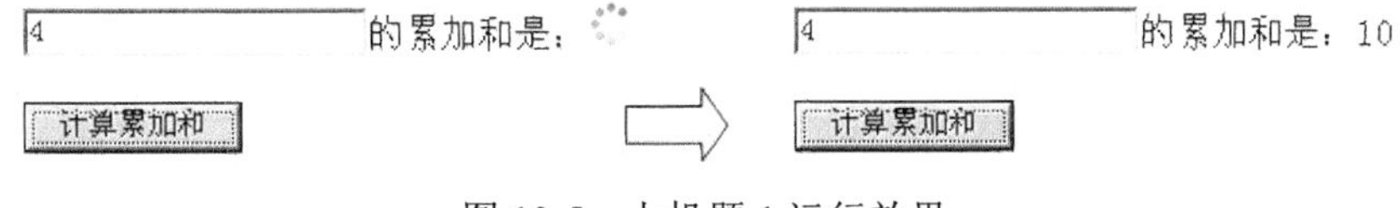

图 10-5　上机题 1 运行效果

2．通过 AJAX 请求 Servlet 从服务器端获取数据并显示，数据采用 JSON 传递，即页面中单击按钮后开始从 Servlet 获取并显示数据，Servlet 负责产生 JSON 数据，运行如图 10-6 所示。

获取JSON数据

正在获取JSON数据...

获取JSON数据

学号	姓名
j04001	姓名1
j04002	姓名2
j04003	姓名3
j04004	姓名4

图 10-6　上机题 2 运行效果

第 11 章　第三方组件应用

很多功能强大的第三方 Java 组件可以用到 JSP 中，方便进行各种开发。本章介绍 3 个常用组件：上传与下载组件 jspSmartUpload、Excel 操作组件 POI、图表绘制组件 JFreeChart。

11.1　上传与下载组件 jspSmartUpload

jspSmartUpload 是由 www.jspsmart.com 开发的一个可免费使用的、全功能的文件上传与下载组件。读者可以从 www.jspsmart.com 上下载 jspSmartUpload 组件，本书电子资料中提供了该组件，文件名是 jspSmartUpload.jar，使用时需要将该文件复制到工程的 WEB-INF\lib 目录中。

需要说明的是，jspSmartUpload 上传文件时，如果页面采用 UTF-8 编码，则提交的数据和上传的文件名接收后中文会出现乱码，为此本书电子资料中提供了改造的 jspSmartUpload，能够解决页面 UTF-8 编码时中文数据和文件名乱码的问题。

11.1.1　jspSmartUpload 相关类介绍

jspSmartUpload 组件主要包含 4 个类：File 类、Files 类、SmartUpload 类和 Request 类，使用时 JSP 文件需导入 jspSmartUpload 组件，即

```
<%@ page import="com.jspsmart.upload.*" %>
```

1. File 类

File 类封装了上传文件信息，通过它可以得到上传文件的文件名、文件大小、扩展名、文件数据等信息。其主要方法包括以下几种：

(1) boolean isMissing()：判断是否有文件上传，有文件上传则返回 false，无文件上传则返回 true。

(2) String getFieldName()：获取表单文件域 name 值。

(3) String getFileName()：获取上传文件的文件名(含扩展名，不含目录信息)。

(4) String getFileExt()：获取上传文件的扩展名。

(5) int getSize()：获取上传文件的大小(单位为字节)。

(6) void saveAs(String destFilePathName)：将上传文件换名另存，destFilePathName 是另存的文件名，例如：

```
saveAs("E:/upload/sample.zip")  //绝对路径表示
saveAs("/upload/sample.zip")    //相对路径表示
```

(7) void saveAs(String destFilePathName, int optionSaveAs)：将上传文件换名另存，

destFilePathName 是另存的文件名，optionSaveAs 是另存选项，该选项有三个值，分别如下：

2(SAVEAS_PHYSICAL)：表示按物理路径另存文件，即以 Web 服务器(如 Tomcat)所在的磁盘根目录为文件根目录另存文件。例如，Tomcat 安装在 E 盘，saveAs ("/upload/sample.zip", 2) 执行后，另存的文件名为 E:\upload\sample.zip。

1(SAVEAS_VIRTUAL)：表示按虚拟(相对)路径另存文件，即以项目根目录为文件根目录另存文件。例如，项目根目录是 webapps/myweb，saveAs("/upload/sample.zip",1) 执行后，另存的文件名为 webapps/myweb/upload/sample.zip。

0(SAVEAS_AUTO)：表示让组件决定另存路径，当项目根目录中存在另存文件的目录时，它会选择 1(SAVEAS_VIRTUAL)，否则会选择 2(SAVEAS_PHYSICAL)。例如，saveAs("/upload/ sample.zip", 0)执行时若项目根目录下存在 upload 目录，则其结果与 saveAs("/upload/ sample.zip", 1)相同，否则与 saveAs("/upload/sample.zip ", 2)相同。

需要注意的是，选项 optionSaveAs 也可以使用常量名表示，此时常量名需要通过 File 类的实例来引用，例如：

```
saveAs("/upload/sample.zip",2);
```

可以写成：

```
saveAs("/upload/sample.zip", file.SAVEAS_PHYSICAL);
```

其中，file 为 com.jspsmart.upload.File 类的实例。

说明：

(1)对于 Web 程序的开发来说，建议使用 SAVEAS_VIRTUAL，以便移植。

(2)所有指定的另存目录需先建立。

2. Files 类

Files 类为所有上传文件的集合，通过它可以得到上传文件的数目、大小等信息。其主要方法包括以下几种：

(1) int getCount()：获取上传文件的数目。

(2) File getFile(int index)：获取上传文件中指定序号的文件对象 File(注意，这里的 File 是 com.jspsmart.upload.File，不是 java.io.File，注意区分)，其中 index 值为 0～getCount()−1。

(3) long getSize()：获取上传文件的总大小(以字节计)。

(4) Collection getCollection()：将所有上传文件对象以 Collection 形式返回。

(5) Enumeration getEnumeration()：将所有上传文件对象以 Enumeration(枚举)形式返回。

3. SmartUpload 类

SmartUpload 类完成上传和下载的设置与执行工作。其主要方法包括以下几种：

(1) final void initialize(javax.servlet.jsp.PageContext pageContext)：执行上传和下载的初始化工作。

(2) void setAllowedFilesList(String allowedFilesList)：设定允许上传的文件扩展名，allowedFilesList 为允许上传的文件扩展名列表，各个扩展名之间以逗号分隔。如果上传没有扩展名的文件，可以用两个逗号表示。例如，setAllowedFilesList ("doc,txt,,") 即允许上传带 doc 和 txt 扩展名的文件以及没有扩展名的文件。

(3) void setDeniedFilesList(String deniedFilesList)：设定禁止上传的文件扩展名，deniedFilesList 为禁止上传的文件扩展名列表，各个扩展名之间以逗号分隔。

(4) void setMaxFileSize(long maxFileSize)：设定单个文件允许上传的最大长度(以字节计)，超出此长度的文件将不被上传。

(5) void setTotalMaxFileSize(long totalMaxFileSize)：设定单次允许上传的文件总长度(以字节计)。

(6) void upload()：执行上传。

(7) int save(String destPathName)：将上传文件保存到指定目录下，并返回保存的文件个数。destPathName 既可以是虚拟目录，如 save("/upload")，也可以是绝对路径，如 save("E:/upload")。

(8) int save(String destPathName, int option)：将上传文件保存到指定目录下，并返回保存的文件个数。option 为保存选项，它有三个值，分别是 2(SAVE_PHYSICAL)、1(SAVE_VIRTUAL)和 0(SAVE_AUTO)，其含义与 File 类 saveAs 方法的 option 选项相同。当 option 选项采用常量名表示时，常量名需要通过 SmartUpload 类的实例来引用，例如：

```
su.save("/upload/sample.zip", 0);
```

可以写为：

```
su.save("/upload/sample.zip", su.SAVE_AUTO);
```

其中，su 为 SmartUpload 类的实例。

(9) int getSize()：获取上传文件的总大小。

(10) Files getFiles()：获取全部上传文件，以 Files 对象形式返回。

(11) Request getRequest()：获取 jspSmartUpload 组件的 Request 对象，通过此对象获取表单参数值。

(12) void setContentDisposition(String contentDisposition)：将 contentDisposition 数据追加到 MIME 文件头的 Content-Disposition 域。如果 contentDisposition 为 null，浏览器会提示保存下载文件，而不是自动打开这个文件。若不设定 contentDisposition，浏览器将自动打开下载的文件。

(13) void downloadFile(String sourceFilePathName)：下载文件。其中，sourceFilePath Name 为要下载的文件名(含目录)，例如：

```
downloadFile("upload/work.doc");
downloadFile("E:/upload/work.doc");
```

(14) void downloadFile(String sourceFilePathName, String contentType)：下载文件。其中，sourceFilePathName 为要下载的文件名(含目录)，contentType 为 MIME 格式的文件类型信息。

(15) void downloadFile (String sourceFilePathName, String contentType, String destFileName)：下载文件。其中，sourceFilePathName 为要下载的文件名(含目录)，contentType 为 MIME 格式的文件类型信息，destFileName 为下载后的另存文件名。如果 destFileName 中包含中文，则需要对 destFileName 进行 ISO-8859-1 编码，才能支持中文名保存文件。

4. Request 类

Request 类的功能等同于 JSP 内置对象 request。之所以提供这个类，是因为对于文件上传表单，通过 JSP 内置的 request 对象无法获得表单项的值，必须通过 jspSmartUpload 组件提供的 Request 对象来获取。其主要方法包括以下几种：

(1) String getParameter (String name)：获取客户端发送给服务器的参数 name 的值。

(2) String[ ]getParameterValues (String name)：获取客户端发送给服务器的参数 name 的所有值，返回值是一维字符串数组。

(3) Enumeration getParameterNames ()：获取客户端传送给服务器的所有参数名，返回值是一个枚举对象。

11.1.2　文件上传

通过表单上传文件时要求表单的 method 方法为 POST，同时要为表单添加 enctype 属性，值为 multipart/form-data。

[例 11.1]　利用 jspSmartUpload 组件实现单文件上传，file_upload_form.html 为上传文件选择页面，file_upload_do.jsp 执行文件上传。运行效果如图 11-1 所示，上传后文件保存在 chap11\upload 目录中。

图 11-1　单文件上传

file_upload_form.html 主要代码如下：

```
<script language="javascript" >
  function bs(){
    if(document.form1.upldfile.value==''){alert("请选择上传文件！ ");
```

```
      return false}
    }
  </script>
  <body>
  jspSmartUpload实现单文件上传
  <form action="file_upload_do.jsp" onSubmit="return bs()" method="post"
  enctype="multipart/form-data" name="form1">
  选择文件：<input name="upldfile" type="file" id="upldfile" onKeyPress=
  "return false;" onKeyDown="return false;" onselectstart="return false;"
  onpaste="return false;" ><br>
  文件描述：<br>
  <textarea name="info" cols="30" rows="5" id="info"></textarea><br>
  <input type="submit" name="Submit" value="上传">
  </form>
  </body>
  </html>
```

说明：文件域 upldfile 中 onKeyPress="return false;"、onKeyDown="return false;"、onselectstart ="return false;"、onpaste="return false;"的作用是禁止在 upldfile 文件域中输入、选择和粘贴文件路径信息。

file_upload_do.jsp 代码如下：

```
<%@page language="java" contentType="text/html; charset=UTF-8" page-
Encoding="UTF-8"%>
<%@page import="com.jspsmart.upload.*" %>
<!DOCTYPE html PUBLIC "-//W3C//DTD HTML 4.01 Transitional//EN" "http://
www.w3.org/TR/html4/loose.dtd">
<html>
<head>
<meta http-equiv="Content-Type" content="text/html; charset=UTF-8">
<title>Insert title here</title>
</head>
<body>
<%
    try{
        SmartUpload su=newSmartUpload(); //新建SmartUpload对象
        su.initialize(pageContext); //上传初始化
        su.setMaxFileSize(1000000); //限制每个上传文件的最大长度
        su.setTotalMaxFileSize(4000000); //限制总上传数据的长度
        su.setAllowedFilesList("doc,txt,jpg"); //设定允许上传的文件扩展名
        su.upload(); //上传文件
        su.save("/upload/"); //将上传文件保存到当前项目根目录下的upload目录中
        //或：su.save("upload");
        //或：su.save("upload", su.SAVE_AUTO);
```

```
            //判断是否有上传文件
            com.jspsmart.upload.File file=su.getFiles().getFile(0);
            if(!file.isMissing()){
%>
文件上传成功<br>
文件名：<%= file.getFileName() %><br>
扩展名：<%= file.getFileExt() %><br>
文件大小：<%= file.getSize() %> Bytes<br>
文件描述：<%= su.getRequest().getParameter("info") %>
<%
            }
        }
        catch(Exception e){
            out.print("<font color='#FF0000'>文件不符合上传要求，上传失败！
            </font>");
        }
%>
</body>
</html>
```

[例 11.2]　利用 jspSmartUpload 实现多文件上传，multifilesupload_form.jsp 为多上传文件选择页面，multifilesupload_do.jsp 执行文件上传，文件上传后以“上传时间(年月日时分秒毫秒)_上传序号”为文件名重新命名保存，运行效果如图 11-2 所示。

图 11-2　多文件上传

multifilesupload_form.jsp 主要代码如下：

```
<script language="JavaScript" type="text/javascript">
    var rnum=1;  //表格行计数
    //定义函数实现在 id 为 tid 的表格最后一行前添加新行
    function addRow(tid){
```

```
            var oT=document.getElementById(tid); //获取 tid 对应表格
            var newTR=oT.insertRow(oT.rows.length-1); //在最后一行之前添加新行
            newTR.id=tid+rnum; //设置新行 newTR 的 id 值
            var newTD0=newTR.insertCell(-1); //为新行 newTR 创建第 1 列单元格
            newTD0
            newTD0.innerHTML="<input name=\"file"+rnum+"\" type=\"file\">
            <a href=\"javascript:deleteRow(\'"+tid+"\',"+rnum+");\">删除</a>";
            rnum++;
            if(oT.rows.length>2) //显示上传按钮
            document.getElementById('btn').style.display='block';
        }
        //定义函数删除表格指定行
        function deleteRow(tid,n){
            var oT=document.getElementById(tid); //获取 tid 对应表格
            oT.deleteRow(document.getElementById(tid+n).rowIndex);
                                                    //删除 tid 中的 tid+n 对应行
            if(oT.rows.length<3) //不显示上传按钮
            document.getElementById('btn').style.display='none';
        }
    </script>
    <body>
    <form name="form1" method="post" action="multifilesupload_do.jsp"
    enctype="multipart/form-data">
    <table width="400" id="oTable">
      <tr>
        <td><a href="javascript:addRow('oTable')">添加附件</a></td>
      </tr>
      <tr id="btn" style="display:none">
        <td><input type="submit" name="Submit" value="上传"></td>
      </tr>
    </table>
    </form>
    </body>
    </html>
```

multifilesupload_do.jsp 执行文件上传，主要代码如下：

```
    <%@page language="java" contentType="text/html; charset=UTF-8"
       pageEncoding="UTF-8"%>
    <%@page import="com.jspsmart.upload.*" %>
    …
    <body>
    <table width="100%" border="1">
    <%
```

```
    SmartUpload su=new SmartUpload();  //新建 SmartUpload 对象
    su.initialize(pageContext);  //上传初始化
    su.upload();  //上传文件
    com.jspsmart.upload.Files files=su.getFiles();
    int file_nums=0;  //上传的文件个数
%>
共上传<span id="filenums"></span> 个文件
  <tr>
    <td>序号</td>
    <td>原文件名</td>
    <td>保存文件名</td>
    <td>文件大小</td>
  </tr>
<%
    for(int i=0;i<files.getCount();i++){  //遍历上传的表单域
        com.jspsmart.upload.File file=files.getFile(i);
                                                    //依次获取上传的文件
        if(!file.isMissing()){
            file_nums++;
            //按“yyyyMMddHHmmssms”格式获取当前时间
            java.text.SimpleDateFormat dateFormatter=new java.text.
            SimpleDateFormat("yyyyMMddHHmmssms");
            String sNowTime=dateFormatter.format(new java.util.Date());
            //定义新文件名
            String newname=sNowTime+"_"+String.valueOf(file_nums)+".
            "+file.getFileExt();
            //用新文件名保存文件
            file.saveAs("/upload/"+newname);
%>
  <tr>
    <td><%= file_nums %></td>
    <td><%= file.getFileName() %></td>
    <td><%= newname %></td>
    <td><%= file.getSize() %> Bytes</td>
  </tr>
<%
        }
    }
%>
</table>
<script language="JavaScript" type="text/javascript">
    //显示上传的文件数量
    document.getElementById("filenums").innerHTML="<%= file_nums %>";
</script>
</body>
</html>
```

11.1.3　文件下载

下面通过例子介绍文件下载的实现方法。

[例 11.3]　通过 jspSmartUpload 实现文件下载，file_download.html 为下载链接页面，单击“下载文件”按钮运行 file_download_do.jsp 执行文件下载，效果如图 11-3 所示。

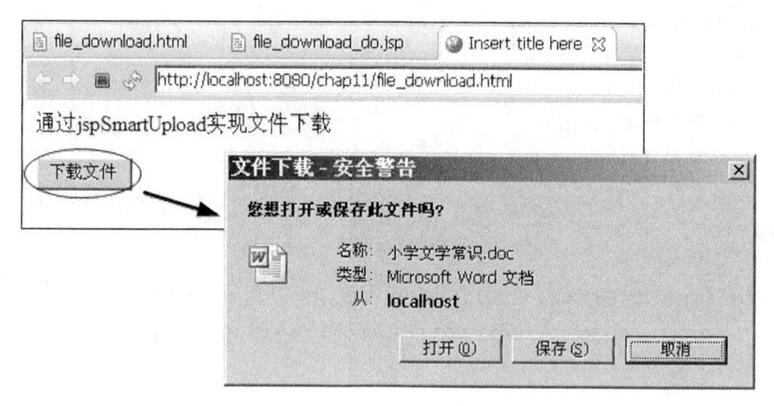

图 11-3　文件下载

file_download.html 主要代码如下：

```
<body>
通过 jspSmartUpload 实现文件下载
<p><input type="button" name="btn" value="下载文件" onClick="window.
location='file_download_do.jsp'">
</body>
</html>
```

file_download_do.jsp 代码如下：

```
<%@ page import="com.jspsmart.upload.*" %><%@ page language="java"
contentType="text/html; charset=UTF-8" pageEncoding="UTF-8"%><%
    SmartUpload su=new SmartUpload();//新建 SmartUpload 对象
    su.initialize(pageContext);//初始化 SmartUpload
    su.setContentDisposition(null);
                    //设定 null 以提示文件下载保存，否则浏览器将自动打开文件
    String FileUrl="xxywcshi.doc"; //被下载文件的 URL
    String SaveFileName="小学文学常识.doc"; //另存的文件名
    SaveFileName=new String(SaveFileName.getBytes("gbk"),"ISO-8859-1");
    //对文件名进行 ISO-8859-1 编码，使中文名不产生乱码
    su.downloadFile(FileUrl,"Content-Disposition",SaveFileName);
%>
```

说明：

(1) file_download_do.jsp 中有时需要标记 %>和<% 紧挨着，不能有空格，也不能有换行，并且<%　%>之外也不能有空格和换行，否则有时无法执行下载。

(2) 如果另存的文件名中包含中文，需进行 ISO-8859-1 编码，否则中文会出现乱码。

11.2　Excel 操作组件 POI

Excel 是广泛使用的数据处理工具，Web 系统很多场合要求提供基于 Excel 的数据导入和导出功能，从而方便数据处理。

POI 是 Jakarta Apache 的子项目，目标是处理 OLE2 对象，它供给了一套用于访问微软 Office 文档的 Java API，用于解析 Word、Excel、PPT 等文档，常用接口包括 HSSF 和 XSSF，它们分别操作 xls 和 xlsx 格式的 Excel。

HSSF 和 XSSF 提供两类 API：usermodel 和 eventusermodel，即“用户模型”和“事件-用户模型”。前者能够将 Excel 文件映射成我们熟悉的构造，如 Workbook、Sheet、Row、Cell 等。本书介绍基于 usermodel 的 Excel 操作。

读者可以从 http://poi.apache.org 获取 POI，本书采用 POI 3.14，其包含如下 4 种类库：poi-3.14-20160307.jar、poi-ooxml-3.14-20160307.jar、poi-ooxml-schemas-3.14-20160307.jar、xmlbeans-2.6.0.jar。

需要注意的是，如果通过 POI 3.14 在 Excel 中操作图像，还需要 commons-codec 类库支持，本书电子资料提供了 commons-codec-1.8.jar。

使用时需要将上述类库文件复制到工程的 WEB-INF\lib 目录中。

11.2.1　读取 xlsx 格式 Excel 文件

读取 Excel 文件时，首先创建一个指向 Excel 文件的输入流 InputStream，然后在此输入流上创建一个 XSSFWorkbook 或 HSSFWorkbook 实例，分别用来读取 xlsx 或 xls 文件，然后通过工作表读取单元格数据。

[例 11.4]　read_xlsx.jsp 利用 POI 读取 excel_data.xlsx 中的数据并显示。

read_xlsx.jsp 代码为：

```
<%@page import="java.io.*" %>
<%@page import="org.apache.poi.ss.usermodel.*" %>
<%@page import="org.apache.poi.xssf.usermodel.*" %>
<%@page language="java" contentType="text/html; charset=UTF-8" page-
Encoding="UTF-8"%>
<!DOCTYPE html PUBLIC "-//W3C//DTD HTML 4.01 Transitional//EN" "http:
//www.w3.org/TR/html4/loose.dtd">
<html>
<head>
<meta http-equiv="Content-Type" content="text/html; charset=UTF-8">
<title>读取 xlsx 格式 Excel 文件</title>
</head>
<%!
    //定义函数读取单元格各种类型数据
```

```
        public String getStringFromCell(XSSFCell mycell){
            String cellvalues;
            if(mycell==null) cellvalues="";
            else{
                mycell.setCellType(Cell.CELL_TYPE_STRING);
                                         //设置单元格类型为String类型，也可其他类型
                cellvalues=mycell.getStringCellValue(); //以String类型读取
            }
            return cellvalues;
        }
    %>
    <%
        String fileUrl="excel_data.xlsx"; //Excel文件的相对路径
        String filePath=application.getRealPath(fileUrl); //获取绝对路径
        InputStream myxls=new FileInputStream(filePath);
                                                    //创建指向Excel文件的输入流
        XSSFWorkbook wb=new XSSFWorkbook(myxls);
                                            //创建指向myxls输入流的XSSFWorkbook
        XSSFSheet sheet=wb.getSheetAt(0); //获取第一个工作表
        XSSFRow row=null;
        XSSFCell cell=null;
    %>
    <body>
    读取xlsx格式Excel文件
    <table width="100%" border="1" cellspacing="0" cellpadding="0">
      <%
        //获取数据区域的有效列范围
        int minCellNums=-1,maxCellNums=-1;
        row=(XSSFRow)sheet.getRow(sheet.getFirstRowNum()); //数据的第一行
        if(row!=null){
            minCellNums=row.getFirstCellNum();
            maxCellNums=row.getLastCellNum();
        }
        for(int i=sheet.getFirstRowNum()+1;i<=sheet.getLastRowNum();i++){
            row=sheet.getRow(i);
            if(row!=null){
                if(row.getFirstCellNum()<minCellNums)
                    minCellNums=row.getFirstCellNum();
                if(row.getLastCellNum()>maxCellNums)
                    maxCellNums=row.getLastCellNum();
            }
        }
        //读取并输出Excel数据
```

```
        for(int i=sheet.getFirstRowNum();i<=sheet.getLastRowNum();i++)
                                                                //Excel 数据行
        if((row=sheet.getRow(i))!=null){
    %>
    <tr>
    <%
        for(int j=minCellNums;j<maxCellNums;j++){ //遍历一行中的单元格
    %>
        <td> <%= getStringFromCell(row.getCell(j)) %></td>
    <% } %>
    </tr>
    <% } %>
  </table>
  <%
      if(myxls!=null)myxls.close();
      if(wb!=null)wb.close();
  %>
  </body>
  </html>
```

读取 xls 文件的方法与 xlsx 相似，只需将相应的 XSSF 对象换成 HSSF 即可，读者可以参见电子资料相应程序。

11.2.2　写入 xls 格式 Excel 文件

下面通过例子介绍写入 xls 格式 Excel 数据的方法。

[例 11.5]　write_xls.jsp 利用 POI 向 excel_write.xls 写入数据，写入后的 excel_write.xls 内容如图 11-4 所示。

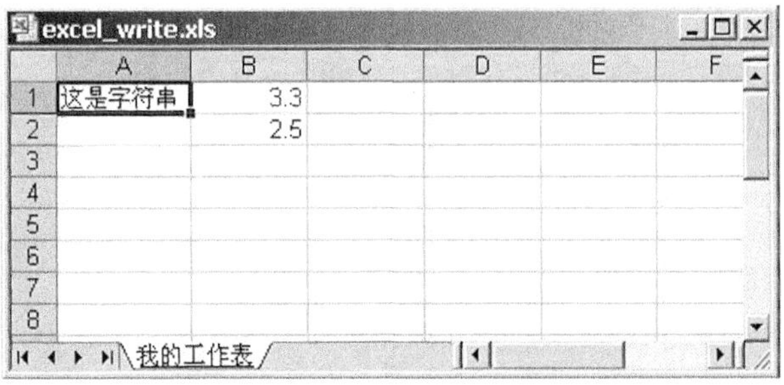

图 11-4　POI 写入 Excel 数据

write_xls.jsp 代码如下：

```
<%@page import="java.io.*" %>
<%@page import="org.apache.poi.hssf.usermodel.*" %>
<%@page language="java" contentType="text/html; charset=UTF-8"
pageEncoding="UTF-8"%>
```

```
<!DOCTYPE html PUBLIC "-//W3C//DTD HTML 4.01 Transitional//EN"
"http://www.w3.org/TR/html4/loose.dtd">
<html>
<head>
<meta http-equiv="Content-Type" content="text/html; charset=UTF-8">
<title>写入 xls 格式 Excel 数据</title>
</head>
<body>
<%
    HSSFWorkbook workbook=new HSSFWorkbook();  //创建工作簿
    HSSFSheet sheet=workbook.createSheet("我的工作表");
                                            //创建名为"我的工作表"的工作表
    HSSFRow row=sheet.createRow(0);  //创建第 1 行(行索引为 0)
    HSSFCell cell=row.createCell(0);  //创建第 1 行第 1 列(列索引为 0)单元格
    //cell.setEncoding(HSSFCell.ENCODING_UTF_16);  //设置文本型单元格
    cell.setCellValue("这是字符串");  //写入内容
    cell=row.createCell(1);  //创建第 1 行第 2 列(列索引为 1)单元格
    cell.setCellType(HSSFCell.CELL_TYPE_NUMERIC);  //设置为数字型单元格
    cell.setCellValue(3.3);  //写入内容
    row=sheet.createRow(1);  //创建第 2 行
    row.createCell(1).setCellValue(2.5);  //创建第 2 行第 2 列单元格并写入内容
    //要写入的 Excel 路径
    String fileUrl="excel_write.xls"; //写入数据的 Excel 文件相对路径
    String filePath=application.getRealPath(fileUrl); //获取绝对路径
    out.print("写入的 Excel 路径为: "+filePath+"<br>");
    FileOutputStream fOut=null;
    try{
        fOut=new FileOutputStream(filePath);  //新建文件输出流
        workbook.write(fOut);  //输出工作簿数据
        fOut.flush();  //输出缓存
        out.print(filePath+"写入 Excel 数据成功! ");
    }
    catch(IOException e){
        out.print("写入 Excel 数据出错: "+e.toString());
    }
    finally{
        if(fOut!=null)
        fOut.close();  //操作结束，关闭文件输出流
        if(workbook!=null)
        workbook.close();  //操作结束，关闭文件输出流
    }
```

```
%>
</body>
</html>
```

写入 xlsx 数据的方法与写入 xls 相似，只需将相应的 HSSF 对象换成 XSSF 即可，读者可以参见电子资料相应程序。

11.2.3 设置 Excel 数据样式

输出 Excel 数据通常需要设置单元格样式，如对齐方式、线型、字体、行高、列宽等，POI 可以全程进行这些样式设置，下面以 HSSF 对象为例介绍设置方法。

1. 设置单元格样式

1) 创建样式对象 HSSFCellStyle

POI 通过 HSSFCellStyle 对象完成单元格样式的设置，因此要先创建 HSSFCellStyle，例如：

```
HSSFWorkbook workbook=new HSSFWorkbook();  //创建工作簿
HSSFCellStyle cellStyle=workbook.createCellStyle();  //创建样式对象
```

2) 定义单元格样式

(1) 设置对齐方式。对齐方式包括水平对齐和垂直对齐，通过调用 HSSFCellStyle 对象的 setAlignment() 和 setVerticalAlignment() 进行设置，方法如下：

```
cellStyle.setAlignment(short align);  //设置水平对齐方式
cellStyle.setVerticalAlignment(short valign);  //设置垂直对齐方式
```

单元格常用对齐方式定义见表 11-1。

表 11-1　单元格常用对齐方式定义

水平对齐方式	对应值	含义	垂直对齐方式	对应值	含义
ALIGN_LEFT	1	居左	VERTICAL_TOP	0	靠上
ALIGN_CENTER	2	居中	VERTICAL_CENTER	1	居中
ALIGN_RIGHT	3	居右	VERTICAL_BOTTOM	2	靠下

例如，设置单元格水平居中和垂直居中，如下：

```
cellStyle.setAlignment(HSSFCellStyle.ALIGN_CENTER);  //设置水平居中
cellStyle.setVerticalAlignment((short)1);  //设置垂直居中
```

(2) 设置边框线型。单元格包括上、下、左、右 4 个边框，设置方法如下：

```
cellStyle.setBorderBottom(short borderType);  //设置底边框线型
cellStyle.setBorderLeft(short borderType);  //设置左边框线型
cellStyle.setBorderRight(short borderType);  //设置右边框线型
```

```
cellStyle.setBorderTop(short borderType);  //设置上边框线型
```

单元格常用边框线型定义见表 11-2。

表 11-2 单元格常用边框线型定义

线型	对应值	含义	线型	对应值	含义
BORDER_NONE	0	无边框	BORDER_HAIR	4	点线
BORDER_THIN	1	细线	BORDER_THICK	5	粗线
BORDER_MEDIUM	2	中等粗细	BORDER_DOUBLE	6	双线
BORDER_DASHED	3	虚线	BORDER_DOTTED	7	点画线

(3)设置字体样式。字体样式包括字体类型、颜色、字号、加粗、斜体、下划线等，例如：

```
HSSFFont font=workbook.createFont();  //创建 HSSFFont 对象
font.setFontName("宋体");  //设置字体类型
font.setFontHeightInPoints((short)24);  //设置字体大小
font.setBoldweight((short)700);  //设置字体粗细
font.setUnderline((byte)300);  //设置下划线宽度，0 表示无下划线
font.setItalic(true);  //设置斜体，false 设置非斜体
font.setColor(HSSFColor.RED.index); //用字体颜色
HSSFCellStyle cellStyle=(HSSFCellStyle) wb.createCellStyle();
                                                    //创建样式对象
cellStyle.setFont(font);  //应用字体样式
```

(4)设置单元格背景色。单元格背景色通过设置填充样式和填充颜色完成，例如：

```
HSSFCellStyle cellStyle=workbook.createCellStyle();  //创建样式对象
cellStyle.setFillPattern(CellStyle.SOLID_FOREGROUND);  //设置填充样式
cellStyle.setFillForegroundColor(HSSFColor.RED.index);  //设置前景填充颜色
HSSFRow row=sheet.createRow(0);  //创建第 1 行
HSSFCell cell=row.createCell(0);  //创建第 1 行中的第 1 列单元格
cell.setCellStyle(cellStyle);  //单元格应用样式
```

2. 设置行背景色

行背景色也是通过设置填充样式和填充颜色完成的，例如：

```
HSSFCellStyle cellStyle=workbook.createCellStyle();  //创建样式对象
cellStyle.setFillPattern(CellStyle.SOLID_FOREGROUND);  //设置填充样式
cellStyle.setFillForegroundColor(HSSFColor.RED.index);  //设置前景填充颜色
HSSFRow row=sheet.createRow(0);  //创建第 1 行
row.setRowStyle(cellStyle);  //应用样式
```

3. 设置行高

行高通过 HSSFRow 对象的 setHeight(short rowHight)方法设置，例如：

```
HSSFWorkbook workbook=new HSSFWorkbook(); //创建工作簿
HSSFSheet sheet=workbook.createSheet("我的工作表"); //创建工作表
HSSFRow row=sheet.createRow(1); //创建第 2 行
row.setHeight((short)750); //设置行高
```

4. 设置列宽

列宽通过 HSSFSheet 对象的 setColumnWidth(short colIndex, short colWidth)方法设置，例如：

```
HSSFWorkbook workbook=new HSSFWorkbook(); //创建工作簿
HSSFSheet sheet=workbook.createSheet("我的工作表"); //创建工作表
sheet.setColumnWidth(0, 50*8*10); //设置第 1 列的列宽
```

5. 合并单元格

单元格合并通过 CellRangeAddress 对象完成，其构造方法如下：

```
public CellRangeAddress(int firstRow, int lastRow, int firstCol, int lastCol)
```

以下代码合并第 6 行第 1 列到第 11 行第 3 列的单元格(注意行列序号从 0 开始)：

```
opHSSFWorkbook workbook=new HSSFWorkbook(); //创建工作簿
HSSFSheet sheet=workbook.createSheet("我的工作表"); //创建工作表
CellRangeAddress region=new CellRangeAddress(5, 10, 0, 2);
sheet.addMergedRegion(region);
```

说明：

(1)合并后的单元格内容为左上角单元格内容，其他单元格的内容被忽略。

(2)CellRangeAddress 在 org.apache.poi.ss.util 包中，程序中需要导入该包。

6. 插入分页符

插入分页符通过 HSSFSheet 对象的 setRowBreak(int rowNum)方法设置，例如：

```
HSSFSheet sheet=…;
sheet.setRowBreak(4); //在第 5 行后插入分页符，即第 6 行打印在下一页中
```

7. 插入图像

图像的插入通过 HSSFPatriarch 对象和 HSSFClientAnchor 对象共同完成。

HSSFClientAnchor 对象用于设定图像位置，其原型如下：

```
public HSSFClientAnchor(int dx1, int dy1, int dx2, int dy2, short col1,
```

```
int row1, short col2, int row2)
```

(1) col1(开始列)、row1(开始行)、col2(结束列)、row2(结束行)为图像位于单元格的行列序号。

(2) dx1、dy1、dx2、dy2 为图片相对于 col1、row1、col2、row2 行列的偏移量，dx1 和 dx2 值为 0～1023，dy1 和 dy2 值为 0～255。

各参数含义如图 11-5 所示。

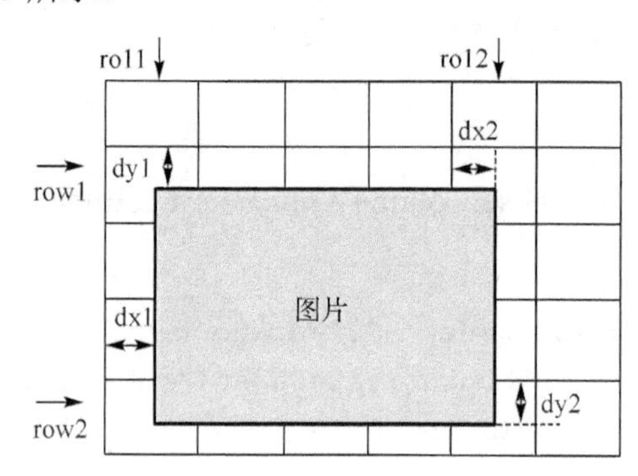

图 11-5 HSSFClientAnchor 参数示意图

HSSFPatriarch 对象执行图像插入，原型如下：

```
public HSSFPicture createPicture(HSSFClientAnchor anchor, int
pictureIndex)
```

参数 pictureIndex 为图像序号，它通过 HSSFWorkbook 对象的 addPicture 方法获取，该方法原型为：

```
public int addPicture(byte pictureData[], int format)
```

参数 pictureData 为被绘图像数据，format 为被绘图像格式类型，其定义见表 11-3。

表 11-3 addPicture 绘图格式类型

绘图格式类型	对应值	绘图格式类型	对应值
PICTURE_TYPE_EMF	2	PICTURE_TYPE_JPEG	5
PICTURE_TYPE_WMF	3	PICTURE_TYPE_PNG	6
PICTURE_TYPE_PICT	4	PICTURE_TYPE_DIB	7

以下代码将“桂林山水.jpg”图像输出在列序号 5(即 F 列)、行序号 6(即第 7 行)的单元格中。

```
HSSFWorkbook workbook=new HSSFWorkbook(); //创建工作簿
HSSFSheet sheet=workbook.createSheet("我的工作表"); //创建工作表
HSSFPatriarch patriarch=sheet.createDrawingPatriarch();
                              //创建绘图对象 HSSFPatriarch
HSSFClientAnchor anchor1=new HSSFClientAnchor(0,0,0,0,(short)5,6,
(short)6,7); //定义绘图位置
```

```
//获取输出图像的字节流
FileInputStream stream=new FileInputStream("E:/aaaa/桂林山水.jpg");
byte[] bytes=new byte[(int)stream.getChannel().size()];
stream.read(bytes);
//输出图像
patriarch.createPicture(anchor1, workbook.addPicture(bytes, workbook.
PICTURE_TYPE_JPEG));
```

8. 打印页码

打印页码通过 HSSFFooter 对象完成，该对象常用方法见表 11-4。

表 11-4　HSSFFooter 常用方法

方法名	含义	方法名	含义
String page()	获取当前页码	void setCenter(String)	居中打印页脚
String numPages()	获取总页码	void setRight(String)	居右打印页脚
void setLeft(String)	居左打印页脚		

以下代码在页脚处居中打印页码信息：

```
HSSFWorkbook workbook=new HSSFWorkbook();  //创建工作簿
HSSFSheet sheet=workbook.createSheet("我的工作表");  //创建工作表
HSSFFooter footer=sheet.getFooter();  //创建 HSSFFooter 对象
footer.setCenter("第 "+HSSFFooter.page()+" 页，共 "+HSSFFooter.
numPages()+" 页");  //居中打印页码信息
```

9. 页面设置

页面打印设置包括纸张大小、打印方向、页边距、居中方式等。

1) 设置纸张大小、打印方向

纸张大小、打印方向通过 HSSFPrintSetup 对象进行设置。

以下代码实现 A4、纵向打印设置。

```
HSSFWorkbook workbook=new HSSFWorkbook();  //创建工作簿
HSSFSheet sheet=workbook.createSheet("我的工作表");  //创建工作表
HSSFPrintSetup printsetup=sheet.getPrintSetup();
printsetup.setLandscape(false);  //设置打印方向，true 为横向，false 为纵向
printsetup.setPaperSize((short)9);
                                //设置 A4 纸张，或写为 printsetup. A4_PAPERSIZE
```

常用纸张大小定义见表 11-5。

表 11-5　常用纸张大小定义

纸张大小	对应值	纸张大小	对应值
LETTER_PAPERSIZE	1	EXECUTIVE_PAPERSIZE	7
LEGAL_PAPERSIZE	5	A4_PAPERSIZE	9
		A5_PAPERSIZE	11

续表

纸张大小	对应值	纸张大小	对应值
ENVELOPE_10_PAPERSIZE	20	ENVELOPE_MONARCH_PAPERSIZE	37
ENVELOPE_CS_PAPERSIZE	28	ENVELOPE_DL_PAPERSIZE	27

2) 设置页边距和居中方式

页边距通过 HSSFSheet 对象的 setMargin 方法设置，其原型定义如下：

```
public void setMargin(short margin, double size)
```

参数 margin 为页边距类型，包括左边距 LeftMargin、右边距 RightMargin、上边距 TopMargin、下边距 BottomMargin，size 为页边距大小。

水平居中和垂直居中分别通过 HSSFSheet 对象的 setHorizontallyCenter(boolean) 方法与 setVerticallyCenter(boolean) 方法进行设置。

以下代码实现页边距和居中方式的设置。

```
HSSFWorkbook workbook=new HSSFWorkbook();  //创建工作簿
HSSFSheet sheet=workbook.createSheet("我的工作表");  //创建工作表
sheet.setMargin(sheet.LeftMargin, (double)0.5);  //设置左边距
sheet.setMargin(sheet.RightMargin, (double)0.5);  //设置右边距
sheet.setMargin(sheet.TopMargin, (double)0.7);  //设置上边距
sheet.setMargin(sheet.BottomMargin, (double)0.3);  //设置下边距
sheet.setHorizontallyCenter(true);  //设置水平居中
sheet.setVerticallyCenter(true);  //设置垂直居中
```

[例 11.6]　write_style_xls.jsp 利用 POI 向 write_excel_style.xls 写入数据和插入图像，写入的 write_excel_style.xls 内容及其打印预览效果如图 11-6 所示。

图 11-6　设置 Excel 数据样式及其打印预览效果

write_style_xls.jsp 代码如下：

```
<%@page import="org.apache.poi.hssf.util.HSSFColor"%>
<%@page import="org.apache.poi.ss.util.CellRangeAddress"%>
<%@page import="java.io.*" %>
<%@page import="org.apache.poi.hssf.usermodel.*" %>
<%@page import="org.apache.poi.ss.usermodel.*" %>
<%@page language="java" contentType="text/html; charset=UTF-8" page-
Encoding="UTF-8"%>
<!DOCTYPE html PUBLIC "-//W3C//DTD HTML 4.01 Transitional//EN" "http:
//www.w3.org/TR/html4/loose.dtd">
<html>
<head>
<meta http-equiv="Content-Type" content="text/html; charset=UTF-8">
<title>Insert title here</title>
</head>
<%
    HSSFWorkbook workbook=new HSSFWorkbook();
    HSSFSheet sheet=workbook.createSheet("我的工作表");
    sheet.setColumnWidth(1,(100*8*9));  //设置第 1 列列宽
    HSSFCellStyle cellStyle=workbook.createCellStyle();  //创建样式对象
    cellStyle.setWrapText(true);  //设置单元格换行输出
    //设置背景色
    cellStyle.setFillPattern(CellStyle.SOLID_FOREGROUND);
    cellStyle.setFillForegroundColor(HSSFColor.RED.index);
    //设置单元格对齐方式
    cellStyle.setAlignment(HSSFCellStyle.ALIGN_CENTER);
                                                    //设置水平对齐方式
    cellStyle.setVerticalAlignment((short)1);  //设置垂直对齐方式
    //设置单元格边框类型
    cellStyle.setBorderBottom(HSSFCellStyle.BORDER_THIN);  //底边框线型
    //合并第 1～2 行、第 1～3 列单元格，参数含义：合并的首行、末行、首列、末列，工作表
    的行列号从 0 开始编号
    //CellRangeAddress(int firstRow, int lastRow, int firstCol, int
    lastCol)
    CellRangeAddress region=new CellRangeAddress(0,1,0,2);
    sheet.addMergedRegion(region);
    //输出单元格
    HSSFRow row=sheet.createRow(0);  //创建第 1 行
    HSSFCell cell=row.createCell(0);  //创建第 1 行中的第 1 列单元格
    cell.setCellValue("这是图片");
    //设置字体样式
    HSSFFont font=workbook.createFont();  //创建 HSSFFont 对象
    font.setFontName("楷体_GB2312");  //设置字体类型
    font.setFontHeightInPoints((short)13);  //设置字体大小
    font.setUnderline((byte)300);  //设置下划线宽度，0 表示无下划线
    cellStyle.setFont(font);  //应用字体样式
```

```
//单元格应用样式
cell.setCellStyle(cellStyle);
//设置打印页码
HSSFFooter footer=sheet.getFooter();
footer.setCenter("第 "+HSSFFooter.page()+" 页，共 "+HSSFFooter.
numPages()+" 页");
//插入图像
HSSFPatriarch patriarch=sheet.createDrawingPatriarch();
HSSFClientAnchor anchor1=new HSSFClientAnchor(0,0,0,0,(short)1,2,
(short)2,3);  //创建输出图像的单元格位置：列序号 1(第 2 列)、行序号 2(第 3 行)
row=sheet.createRow(2);  //创建第 3 行
cell=row.createCell(1);  //创建第 2 行中的第 2 列单元格
row.setHeight((short)3000);  //设置行高
String picUrl="桂林山水.jpg"; //图片的相对路径
String picPath=application.getRealPath(picUrl); //获取绝对路径
//读取图片到二进制数组
FileInputStream stream=new FileInputStream(picPath);
byte[] bytes=new byte[(int)stream.getChannel().size()];
stream.read(bytes);
patriarch.createPicture(anchor1,workbook.addPicture(bytes,HSSFWo
rkbook.PICTURE_TYPE_JPEG));  //输出图像
//设置纸张大小和打印方向
HSSFPrintSetup printsetup=sheet.getPrintSetup();
printsetup.setLandscape(false);  //设置横向打印
printsetup.setPaperSize((short)9);  //设置 A4 纸张
//设置页边距和居中方式
sheet.setMargin(HSSFSheet.LeftMargin,(double)0.5);  //设置左边距
sheet.setMargin(HSSFSheet.RightMargin,(double)0.5);  //设置右边距
sheet.setHorizontallyCenter(true);  //设置水平居中
//输出 Excel 文件
String fileUrl="write_excel_style.xls"; //写入数据的 Excel 文件相对路径
String filePath=application.getRealPath(fileUrl); //获取绝对路径
FileOutputStream fOut=null;
try{
    fOut=new FileOutputStream(filePath);
    workbook.write(fOut);
    fOut.flush();
    out.print(filePath+"写入 Excel 数据成功！");
}
catch(IOException e){
    out.print("写入 Excel 数据出错："+e.toString());
}
finally{
    if(fOut!=null) fOut.close();
    if(workbook!=null) workbook.close();
    if(stream!=null) stream.close();
```

```
    }
%>
</body>
</html>
```

11.2.4　Excel 导入数据库

Excel 数据导入数据库是 Web 系统的常用功能，其实现过程包括两方面：一是将 Excel 文件上传至服务器；二是读取上传的 Excel 文件数据并写入数据库。

[例 11.7]　将 Excel 学生数据导入至 chap11DB 数据库的 stu 表中，stu 表结构如表 11-6 所示，数据导入规则如下：

(1) 可导入的 Excel 数据包括学号、姓名和电话。

(2) Excel 数据必须包含“学号”和“姓名”列，且学号不能为空。

(3) 导入的学生如果 stu 表已存在(以学号判断)，则用 Excel 数据修改原数据，否则新增学生。

(4) 支持 xls 和 xlsx 两种格式的 Excel 导入。

表 11-6　stu 表结构

列名	数据类型	含义	约束	是否允许空	默认值
id	int，自动编号	记录编号	主键	N	
xh	varchar(7)	学号	unique	N	
xm	varchar(20)	姓名		N	
tel	varchar(15)	电话		Y	空字符串

本例实现程序包括：学生信息显示页面 stu_info.jsp，导入文件选择页面 stu_upload.jsp，文件上传页面 stu_upload_do.jsp，数据库操作 DbConn.java，Excel 文件上传和数据导入 ReadExcelToDB.java，导入失败数据下载页面 stu_failed_download.jsp。

待导入的 Excel 数据如图 11-7 所示。运行 stu_info.jsp，单击“导入学生”超链接进入文件选择页面 stu_upload.jsp，选择待导入的 Excel 文件后单击“导入”按钮即执行数据导入，并给出导入结果信息，如图 11-8 所示。

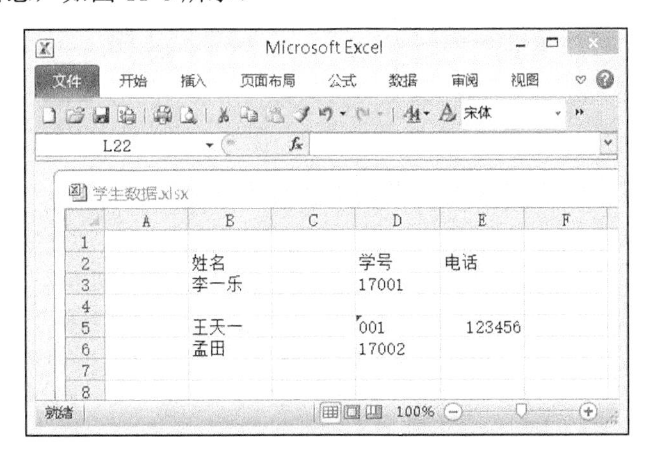

图 11-7　导入的学生 Excel 数据

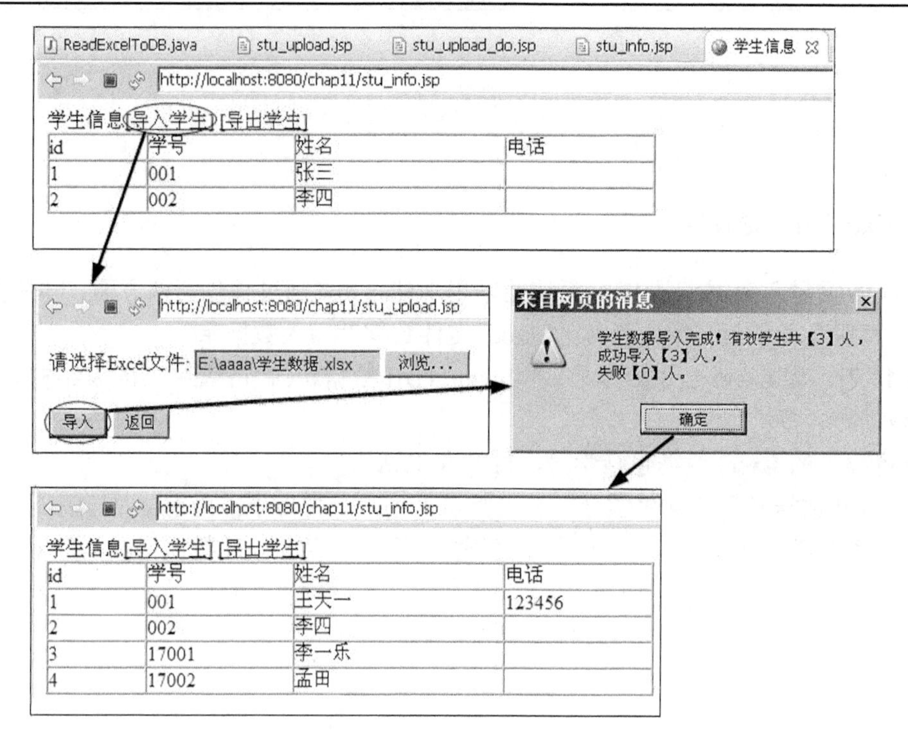

图 11-8　数据导入过程

运行说明：

(1) 导入的数据需在 Excel 的第一个工作表中(即最左边的工作表)。

(2) 当有数据导入失败时(如数据超出字段定义宽度、数据中包含单引号等)，stu_info.jsp 中会有“导入失败名单下载”链接，单击此链接可下载导入失败的学生数据。

ReadExcelToDB.java 定义 Excel 文件上传和数据导入功能，部分代码如下：

```
package chap11;
…省略 import 语句
public class ReadExcelToDB{
    private String FilePath=""; //文件上传保存的绝对路径(含文件名)
    private HttpSession session=null;
    //定义文件上传方法，上传成功返回 true，失败返回 false
    public boolean uploadfile(javax.servlet.jsp.PageContext pageContext,
    HttpServletRequest request){
        session=request.getSession();
        try{
            SmartUpload su=new SmartUpload();  //新建一个 SmartUpload 对象
            su.initialize(pageContext);  //上传初始化
            su.setMaxFileSize(100000000);  //限制每个上传文件的最大长度
            su.setTotalMaxFileSize(100000000); //限制总上传数据的长度
            su.setAllowedFilesList("xls,xlsx");  //设定允许上传 Excel 文件
            su.upload();  //上传文件
            com.jspsmart.upload.File file=su.getFiles().getFile(0);
```

```
                                                                    //获取上传文件
        if(!file.isMissing()){ //如果上传成功
            String FileURL="/upload/"+file.getFileName();
                                                                    //生成相对路径
            session.setAttribute("upld_FileName", file.getFile-
            Name()); //在 session 中保存文件名，供下载导入失败学生用
            file.saveAs(FileURL); //保存文件
            FilePath=pageContext.getServletContext().getRealPath
            (FileURL); //获取绝对路径
            return true;
        }
        else return false;
    }
    catch(Exception e){
        System.out.println("导入时上传失败:"+e.toString());
        return false;
    }
}
public int[] readExcelToDB(){
    int[] result={0,-1}; //result[0]为已导入学生数; result[1]为
    待导入总学生数，-1: 表示数据格式错误，-2: 表示数据库连接失败
    InputStream is=null;
    Workbook wb=null;
    String type=FilePath.substring(FilePath.lastIndexOf(".")+1);
    //获取文件类型
    java.io.File file=new java.io.File(FilePath);
    try{
        is=new FileInputStream(file);
        if(type.equals("xls")){ //导入 xls 数据
            wb=new HSSFWorkbook(is);
            result=readXlsToDB(wb);
        }else if(type.equals("xlsx")){ //导入 xlsx 数据
            wb=new XSSFWorkbook(is);
            result=readXlsxToDB(wb);
        }
    } catch(Exception e){
        e.printStackTrace();
    } finally{
        try{
            is.close();
            wb.close();
        } catch(IOException e){
            e.printStackTrace();
```

```
        }
    }
    return result;
}
public String getCellValue(HSSFCell cell){
    String cellValue="";
    if(cell!=null){
        cell.setCellType(Cell.CELL_TYPE_STRING);
                        //设置单元格类型为 String 类型，也可其他类型
        cellValue=cell.getStringCellValue(); //以 String 类型读取
    }
    return cellValue;
}
public String getCellValue(XSSFCell cell){
    …代码同 getCellValue(HSSFCell cell)
}
//导入 xlsx 格式数据到数据库
public int[] readXlsxToDB(Workbook wb) throws IOException{
    int[] result={0,-1}; //result[0]为已导入学生数; result[1]为待
    导入总学生数，-1: 表示数据格式错误，-2: 表示数据库连接失败
    String sql_inst1,sql_inst2,sql_updt,sqlexec;
    boolean dataOkFlag=true; //数据格式是否正确
    XSSFRow row;
    XSSFCell cell;
    String xh="",xm="",tel="";
    int xhc=-1,xmc=-1,telc=-1; //定义各列序号
    Sheet sheet=wb.getSheetAt(0);//对应 Excel 正文对象
    //创建导入失败数据的行背景色
    XSSFCellStyle cellStyle=(XSSFCellStyle) wb.createCellStyle();
    cellStyle.setFillPattern(XSSFCellStyle.SOLID_FOREGROUND);
    cellStyle.setFillForegroundColor(HSSFColor.LIGHT_
    GREEN.index);
    //数据定位、格式验证和数据读取
    for(int i=sheet.getFirstRowNum();i<=sheet.getLastRowNum();
    i++)
    if((row=(XSSFRow)sheet.getRow(i))!=null){
        for(int j=row.getFirstCellNum();j<=row.getLastCellNum();
        j++){
            cell=row.getCell(j);
            if(getCellValue(cell).indexOf("学号",0)>-1){ //有"学号"列
                //定位数据列序号
                for(j=row.getFirstCellNum();j<=row.getLast-
                CellNum();j++)
```

```
if((cell=row.getCell(j))!=null){
    if(getCellValue(cell).indexOf("学号",0)>-1)
    xhc=j; //定位"学号"列序号
    if(getCellValue(cell).indexOf("姓名",0)>-1)
    xmc=j; //定位"姓名"列序号
    if(getCellValue(cell).indexOf("电话",0)>-1)
    telc=j; //定位"电话"列序号
}
if(xmc==-1){  //没有"姓名"列，说明数据格式不正确，不能导入
    dataOkFlag=false;
    break;  //退出 for(int j=…)循环
}
result[1]=0;  //数据格式已正确，待导入的学生数置 0
Connection conn=DbConn.getConn();
if(conn==null){ //数据库连接失败
    result[1]=-2;
    dataOkFlag=false;
    break;  //退出 for(int j=…)循环
}
else{
    //读取各行数据并生成对应 SQL 指令
    for(i++;i<=sheet.getLastRowNum();i++)
    if((row=(XSSFRow)sheet.getRow(i))!=null&&!
    getCellValue(row.getCell(xhc)).equals("")){
        result[1]++;  //待导入的总学生数+1
        xh=getCellValue(row.getCell(xhc));
        xm=getCellValue(row.getCell(xmc));
        sql_inst1="insert into stu(xh,xm"; //插入语句 1
        sql_inst2="values('"+xh+"','"+xm+"'";
                                                //插入语句 2
        sql_updt="update stu set xm='"+xm+"'";
        //修改语句
        if(telc!=-1){  //如果有"电话"列
            tel=getCellValue(row.getCell(telc));
            sql_inst1+=",tel";
            sql_inst2+=",'"+tel+"'";
            sql_updt+=",tel='"+tel+"'";
        }
        sql_inst1+=")";
        sql_inst2+=")";
        sql_inst1=sql_inst1+sql_inst2;
                                                //合成插入语句
        sql_updt+=" where xh='"+xh+"' ";
```

```
                                        //合成修改语句
    sqlexec="select id from stu where xh=
    '"+xh+"' ";
    List<String[]> lData=DbConn.queryToList
    (conn, sqlexec);
    if(lData.size()>0){ //学号已存在，则修改学生
        if(DbConn.exeSQL(conn, sql_updt)>0)
                                            //导入成功
            result[0]++; //导入成功学生数+1
        else if(row!=null)
                                  //导入失败学生标注行背景色
            row.setRowStyle(cellStyle);
    }
    else{  //学号不存在，则新增学生
        if(DbConn.exeSQL(conn, sql_inst1)>0)
        //导入成功
            result[0]++; //导入成功学生数+1
        else if(row!=null)
                          //导入失败学生标注行背景色
            row.setRowStyle(cellStyle);
    }
}
else if(row!=null){ //导入失败学生标注行背景色
    row.setRowStyle(cellStyle);
}
DbConn.closeConn(conn);
//有导入失败的学生时将已标注的导入失败数据再保存到已
上传的Excel中
if(result[0]!=result[1]){  //有导入失败的学生
    session.setAttribute("upld_FilePath",
    FilePath);//在session中保存Excel文件路径供下载
    FileOutputStream fOut=null;
    try{
        fOut=new FileOutputStream(FilePath);
        wb.write(fOut);
        fOut.flush();
    }
    catch(IOException e){
        System.out.println("导入失败数据输出至
        Excel时运行出错！"+e.toString());
    }
    finally{
        if(fOut!=null) fOut.close();
```

```
                        }
                    }
                    else session.removeAttribute("upld_FilePath");
                    //全部都导入时删除在 session 中保存的 Excel 文件路径
                }
            }
        }
        if(!dataOkFlag) break;  //退出 for(int i=…)循环
    }
    return result;
}
//导入 xls 格式数据到数据库
public int[] readXlsToDB(Workbook wb) throws IOException{
    …省略代码与 readXlsxToDB 类似，将 readXlsxToDB 中 XSSF 对象换成 HSSF 即可
}
}
```

stu_upload_do.jsp 实现 Excel 数据导入，代码如下：

```
<%@page language="java" contentType="text/html; charset=UTF-8"
pageEncoding="UTF-8"%>
<jsp:useBean id="ab" class="chap11.ReadExcelToDB" scope="page" />
<%
    if(ab.uploadfile(pageContext, request)){
        int[] result=ab.readExcelToDB();
%>
<script>
if(<%= result[1] %> > 0){
    alert('学生数据导入完成！有效学生共【<%=result[1]%>】人，\n 成功导入【<%=
    result[0] %>】人，\n 失败【<%=result[1]-result[0] %>】人。');
    window.location='stu_info.jsp';
}
else{
    if(<%= result[1] %>==0)alert('无有效学生数据！');
    else if(<%= result[1] %>==-1)alert('数据格式不符合要求！');
    else if(<%= result[1] %>==-2)alert('数据库连接失败！');
    window.location.href='stu_upload.jsp';
}
</script>
<%
    }
    else out.print("<script>alert('仅支持 Excel 格式数据导入！');window.
    location.href='stu_upload.jsp';</script>");
%>
```

stu_info.jsp 查询并显示学生信息，提供导入、导出学生链接，导入失败时还提供导入失败学生下载链接，主要代码如下：

```
<%
    List<String[]> lData=null; //存储查询结果
    String[] sData=null;
    Connection conn=DbConn.getConn();
    if(conn!=null){ //数据库连接成功
        //数据序号      0  1  2   3
        String sql="select id, xh, xm, tel from stu ";
        lData=DbConn.queryToList(conn, sql);
        DbConn.closeConn(conn);
    }
%>
<body>
<div id="div1">
<% if(conn!=null){ %>
学生信息<a href="stu_upload.jsp">[导入学生]</a>
<a href="stu_download.jsp">[导出学生]</a>
<% if(session.getAttribute("upld_FilePath")!=null){ %><a href="stu_
failed_download.jsp">[下载导入失败学生]</a><% } %>
…
</body>
</html>
```

DbConn.java 实现数据库连接和操作，代码如下：

```
package chap11;
import java.sql.*;
import java.util.ArrayList;
import java.util.List;
public class DbConn{
    public static Connection getConn(){
        try{
            String url="jdbc:mysql://localhost:3306/chap11DB";
            String userName="root";
            String userPassword="x5";
            Class.forName("org.gjt.mm.mysql.Driver");
            Connection conn=DriverManager.getConnection(url, userName,
            userPassword);
            return conn;
        } catch(Exception e){
            System.out.println("数据库连接失败：" + e.toString());
            return null;
        }
```

```
}
public static List<String[]> queryToList(Connection conn,String sql){
    return queryToList(conn, sql, null);
}
public static List<String[]> queryToList(Connection conn,String sql,
List<Object> params){
    List<String[]> lData=new ArrayList<String[]>();
    PreparedStatement pstmt=null;
    try{
        pstmt=conn.prepareStatement(sql);
        if(params!=null)
        for(int i=0; i<params.size(); i++){
            pstmt.setObject(i+1, params.get(i));
        }
        ResultSet rs=pstmt.executeQuery();
        ResultSetMetaData rsmd=rs.getMetaData();
        while(rs.next()){
            String[] sData=new String[rsmd.getColumnCount()];
            for(int j=0;j< rsmd.getColumnCount(); j++){
                sData[j]=rs.getString(j + 1);
            }
            lData.add(sData);
        }
    } catch(SQLException e){
        System.out.println("数据查询失败: "+e.toString());
    } finally{
        try{
            pstmt.close();
        } catch(SQLException e){ }
    }
    return lData;
}
public static int exeSQL(Connection conn,String sql){
    return exeSQL(conn, sql, null);
}
public static int exeSQL(Connection conn,String sql,List<Object>
params){
    int n=-1; //-1 表示数据操作失败
    PreparedStatement pstmt=null;
    try{
        pstmt=conn.prepareStatement(sql);
        if(params!=null)
        for (int i=0; i<params.size(); i++){
```

```
                pstmt.setObject(i+1, params.get(i));
            }
            n=pstmt.executeUpdate();
        }catch(SQLException e){
            System.out.println("数据操作失败: "+e.toString());
        } finally{
            try{
                pstmt.close();
            }catch(SQLException e){ }
        }
        return n;
    }
    public static void closeConn(Connection conn){
        try{
            conn.close();
        }catch(SQLException e){ }
    }
}
```

11.2.5 数据库导出 Excel

数据库数据导出至 Excel 的过程是，首先获取查询数据，然后利用 POI 将查询数据写入至 Excel，写入完成后再将 Excel 数据输出到 Excel 文件，最后执行 Excel 文件下载。

[例 11.8] stu_download.jsp 实现 stu 表数据导出至 xlsx 格式 Excel 并执行下载，运行效果如图 11-9 所示。

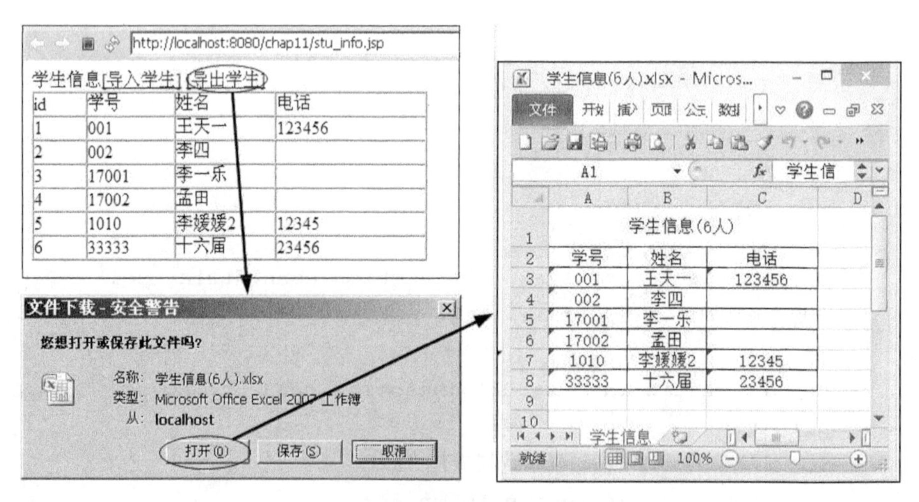

图 11-9 数据导出下载

stu_download.jsp 代码如下：

```
<%@page language="java" contentType="text/html; charset=UTF-8"
```

```
    pageEncoding="UTF-8"%><%@ page import="chap11.*,java.util.*,
    java.sql.*,org.apache.poi.xssf.usermodel.*,org.apache.poi.ss.util.
    CellRangeAddress,java.io.*,com.jspsmart.upload.*" %><%!
    //定义方法创建并输出单元格内容
    public void crateCell(XSSFRow row,int col,String str,XSSFCellStyle
    cellStyle){
        XSSFCell cell=row.createCell(col);
        cell.setCellValue(str);
        cell.setCellStyle(cellStyle);
    }
%><%
    Connection conn=DbConn.getConn();
    if(conn!=null){
        //            0  1  2
        String sql="select xh,xm,tel from stu";
        List<String[]> lData=DbConn.queryToList(conn, sql);
        DbConn.closeConn(conn);
        if(lData!=null && lData.size()>0){
            String FileName="学生信息("+lData.size()+"人)";
            //将结果集数据输出到 Excel 中
            XSSFWorkbook workbook=new XSSFWorkbook();
            XSSFSheet sheet=workbook.createSheet("学生信息");
            //设置单元格样式 1
            XSSFCellStyle cellStyle1=workbook.createCellStyle();
            cellStyle1.setWrapText(true);  //设置单元格换行输出
            cellStyle1.setAlignment(XSSFCellStyle.ALIGN_CENTER);
                                                    //设置水平对齐方式
            cellStyle1.setVerticalAlignment((short)1);  //设置垂直对齐方式
            //在第 1 行输出表题
            XSSFRow row=sheet.createRow(0);
            row.setHeight((short)550);  //设置行高
            crateCell(row,(short)0,FileName,cellStyle1);
            //合并第 1 行的 1～3 列单元格
            CellRangeAddress region=new CellRangeAddress(0,0,0,2);
            sheet.addMergedRegion(region);
            //设置单元格样式 2
            XSSFCellStyle cellStyle2=workbook.createCellStyle();
            cellStyle2.setWrapText(true);  //设置单元格换行输出
            cellStyle2.setAlignment(XSSFCellStyle.ALIGN_CENTER);
                                                   //设置水平对齐方式
            cellStyle2.setVerticalAlignment((short)1); //设置垂直对齐方式
            //设置样式 2 边框线型
            cellStyle2.setBorderBottom(XSSFCellStyle.BORDER_THIN);
```

```
                                        //设置底边框线型
cellStyle2.setBorderLeft(XSSFCellStyle.BORDER_THIN);
                                        //设置左边框线型
cellStyle2.setBorderRight(XSSFCellStyle.BORDER_THIN);
                                        //设置右边框线型
cellStyle2.setBorderTop(XSSFCellStyle.BORDER_THIN);
//设置上边框线型
//在第 2 行输出标题
row=sheet.createRow(1);
crateCell(row,0,"学号",cellStyle2);
crateCell(row,1,"姓名",cellStyle2);
crateCell(row,2,"电话",cellStyle2);
sheet.setColumnWidth(2,50*8*8);  //设置第 3 列"电话"列宽
//从第 3 行开始输出数据
int dataRowIndex=2;
for(int i=0; i<lData.size(); i++){
    String[] sData=lData.get(i);
    row=sheet.createRow(dataRowIndex);
    crateCell(row,0,sData[0],cellStyle2);  //学号
    crateCell(row,1,sData[1],cellStyle2);  //姓名
    crateCell(row,2,sData[2],cellStyle2);  //电话
    dataRowIndex++;
}
//将 Excel 数据输出到文件中
String FileURL="/upload/stuinfo.xlsx";
String FilePath=pageContext.getServletContext().
getRealPath(FileURL);
FileOutputStream fOut=null;
try{
    fOut=new FileOutputStream(FilePath);
    workbook.write(fOut);
    fOut.flush();
}
catch(IOException e){
    out.print("输出 Excel 数据出错: "+e.toString());
}
finally{
    if(fOut!=null) fOut.close();
    if(workbook!=null) workbook.close();
}
//下载产生的 Excel 文件
FileName+=".xlsx";
FileName=new String(FileName.getBytes("gbk"),"iso-8859-1");
```

```
                //支持中文名保存
                SmartUpload su=new SmartUpload();
                su.initialize(pageContext);
                su.setContentDisposition(null);
                su.downloadFile(FileURL,"Content-Disposition",FileName);
                //删除产生的 Excel 文件
                java.io.File fObj=new java.io.File(FilePath);
                fObj.delete();
            }
            else out.print("<script>alert('无学生下载！');window.location=
            'stu_info.jsp'</script>");
        }
        else out.print("<font color='#FF0000'>数据库连接失败！</font>");
    %>
```

11.3　图表绘制组件 JFreeChart

JFreeChart 是开源站点 SourceForge.net 的一个 Java 项目，它由一组功能强大、灵活易用的 Java 绘图 API 构成，能够方便地生成多种统计图表，如饼图、柱状图、折线图等。

读者可以从 http://www.jfree.org/jfreechart/index.html 获取最新版 JFreeChart。本书采用的版本是 1.0.14，对应的下载文件名为 jfreechart-1.0.14.zip。

使用 JFreeChart 前需进行以下两方面操作。

1) 添加 JFreeChart 类库

解压 jfreechart-1.0.14.zip，将产生的 lib 目录中的 jcommon-1.0.17.jar 和 jfreechart-1.0.14.jar 两个类库复制到工程的 WEB-INF\lib 目录中。

注：解压后根目录下的 jfreechart-1.0.14-demo.jar 是示例程序，双击后可看到其中很多例子的运行结果。

2) 部署 JFreeChart

编辑工程的 WEB-INF\web.xml 文件，添加如下底色内容完成 JFreeChart 中图片显示 Servlet 的路径映射。

```
<?xml version="1.0" encoding="UTF-8"?>
<web-app>
  <servlet>
    <servlet-name>DisplayChart</servlet-name>
    <servlet-class>org.jfree.chart.servlet.DisplayChart</servlet-class>
  </servlet>
  <servlet-mapping>
    <servlet-name>DisplayChart</servlet-name>
    <url-pattern>/servlet/DisplayChart</url-pattern>
```

```
    </servlet-mapping>
</web-app>
```

11.3.1 绘制饼图

JFreeChart 绘制饼图主要使用以下类。

1. DefaultPieDataset

饼图数据集，用来存储饼图数据。

2. ChartFactory

JFreeChart 工厂类，用来创建图表对象。创建 3D 饼图的方法为：

```
JFreeChart chart=ChartFactory.createPieChart3D(String title, PieDataset
dataset, boolean legend, boolean tooltips, boolean urls)
```

参数说明如下：
title：图表标题。
dataset：饼图数据集。
legend：是否生成图例，true 为生成图例，false 为不生成图例。
tooltips：是否生成工具，true 为生成工具，false 为不生成工具。
urls：是否生成 URL 链接，true 为生成 URL 链接，false 为不生成 URL 链接。

3. PiePlot3D

3D 图表区域对象，用于设置图表样式。
[例 11.9]　绘制 3D 饼图，程序为 pie3d.jsp，运行效果如图 11-10 所示。

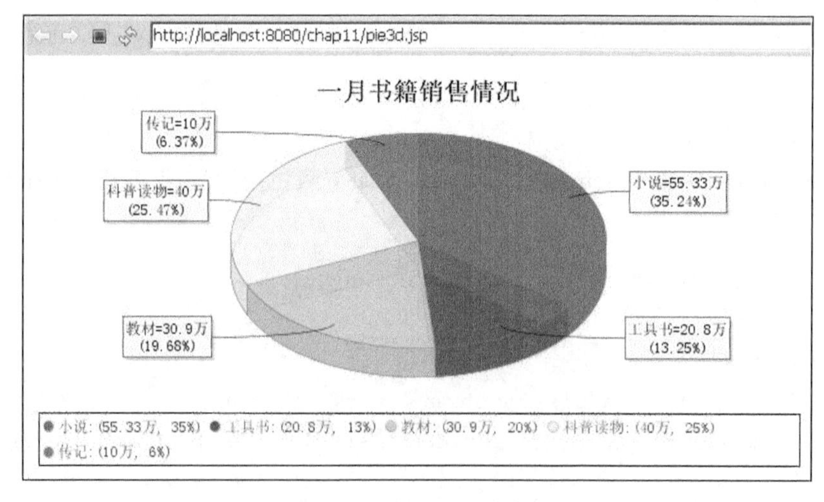

图 11-10　绘制 3D 饼图

pie3d.jsp 代码如下：

```
<%@ page language="java" contentType="text/html; charset=UTF-8" page-
Encoding="UTF-8"%>
<%@ page import="java.awt.*,java.text.*,
    org.jfree.chart.servlet.ServletUtilities,
    org.jfree.chart.*,
    org.jfree.chart.labels.*,
    org.jfree.chart.plot.PiePlot3D,
    org.jfree.chart.title.TextTitle,
    org.jfree.data.general.*,
    org.jfree.util.Rotation"
%>
<%
    //创建饼图数据集
    DefaultPieDataset piedataset=new DefaultPieDataset();
    piedataset.setValue("小说", 55.33);
    piedataset.setValue("工具书", 20.8);
    piedataset.setValue("教材", 30.9);
    piedataset.setValue("科普读物", 40);
    piedataset.setValue("传记", 10);
    //创建 JFreeChart 图表对象
    JFreeChart chart=ChartFactory.createPieChart3D("一月书籍销售情况",
    piedataset, true, true, true);
    //设置 JFreeChart 的显示属性
    chart.getTitle().setFont(new Font("宋体", Font.BOLD, 19));
                                                          //设置标题字体
    chart.getLegend().setItemFont(new Font("宋体", Font.PLAIN, 12));
                                                          //设置图例字体
    chart.setBackgroundPaint(Color.white);  //设置饼图背景色
    PiePlot3D pieplot=(PiePlot3D)chart.getPlot();
    pieplot.setBackgroundAlpha(0.7f);  //设置图片的背景透明度(0～1.0)
    pieplot.setForegroundAlpha(0.8f);  //设置图片的前景透明度(0～1.0)
    pieplot.setOutlinePaint(Color.WHITE);  //设置饼图轮廓线颜色
    pieplot.setBackgroundPaint(Color.WHITE);  //设置图形背景色
    pieplot.setLabelFont(new Font("宋体", Font.PLAIN, 12));
    //设置图表标签字体
    pieplot.setNoDataMessage("无数据显示");  //没有数据的时候显示的内容
    //图片中显示百分比:默认方式
    //pieplot.setLabelGenerator(new StandardPieSectionLabelGenerator
    (StandardPieToolTipGenerator.DEFAULT_TOOLTIP_FORMAT));
    //图片中显示百分比:自定义方式,{0}表示选项, {1}表示数值, {2}表示所占比例, 小
    数点后两位
    pieplot.setLabelGenerator(new StandardPieSectionLabelGenerator
```

```
        ("{0}={1}万({2})", NumberFormat.getNumberInstance(), new Decimal-
        Format("0.00%")));
        //设置图例显示样式:自定义方式, {0}表示选项, {1}表示数值, {2}表示所占比例
        pieplot.setLegendLabelGenerator(new StandardPieSectionLabelGenerator
        ("{0}:({1}万, {2})"));
        //生成图片
        int picWidth=600, picHight=300;
        String filename=ServletUtilities.saveChartAsPNG(chart, picWidth,
        picHight, null, session);
        String graphURL=request.getContextPath()+"/servlet/DisplayChart?
filename="+filename;
%>
<!--显示图片-->
<img src="<%= graphURL %>"width=<%= picWidth %> height=<%= picHight %>
border=0 usemap="#<%= filename %>">
```

说明：当绘制的图表中包含中文信息时，有些版本(如 1.0.14)的 JFreeChart 需要通过设置显示字体的方式来解决绘图中文乱码问题，如本例：

```
chart.getTitle().setFont(new Font("宋体", Font.BOLD, 19));  //设置标题字体
chart.getLegend().setItemFont(new Font("宋体", Font.PLAIN, 12));
                                                            //设置图例字体
pieplot.setLabelFont(new Font("宋体", Font.PLAIN, 12));  //设置项目字体
```

11.3.2　绘制柱图

JFreeChart 绘制柱图主要使用以下类。

1. CategoryDataset

数据集接口，用以存储图表数据，它通过 DatasetUtilities 类的 createCategoryDataset 方法进行创建，例如：

```
double[][] data=new double[][]{
        {150, 120, 600, 400, 500},
        {530, 430, 230, 530, 630},
        {160, 360, 560, 660, 430} };
String[] columnKeys={"苹果", "梨子", "葡萄", "香蕉", "荔枝"};
String[] rowKeys={"北京", "上海", "广州"};
CategoryDataset dataset=DatasetUtilities.createCategoryDataset(rowKeys,
columnKeys, data);
```

2. DefaultCategoryDataset

数据集类，是图表数据的第二种存储方法，例如：

```
DefaultCategoryDataset dataset=new DefaultCategoryDataset();
dataset.addValue(150, "北京", "苹果");
dataset.addValue(120, "北京", "梨子");
```

3. ChartFactory

JFreeChart 插件的工厂类，用来创建图表对象。创建柱图的方法为：

```
JFreeChart chart=ChartFactory.createBarChart / createBarChart3D
(java.lang.String title, java.lang.String categoryAxisLabel, java.
lang.String valueAxisLabel, CategoryDataset dataset, PlotOrientation
orientation, boolean legend, boolean tooltips, boolean urls)
```

参数说明如下：
title：图表标题。
categoryAxisLabel：*X* 轴标题。
valueAxisLabel：*Y* 轴标题。
dataset：数据集。
orientation：图表显示方向。
legend：是否生成图例，true 为生成图例，false 为不生成图例。
tooltips：是否生成工具，true 为生成工具，false 为不生成工具。
urls：是否生成 URL 链接，true 为生成 URL 链接，false 为不生成 URL 链接。
以下语句创建数据集 dataset 对应的柱图对象。

```
JFreeChart chart=ChartFactory.createBarChart3D("销量统计图", "产品名称",
"销量", dataset, PlotOrientation.VERTICAL, true, true, true);
```

4. CategoryPlot

图表样式设置对象。例如：

```
CategoryPlot plot=chart.getCategoryPlot();
plot.setBackgroundPaint(Color.white);  //设置网格背景颜色
plot.setDomainGridlinePaint(Color.pink);  //设置网格竖线颜色
```

5. ValueAxis

Y 轴设置对象。例如：

```
ValueAxis rangeAxis=plot.getRangeAxis();
rangeAxis.setLabelFont(new Font("宋体", Font.BOLD, 15));
                                                  //设置 Y 轴标签字体
rangeAxis.setUpperMargin(0.1);  //设置最高的一个 Item 与图片顶端的距离
```

6. CategoryAxis

X 轴设置对象。例如：

```
CategoryAxis domainAxis=plot.getDomainAxis();
domainAxis.setLowerMargin(0.05); //设置距离图片左端距离
domainAxis.setLabelFont(new Font("宋体", Font.BOLD, 17));
                                        //设置 X 轴标签字体
domainAxis.setCategoryLabelPositions(CategoryLabelPositions.UP_45);
//X 轴文字倾斜 45 度显示
```

7. BarRenderer3D

柱子样式设置对象。例如：

```
BarRenderer3D renderer=new BarRenderer3D(); //创建柱子对象
renderer.setMaximumBarWidth(0.08); //每个柱子最大宽度
renderer.setItemMargin(0.2); //设置柱子间的间隔
plot.setRenderer(renderer); //使设置生效
```

[例 11.10]　绘制柱图，程序为 bar.jsp，运行效果如图 11-11 所示。

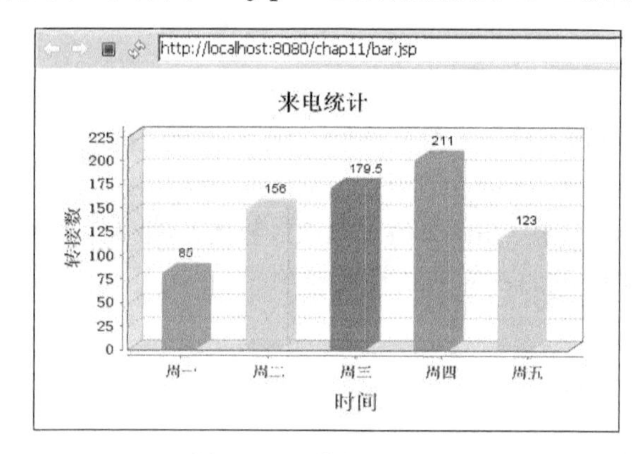

图 11-11　绘制 3D 柱图

bar.jsp 代码如下：

```
<%@page language="java" contentType="text/html; charset=UTF-8" page-
Encoding="UTF-8"%>
<%@page import="java.awt.*,
    org.jfree.ui.*,
    org.jfree.chart.servlet.ServletUtilities,
    org.jfree.chart.ChartFactory,
    org.jfree.chart.JFreeChart,
    org.jfree.chart.title.TextTitle,
    org.jfree.chart.axis.*,
    org.jfree.chart.labels.*,
    org.jfree.chart.plot.*,
    org.jfree.chart.renderer.category.*,
    org.jfree.data.category.CategoryDataset,
```

```
    org.jfree.data.general.*,
    org.jfree.chart.labels.*,
    org.jfree.data.category.*"
%>
<%
    //创建柱图数据集
    DefaultCategoryDataset dataset=new DefaultCategoryDataset();
    dataset.addValue(85, "", "周一");
    dataset.addValue(156, "", "周二");
    dataset.addValue(179.5, "", "周三");
    dataset.addValue(211, "", "周四");
    dataset.addValue(123, "", "周五");
    //创建 JFreeChart 图表对象
    JFreeChart chart=ChartFactory.createBarChart("来电统计", "时间", "
    转接数", dataset, PlotOrientation.VERTICAL, false, true, false);
    chart.setBackgroundPaint(Color.WHITE);  //设置背景色
    chart.getTitle().setFont(new Font("宋体", Font.BOLD, 17));
                                                        //设置标题字体
    //设置柱子样式
    CategoryPlot plot=chart.getCategoryPlot();
    plot.setBackgroundPaint(new Color(255, 255, 255));  //设置绘图区背景色
    plot.setRangeGridlinePaint(Color.gray);  //设置水平方向背景线颜色
    plot.setRangeGridlinesVisible(true);
                                  //设置是否显示水平方向背景线,默认值为 true
    plot.setDomainGridlinePaint(Color.black);  //设置垂直方向背景线颜色
    plot.setForegroundAlpha(0.95f);  //设置柱的透明度
    //Y 轴设置
    ValueAxis rangeAxis=plot.getRangeAxis();
    rangeAxis.setLabelFont(new Font("宋体", Font.BOLD, 15));
                                                      //设置 Y 轴标签字体
    rangeAxis.setTickLabelFont(new Font("宋体", Font.BOLD, 12));
                                                      //设置 Y 轴标尺字体
    rangeAxis.setUpperMargin(0.12);  //设置最高的一个 Item 与图片顶端的距离
    //X 轴设置
    CategoryAxis domainAxis=plot.getDomainAxis();
    domainAxis.setLowerMargin(0.05);  //设置距离图片左端距离
    domainAxis.setLabelFont(new Font("宋体", Font.BOLD, 17));
                                                      //设置 X 轴标签字体
    domainAxis.setTickLabelFont(new Font("宋体", Font.BOLD, 12));
                                                      //设置 X 轴标尺字体
    //柱子显示样式设置
```

```
BarRenderer3D renderer=new BarRenderer3D(){
                    //创建柱子对象，并重写 BarRenderer，使柱子呈现不同颜色
    private Paint colors[]=new Paint[]{
        new GradientPaint(0.0F, 0.0F, new Color(233, 141, 131), 0.0F,
        0.0F, new Color(233, 141, 131)),
        new GradientPaint(0.0F, 0.0F, new Color(126, 240, 126), 0.0F,
        0.0F, new Color(126, 240, 126)),
        new GradientPaint(0.0F, 0.0F, new Color(126, 126, 244), 0.0F,
        0.0F, new Color(126, 126, 244))
    };
    public Paint getItemPaint(int i, int j){
        return colors[j%3];
    }
};
renderer.setMaximumBarWidth(0.08); //柱子最大宽度
renderer.setItemLabelAnchorOffset(12D); //设置柱形图上的文字偏离值
renderer.setBaseItemLabelFont(new Font("arial", Font.PLAIN, 10),
true); //设置柱子上文字
//显示每个柱的数值
renderer.setBaseItemLabelGenerator(new StandardCategoryItemLabel-
Generator());
renderer.setBasePositiveItemLabelPosition(new ItemLabelPosition
(ItemLabelAnchor.OUTSIDE12, TextAnchor.BASELINE_LEFT));
renderer.setBaseItemLabelsVisible(true); //允许柱子上显示文字
plot.setRenderer(renderer); //使设置生效
//生成图片
int picWidth=440, picHight=260;
String filename=ServletUtilities.saveChartAsPNG(chart, picWidth,
picHight, null, session);
String graphURL=request.getContextPath()+"/servlet/DisplayChart?
filename="+filename;
%>
<!--显示图片-->
<img src="<%= graphURL %>"width=<%= picWidth %> height=<%= picHight %>
border=0 usemap="#<%= filename %>">
```

柱图统计中，有时需要对同一类数据进行对比，下面对北京、上海、广州三地的苹果、梨子、葡萄、香蕉、荔枝销量进行绘图对比。

[例 11.11] 利用柱图实现同类数据对比，程序为 bar_multicompare.jsp，运行效果如图 11-12 所示。

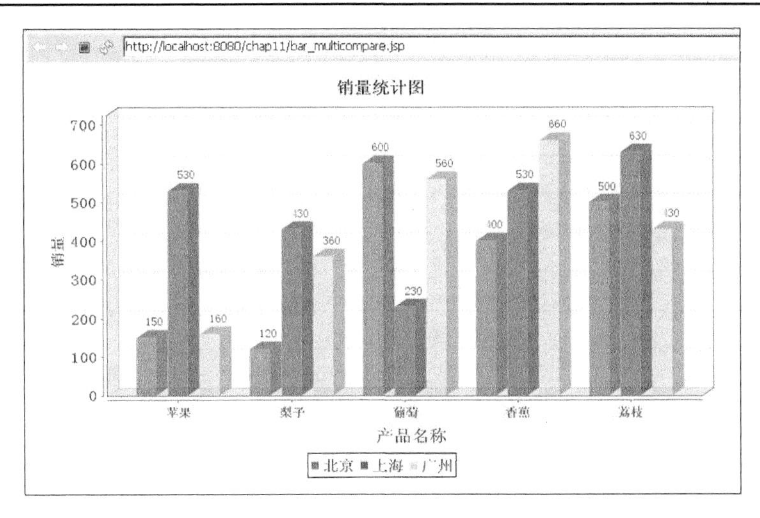

图 11-12　绘制同类对比柱图

bar_multicompare.jsp 代码如下：

```
<%@ page language="java" contentType="text/html; charset=UTF-8" page-
Encoding="UTF-8"%>
<%@ page import="java.awt.*,
    org.jfree.ui.*,
    org.jfree.chart.servlet.ServletUtilities,
    org.jfree.chart.ChartFactory,
    org.jfree.chart.JFreeChart,
    org.jfree.chart.title.TextTitle,
    org.jfree.chart.axis.*,
    org.jfree.chart.labels.*,
    org.jfree.chart.plot.*,
    org.jfree.chart.renderer.category.*,
    org.jfree.data.category.CategoryDataset,
    org.jfree.data.general.*,
    org.jfree.chart.labels.*,
    org.jfree.data.category.*"
%>
<%
    //创建数据集(方法 1)
    DefaultCategoryDataset dataset=new DefaultCategoryDataset();
    dataset.addValue(150, "北京", "苹果");
    dataset.addValue(120, "北京", "梨子");
    dataset.addValue(600, "北京", "葡萄");
    dataset.addValue(400, "北京", "香蕉");
    dataset.addValue(500, "北京", "荔枝");
    dataset.addValue(530, "上海", "苹果");
    dataset.addValue(430, "上海", "梨子");
```

```
dataset.addValue(230, "上海", "葡萄");
dataset.addValue(530, "上海", "香蕉");
dataset.addValue(630, "上海", "荔枝");
dataset.addValue(160, "广州", "苹果");
dataset.addValue(360, "广州", "梨子");
dataset.addValue(560, "广州", "葡萄");
dataset.addValue(660, "广州", "香蕉");
dataset.addValue(430, "广州", "荔枝");
//创建 JFreeChart 图表对象
JFreeChart chart=ChartFactory.createBarChart3D("销量统计图", "产品
名称", "销量", dataset, PlotOrientation.VERTICAL, true, true, true);
chart.getTitle().setFont(new Font("宋体", Font.BOLD, 17));
                                                    //设置标题字体
chart.getLegend().setItemFont(new Font("宋体", Font.BOLD, 15));
                                                    //设置图例字体
//设置柱子样式
CategoryPlot plot=chart.getCategoryPlot();
plot.setBackgroundPaint(Color.white);  //设置网格背景颜色
plot.setDomainGridlinePaint(Color.pink);  //设置网格竖线颜色
plot.setRangeGridlinePaint(Color.pink);  //设置网格横线颜色
plot.setForegroundAlpha(0.7f);  //设置柱子透明度
//Y 轴设置
ValueAxis rangeAxis=plot.getRangeAxis();
rangeAxis.setLabelFont(new Font("宋体", Font.BOLD, 15));
                                                    //设置 Y 轴标签字体
rangeAxis.setTickLabelFont(new Font("宋体", Font.BOLD, 15));
                                                    //设置 Y 轴标尺字体
rangeAxis.setUpperMargin(0.1);  //设置最高的一个 Item 与图片顶端的距离
//X 轴设置
CategoryAxis domainAxis=plot.getDomainAxis();
domainAxis.setLowerMargin(0.05);  //设置距离图片左端距离
domainAxis.setLabelFont(new Font("宋体", Font.BOLD, 17));
                                                    //设置 X 轴标签字体
domainAxis.setTickLabelFont(new Font("宋体", Font.BOLD, 12));
                                                    //设置 X 轴标尺字体
//柱子显示样式设置
BarRenderer3D renderer=new BarRenderer3D();  //创建柱子对象
renderer.setMaximumBarWidth(0.08);  //每个柱子最大宽度
renderer.setItemMargin(0.2);  //设置柱子间间隔
renderer.setBaseItemLabelGenerator(new StandardCategoryItemLabel-
Generator());
renderer.setBaseItemLabelsVisible(true);  //允许柱子上显示文字
renderer.setBasePositiveItemLabelPosition(new ItemLabelPosition
(ItemLabelAnchor.OUTSIDE12, TextAnchor.BASELINE_LEFT));
```

```
    renderer.setItemLabelAnchorOffset(12D);  //设置柱子上的文字显示位置
    renderer.setBaseItemLabelFont(new Font("宋体", Font.PLAIN, 12),
    true);  //设置柱子上文字
    plot.setRenderer(renderer);  //使设置生效
    //生成图片
    int picWidth=700, picHight=400;
    String filename=ServletUtilities.saveChartAsPNG(chart, picWidth,
    picHight, null, session);
    String graphURL=request.getContextPath()+"/servlet/DisplayChart?
    filename="+filename;
%>
<!--显示图片-->
<img src="<%= graphURL %>"width=<%= picWidth %> height=<%= picHight %>
border=0 usemap="#<%= filename %>">
```

说明：bar_multicompare.jsp 中销售量数据集的创建也可以采用 CategoryDataset 类实现，方法如下：

```
double[][] data=new double[][]{
        {150, 120, 600, 400, 500},
        {530, 430, 230, 530, 630},
        {160, 360, 560, 660, 430} };
String[] columnKeys={"苹果", "梨子", "葡萄", "香蕉", "荔枝"};
String[] rowKeys={"北京", "上海", "广州"};
CategoryDataset dataset=DatasetUtilities.createCategoryDataset
(rowKeys, columnKeys, data);
```

11.3.3 绘制折线图

JFreeChart 绘制折线图的创建方法为：

```
JFreeChart chart=ChartFactory.createLineChart(java.lang.String title,
java.lang.String categoryAxisLabel, java.lang.String valueAxisLabel,
CategoryDataset dataset, PlotOrientation orientation, boolean legend,
boolean tooltips, boolean urls)
```

参数说明如下：

title：图表标题。

categoryAxisLabel：*X* 轴标题。

valueAxisLabel：*Y* 轴标题。

dataset：数据集。

orientation：图表显示方向。

legend：是否生成图例，true 为生成图例，false 为不生成图例。

tooltips：是否生成工具，true 为生成工具，false 为不生成工具。

urls：是否生成 URL 链接，true 为生成 URL 链接，false 为不生成 URL 链接。

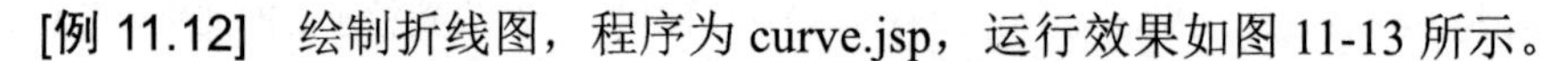

[例 11.12]　绘制折线图，程序为 curve.jsp，运行效果如图 11-13 所示。

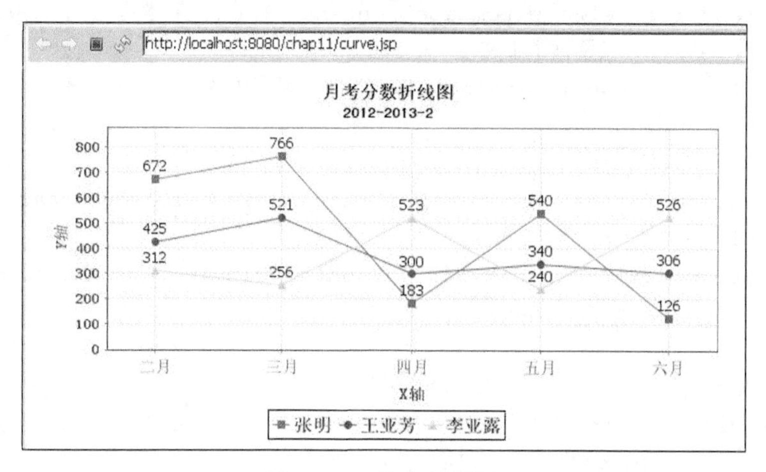

图 11-13　绘制折线图

curve.jsp 代码如下：

```
<%@ page language="java" contentType="text/html; charset=UTF-8"
pageEncoding="UTF-8"%>
<%@ page import="java.awt.*,
    org.jfree.ui.*,
    org.jfree.chart.servlet.ServletUtilities,
    org.jfree.chart.ChartFactory,
    org.jfree.chart.JFreeChart,
    org.jfree.chart.title.TextTitle,
    org.jfree.chart.axis.*,
    org.jfree.chart.labels.*,
    org.jfree.chart.plot.*,
    org.jfree.chart.renderer.category.*,
    org.jfree.data.category.CategoryDataset,
    org.jfree.data.general.*,
    org.jfree.chart.labels.*,
    org.jfree.data.category.*"
%>
<%
    //创建数据集(方法 1)
    DefaultCategoryDataset dataset=new DefaultCategoryDataset();
    dataset.addValue(672,"张明","二月");
    dataset.addValue(766,"张明","三月");
    dataset.addValue(183,"张明","四月");
    dataset.addValue(540,"张明","五月");
    dataset.addValue(126,"张明","六月");
    dataset.addValue(425,"王亚芳","二月");
    dataset.addValue(521,"王亚芳","三月");
```

```
dataset.addValue(300,"王亚芳","四月");
dataset.addValue(340,"王亚芳","五月");
dataset.addValue(306,"王亚芳","六月");
dataset.addValue(312,"李亚露","二月");
dataset.addValue(256,"李亚露","三月");
dataset.addValue(523,"李亚露","四月");
dataset.addValue(240,"李亚露","五月");
dataset.addValue(526,"李亚露","六月");
//创建数据集(方法 2)
/*double[][] data=new double[][]{
        {672,766,183,540,126},
        {425,521,300,340,306},
        {312,256,523,240,526}};
String[] columnKeys={"二月","三月","四月","五月","六月"};
String[] rowKeys={"张明","王亚芳","李亚露"};
CategoryDataset dataset=DatasetUtilities.createCategoryDataset
(rowKeys,columnKeys,data);
*/
//创建 JFreeChart 图表对象
JFreeChart chart=ChartFactory.createLineChart("月考分数折线图","X 轴",
"Y 轴",dataset,PlotOrientation.VERTICAL,true,true,true);
chart.setBackgroundPaint(Color.WHITE);  //设置背景色
chart.addSubtitle(new TextTitle("2012-2013-2",new Font("黑体",
Font.BOLD,12))); //设置子标题
chart.getTitle().setFont(new Font("宋体",Font.BOLD,15)); //设置标题字体
chart.getLegend().setItemFont(new Font("宋体",Font.BOLD,15));
                                                    //设置次标题字体
chart.setBackgroundPaint(Color.WHITE);  //设置背景颜色
//设置折线样式
CategoryPlot plot=(CategoryPlot)chart.getPlot();
plot.setDomainGridlinesVisible(true);  //X 轴网格可见
plot.setRangeGridlinesVisible(true);  //Y 轴网格可见
plot.setBackgroundPaint(Color.white);  //网格背景颜色
plot.setRangeGridlinePaint(Color.pink);  //网格横线颜色
plot.setDomainGridlinePaint(Color.pink);  //网格竖线颜色
plot.setAxisOffset(new RectangleInsets(0D,0D,0D,10D));
                                              //设置曲线图与 XY 轴的距离
//Y 轴设置
ValueAxis rangeAxis=plot.getRangeAxis();
rangeAxis.setTickLabelFont(new Font("宋体",Font.BOLD,12));
                                            //设置 Y 轴坐标上的数值字体
rangeAxis.setLabelFont(new Font("宋体",Font.HANGING_BASELINE,14));
                                            //设置 Y 轴坐标上的标题字体
rangeAxis.setUpperMargin(0.15); //设置最高的一个 Item 与图片顶端的距离
```

```
                                                    //X 轴设置
        CategoryAxis domainAxis=plot.getDomainAxis();
        domainAxis.setLabelFont(new Font("宋体",Font.BOLD,13)); //轴标题字体
        domainAxis.setTickLabelFont(new Font("宋体",Font.TRUETYPE_FONT,14));
                                                    //轴数值字体
        //domainAxis.setCategoryLabelPositions(CategoryLabelPositions.UP
        _45); //X 轴 Lable 倾斜 45 度
        domainAxis.setLowerMargin(0.0); //图片距离左端距离
        domainAxis.setUpperMargin(0.0); //图片距离右端距离
        //显示折线节点数据
        LineAndShapeRenderer lineandshaperenderer=(LineAndShapeRenderer)
        plot.getRenderer();
        lineandshaperenderer.setBaseShapesVisible(true); //显示折线点
        lineandshaperenderer.setBaseItemLabelGenerator(new StandardCategory-
        ItemLabelGenerator()); //显示折点数据可见
        lineandshaperenderer.setBaseItemLabelsVisible(true); //显示折点数据
        //生成图片
        int picWidth=600,picHight=300;
        String filename=ServletUtilities.saveChartAsPNG(chart,picWidth,
        picHight,null,session);
        String graphURL=request.getContextPath()+"/servlet/DisplayChart?
        filename="+filename;
    %>
    <!--显示图片-->
    <img src="<%= graphURL %>"width=<%= picWidth %> height=<%= picHight %>
    border=0 usemap="#<%= filename %>">
```

11.4　小　　结

本章介绍了三种第三方 Java 组件：上传与下载组件 jspSmartUpload、Excel 操作组件 POI 和图表绘制组件 JFreeChart，通过实例讲解了它们的使用方法。三个组件在基于 Java 的 Web 系统中经常使用，读者应熟练掌握。

习题

1．jspSmartUpload 上传文件时，如何获取表单参数值？

2．通过 POI 实现 Excel 数据导入至数据库的过程是什么？

3．通过 POI 实现数据库数据导出至 Excel 的过程是什么？

上机题

1．编写 JSP 实现单文件上传，上传的文件保存在工程根目录中。

2．在工程根目录中创建一个 xlsx 格式的 Excel 文件(名称自定)，并填写内容，编写 JSP 程序读取并显示该 Excel 数据。

3．编写 JSP 程序向 xls 格式的 Excel 文件“班级信息.xls”输出数据，输出结果如图 11-14 所示。

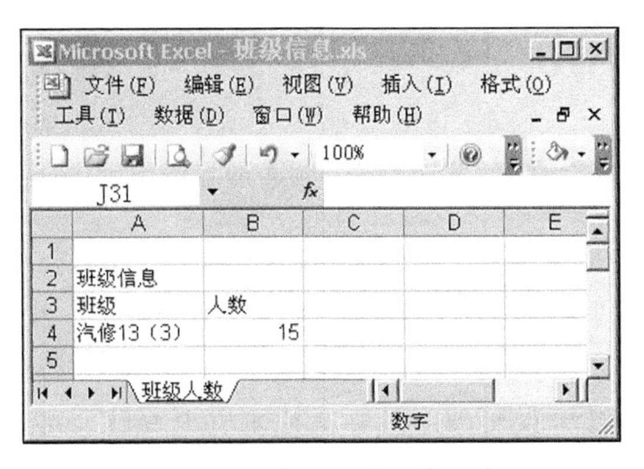

图 11-14　上机题 3 数据输出结果

第12章　邮 件 发 送

在应用系统中，经常使用邮件发送功能，如通过邮箱找回密码。本章介绍通过 JavaMail 实现邮件发送的方法。

12.1　JavaMail 简介

JavaMail 是实现邮件发送和接收的一套标准开发包，它支持常用的邮件协议，如 SMTP、POP3 和 IMAP。

读者可以从 http://www.oracle.com/technetwork/java/javamail/index.html 下载最新版 JavaMail API。本书采用 JavaMail API 1.4.5，下载的文件名为 javamail1_4_5.zip。

解压 javamail1_4_5.zip，将产生在 javamail-1.4.5\lib 目录下的 5 个类库文件 dsn.jar、imap.jar、mailapi.jar、pop3.jar 和 smtp.jar 复制到工程 WEB-INF\lib 目录中。

如果程序只使用邮件发送功能，则只需要 dsn.jar、mailapi.jar 和 smtp.jar，如果程序只使用邮件接收功能，则只需要 dsn.jar、mailapi.jar、pop3.jar 或 imap.jar。

12.2　JavaMail 核心类

1. Session

javax.mail.Session 类定义了基本的邮件会话，收发邮件都是基于这个会话实现的。通过 Session 对象可以获取邮件服务器、认证方式、用户名、密码信息和其他共享信息。

Session 对象通过 java.util.Properties 对象获得，例如：

```
Properties props=new Properties();
props.put("mail.smtp.host", "smtp.163.com");  //设置发送邮件服务器
props.put("mail.smtp.auth", "true");  //设置认证方式
Session s=Session.getInstance(props);  //根据 Properties 创建邮件会话
```

2. InternetAddress

javax.mail.internet.InternetAddress 用于创建邮件地址。

例如，创建只含有电子邮件地址的地址，如下：

```
InternetAddress from=new InternetAddress("help@163.com");
```

创建含有电子邮件地址和名字的地址，如下：

```
InternetAddress from=new InternetAddress("help@163.com", "网易客服邮箱");
```

3. MimeMessage

javax.mail.internet.MimeMessage 创建邮件消息体，用来完成发件人、收件人、主题、内容等设置。MimeMessage 类常用方法见表 12-1。

表 12-1　MimeMessage 类常用方法

方法名	功能
void setFrom (Address address)	设置发件人
void addFrom (Address[] addresses)	添加收件人
void setRecipient (Message.RecipientType type, Address address) void setRecipients (Message.RecipientType type, Address[] addresses) void setRecipients (Message.RecipientType type, String addresses)	设置收件人。Message.RecipientType 的三个常量： Message.RecipientType.TO：普通发送 Message.RecipientType.CC：Carbon Copy，抄送 Message.RecipientType.BCC：Blind Carbon Copy，暗送
void setSubject (String subject)	设置邮件主题
void setText (String text)	设置邮件纯文本内容
void setContent (Multipart mp)	设置邮件内容
void setSentDate (Date d)	设置发送时间
void saveChanges ()	保存邮件发送消息

MimeMessage 通过传递 Session 对象来创建。例如：

```
Session s=Session.getInstance(props);  //根据 Properties 创建邮件会话
MimeMessage message=new MimeMessage(s);  //根据邮件会话获取 MimeMessage
message.setSubject("subject");  //设置邮件标题
```

4. MimeBodyPart

javax.mail.internet.MimeBodyPart 是邮件内容的存放对象，每个 MimeBodyPart 都包含一个 MIME 类型和匹配此类型的信件内容。

例如，给 MimeBodyPart 设置内容和编码方式，如下：

```
MimeBodyPart mbp=new MimeBodyPart();
mbp.setContent("邮件内容","text/html;charset=gb2312");
```

5. MimeMultipart

javax.mail.internet.MimeMultipart 是存放邮件的容器，一个 MimeMultipart 对象可以保存多个 MimeBodyPart 对象。

例如，设置 HTML 邮件内容，如下：

```
MimeBodyPart mbp=new MimeBodyPart();  //创建邮件内容对象
mbp.setContent("邮件内容", "text/html;charset=gb2312");
                                          //设置邮件内容编码方式
MimeMultipart mm=new MimeMultipart();  //创建邮件内容存放容器
```

```
mm.addBodyPart(mbp);  //将邮件内容加到邮件容器中
message.setContent(mm);  //保存邮件内容
```

6. FileDataSource 和 DataHandler

FileDataSource 和 DataHandler 类都在 javax.activation 包中，共同处理带附件的邮件发送。FileDataSource 用于设置上传的附件，DataHandler 提供设置附件的方法。

一个 FileDataSource 对象表示本地文件和服务器可以直接访问的资源。一个本地文件可以通过创建一个新的 MimeBodyPart 对象附在 MimeMessage 对象上。

例如，以下代码完成附件的处理。

```
FileDataSource fds=new FileDataSource("E:\myweb\chap12\天气.doc");
                                                    //获取附件路径
DataHandler dh=new DataHandler(fds);  //创建附件路径指向对象
MimeBodyPart mbp=new MimeBodyPart();
mbp.setDataHandler(dh);  //设置附件路径
String filenm="天气.doc ";  //附件文件名
filenm=MimeUtility.encodeText(filenm);  //编码附件文件名，解决中文乱码
mbp.setFileName(filenm);  //设置附件名
Multipart mm=new MimeMultipart();
mm.addBodyPart(mbp);  //将附件加入邮件容器中
```

需要注意的是，远程资源通过 javax.activation.URLDataSource 类来处理，例如：

```
URLDataSource uds=new URLDataSource("/Files/BeyondPic/200563.gif");
```

7. Transport

javax.mail.Transport 是发送邮件的核心类，它代表某个邮件协议发送对象。Transport 的实例通过 Session 对象的 getInstance 方法创建。

以下代码创建 STMP 发送对象。

```
Properties props=new Properties();
Session s=Session.getInstance(props);
Transport transport=s.getTransport("smtp");
```

Transport 常用方法见表 12-2。

表 12-2 Transport 常用方法

方法名	功能
void connect(String host, String user,String password)	设置邮箱登录信息，各参数含义： host：发送邮件用的邮件服务器 SMTP 地址 user：发件人邮箱账号 password：发件人邮箱密码
void sendMessage(Message msg,Address[] addresses)	向指定收件人发送邮件
void send(Message msg, Address[] addresses)	向指定收件人发送邮件，忽略 Message 中指定的收件人
void send(Message msg)	发送邮件
void close()	关闭服务连接

12.3　纯文本邮件发送

纯文本邮件指邮件正文内容为纯文本。利用 Session、MimeMessage 和 Transport 可实现纯文本邮件的发送。

[例 12.1]　纯文本邮件发送示例。txt_form.html 为邮件内容填写页面，txt_send.jsp 执行邮件发送。运行 txt_form.html，填写邮件信息后，单击“发送”按钮执行邮件发送，效果如图 12-1 所示。

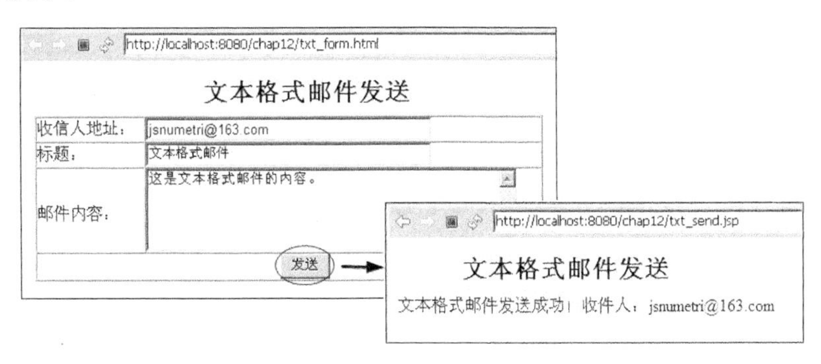

图 12-1　纯文本邮件发送

txt_form.html 主要代码如下：

```
<body>
<h2 align="center">文本格式邮件发送</h2>
<form name="form1" method="post" action="txt_send.jsp">
  <table align="center" width="650" border="1" cellspacing="0" cell-
  padding="0">
  <tr>
    <td>收信人地址：</td>
    <td><input name="to" type="text" size="40"></td>
  </tr>
  <tr>
    <td>标题：</td>
    <td><input name="subject" type="text" size="40"></td>
  </tr>
  <tr>
    <td>邮件内容：</td>
    <td><textarea name="content" cols="60" rows="10" id="content"
    ></textarea></td>
  </tr>
  <tr>
    <td colspan="2" align="center"><input type="submit" name="Submit"
    value="发送"></td>
  </tr>
```

```
</table>
</form>
</body>
```

txt_send.jsp 实现邮件发送，代码如下：

```
<%@ page import="java.util.*, javax.mail.*, javax.mail.internet.*" %>
<%@ page language="java" contentType="text/html; charset=UTF-8"
pageEncoding="UTF-8"%>
<html>
<head>
<meta http-equiv="Content-Type" content="text/html; charset=UTF-8">
<title>Insert title here</title>
</head>
<body>
<h2 align="center">文本格式邮件发送</h2>
<%
    request.setCharacterEncoding("UTF-8");
    String to=request.getParameter("to");  //收件人地址
    String subject=request.getParameter("subject");  //主题
    String content=request.getParameter("content");  //内容
    try{
        //创建属性对象用以保存邮件信息
        Properties props=new Properties();
        props.put("mail.smtp.host", "smtp.163.com");  //设置发送邮件服务器
        props.put("mail.smtp.auth", "true");  //同时通过验证
        //设置邮件基本信息
        Session s=Session.getInstance(props);  //根据属性创建邮件会话
        MimeMessage message=new MimeMessage(s);  //根据邮件会话创建消息对象
        message.setFrom(new InternetAddress("jspbooktest@163.com","张
        三"));  //设置发件人
        message.setRecipient(Message.RecipientType.TO, new Internet-
        dress(to));//设置收件人
        message.setSubject(subject);  //设置邮件标题
        message.setText(content);  //设置邮件内容
        message.setSentDate(new Date());  //设置邮件发送时间
        message.saveChanges();  //保存邮件信息
        //发送邮件
        Transport transport=s.getTransport("SMTP");  //创建SMTP邮件协议对象
        //连接邮件服务器，参数1:发送邮件用的邮件服务器SMTP地址，参数2:发件人
        邮箱账号，参数3:发件人邮箱密码
        transport.connect("smtp.163.com", "jspbooktest", "jspbook
        123456");
```

```
            transport.sendMessage(message, message.getAllRecipients());
            //发送邮件
            transport.close();
            out.print("<p><font color='#0000FF'>文本格式邮件发送成功！收件人：
            "+to+"</font></p>");
        }
        catch(Exception e){
            out.print("<p><font color='#FF0000'>文本格式邮件发送失败！收件人：
            "+to+"</font></p>");
            out.print(e.toString());
        }
    %>
    </body>
    </html>
```

说明：

(1) 邮件发送服务器要与发件人邮箱匹配，如本例使用 163 邮箱 jspbooktest@163.com 发送邮件，163 邮箱对应的邮件发送服务器为 smtp.163.com，因此需要将 smtp.163.com 存入属性 mail.smtp.host 中。

(2) 需要对接收到的邮件主题和正文内容进行 ISO-8859-1 编码，否则会出现乱码。

(3) 发送邮件时必须有网络支持，包括客户机能够访问 JSP 服务器，同时 JSP 服务器要能够访问互联网。

12.4　HTML 邮件发送

HTML 邮件指邮件正文内容包含 HTML 内容。与纯文本邮件的发送不同，HTML 邮件的发送除需要 Session、MimeMessage 和 Transport 外，还需要 MimeBodyPart 和 MimeMultipart 完成 HTML 内容的处理。

[例 12.2]　HTML 邮件发送示例。html_form.html 为邮件内容填写页面，其与例 12.1 中的 txt_form.html 相比，仅表单的 action 不同，html_send.jsp 执行邮件发送。运行效果及邮件查看如图 12-2 所示。

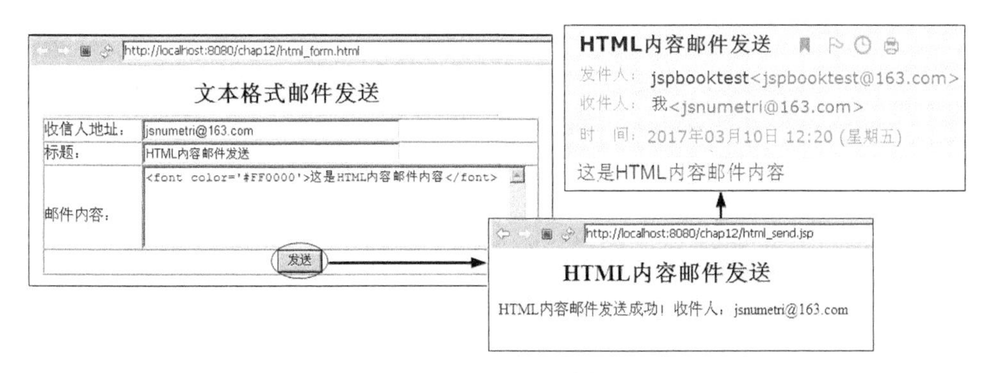

图 12-2　HTML 邮件发送

html_send.jsp 代码如下：

```
<%@ page import="java.util.*, javax.mail.*, javax.mail.internet.*" %>
<%@ page language="java" contentType="text/html; charset=UTF-8"
pageEncoding="UTF-8"%>
<html>
<head>
<meta http-equiv="Content-Type" content="text/html; charset=UTF-8">
<title>Insert title here</title>
</head>
<body>
<h2 align="center">HTML 内容邮件发送</h2>
<%
    request.setCharacterEncoding("UTF-8");
    String to=request.getParameter("to");  //收件人地址
    String subject=request.getParameter("subject");  //主题
    String content=request.getParameter("content");  //内容
    try{
        //创建属性对象用以保存邮件信息
        Properties props=new Properties();
        props.put("mail.smtp.host", "smtp.163.com");  //设置发送邮件服务器
        props.put("mail.smtp.auth", "true");  //同时通过验证
        //设置邮件信息
        Session s=Session.getInstance(props);  //根据属性创建邮件会话
        MimeMessage message=new MimeMessage(s);  //根据邮件会话创建消息对象
        message.setFrom(new InternetAddress("jspbooktest@163.com"));
        //设置发件人
        message.setRecipient(Message.RecipientType.TO, new InternetAddress
        (to));//设置收件人
        message.setSubject(subject);  //设置邮件标题
        message.setSentDate(new Date());  //设置邮件发送时间
        //设置邮件 HTML 内容
        MimeBodyPart mbp=new MimeBodyPart();  //创建邮件内容存放体
        mbp.setContent(content, "text/html;charset=gb2312");
                                    //给邮件内容存放体设置内容和编码方式
        MimeMultipart mm=new MimeMultipart();  //创建邮件存放容器
        mm.addBodyPart(mbp);  //将邮件内容存放体加入邮件容器中
        message.setContent(mm);
        //保存邮件信息
        message.saveChanges();
        //发送邮件
        Transport transport=s.getTransport("SMTP");  //创建 SMTP 邮件协议对象
        //连接邮件服务器，参数 1:发送邮件用的邮件服务器 SMTP 地址，参数 2:发件人
        邮箱账号，参数 3:发件人邮箱密码
```

```
        transport.connect("smtp.163.com", "jspbooktest", "jspbook123456");
        transport.sendMessage(message, message.getAllRecipients());
        //发送邮件
        transport.close();
        out.print("<p><font color='#0000FF'>HTML 内容邮件发送成功! 收件人:
        "+to+"</font></p>");
    }
    catch(Exception e){
        out.print("<p><font color='#FF0000'>HTML 内容邮件发送失败! 收件人:
        "+to+"</font></p>");
        out.print(e.toString());
    }
%>
</body>
</html>
```

12.5　带附件邮件发送

与发送 HTML 邮件相比，带附件邮件的发送除需要 Session、MimeMessage、MimeBodyPart、MimeMultipart 和 Transport 外，还需要 FileDataSource 和 DataHandler 以及文件上传组件(本例使用的是 jspSmartUpload)的支持。

发送带附件邮件的实现过程是，先将文件上传至 JSP 服务器的指定目录，上传成功后再由 JavaMail 将此邮件发送至收件人。

[例 12.3]　带附件邮件发送示例。attachment_form.html 为邮件内容填写页面，attachment_send.jsp 执行邮件发送，运行效果及邮件查看如图 12-3 所示。

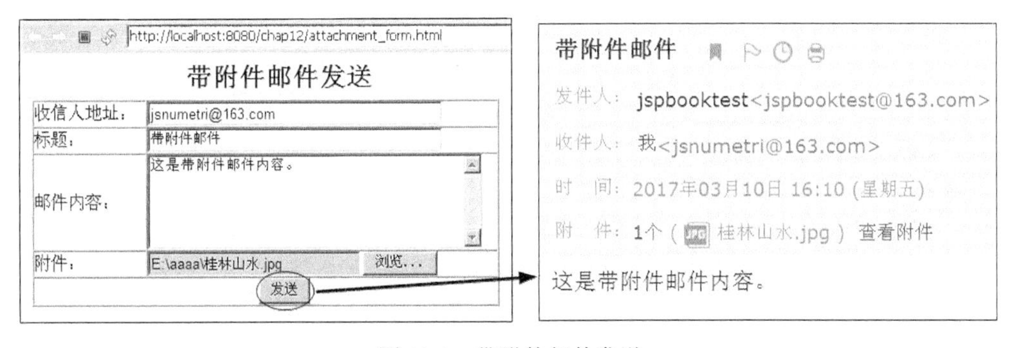

图 12-3　带附件邮件发送

attachment_form.html 主要代码如下：

```
<body>
<h2 align="center">带附件邮件发送</h2>
<form action="attachment_send.jsp" method="post" enctype="multipart/
form-data" name="form1">
```

```
  <table align="center" width="600" border="1" cellspacing="0"
  cellpadding="0">
  <tr>
    <td>收信人地址：</td>
    <td><input name="to" type="text" size="40"></td>
  </tr>
  <tr>
    <td>标题：</td>
    <td><input name="subject" type="text" size="40"></td>
  </tr>
  <tr>
    <td>邮件内容：</td>
    <td><textarea name="content" cols="60" rows="10" id="content"
    ></textarea></td>
  </tr>
  <tr>
    <td>附件：</td>
    <td><input type="file" name="file" size="40"></td>
  </tr>
  <tr>
    <td colspan="2" align="center"><input type="submit" name="Submit"
    value="发送"></td>
  </tr>
</table>
</form>
</body>
```

attachment_send.jsp 代码如下：

```
<%@ page import="java.util.*, javax.mail.*, javax.mail.internet.*,
        javax.activation.*, java.net.*, com.jspsmart.upload.*" %>
<%@ page language="java" contentType="text/html; charset=UTF-8"
pageEncoding="UTF-8"%>
<!DOCTYPE html PUBLIC "-//W3C//DTD HTML 4.01 Transitional//EN"
"http://www.w3.org/TR/html4/loose.dtd">
<html>
<head>
<meta http-equiv="Content-Type" content="text/html; charset=UTF-8">
<title>Insert title here</title>
</head>
<body>
<h2 align="center">带附件邮件发送</h2>
<%
    String to="";
```

```
try{
    //上传附件
    SmartUpload su = new SmartUpload();  //新建一个SmartUpload对象
    su.initialize(pageContext);  //上传初始化
    su.setMaxFileSize(50*1024*1024);  //限制每个上传附件的最大长度
    su.upload();  //执行上传
    int count=su.save("/");  //将附件保存到工程根目录中
    //通过SmartUpload的getRequest()方法获取邮件信息
    to=su.getRequest().getParameter("to");  //收件人地址
    String subject=su.getRequest().getParameter("subject");  //主题
    String content=su.getRequest().getParameter("content");  //内容
    //创建属性对象用以保存邮件信息
    Properties props=new Properties();
    props.put("mail.smtp.host", "smtp.163.com");  //设置发送邮件服务器
    props.put("mail.smtp.auth", "true");  //同时通过验证
    //设置邮件信息
    Session s=Session.getInstance(props);  //根据属性创建邮件会话
    MimeMessage message=new MimeMessage(s);  //根据邮件会话创建消息对象
    message.setFrom(new InternetAddress("jspbooktest@163.com"));
    //设置发件人
    message.setRecipient(Message.RecipientType.TO, new Internet-
    Address(to));  //设置收件人
    message.setSubject(subject);  //设置邮件标题
    message.setSentDate(new Date());  //设置邮件发送时间
    //设置邮件HTML内容
    MimeBodyPart mbp=new MimeBodyPart();  //创建邮件内容存放体
    mbp.setContent(content, "text/html;charset=gb2312");
                                  //给邮件内容存放体设置内容和编码方式
    MimeMultipart mm=new MimeMultipart();  //创建邮件存放容器
    mm.addBodyPart(mbp);  //将邮件内容存放体加入邮件容器中
    //有附件时则设置附件
    if(count>0){
        com.jspsmart.upload.File file=su.getFiles().getFile(0);
        //获取附件文件
        String filePath=application.getRealPath("/"+file.
        getFile-Name());  //附件绝对路径
        FileDataSource fds=new FileDataSource(filePath);
                                                  //获取附件路径
        DataHandler dh=new DataHandler(fds);
        mbp=new MimeBodyPart();  //创建邮件内容存放体
        mbp.setDataHandler(dh);  //设置附件路径
        String filenm=file.getFileName();  //获取附件的文件名
        filenm=MimeUtility.encodeText(filenm);
                                        //编码文件名，解决中文乱码
        mbp.setFileName(filenm);  //设置附件名
```

```
            mm.addBodyPart(mbp);  //将附件加入邮件容器中
        }
        message.setContent(mm);
        //保存邮件信息
        message.saveChanges();
        //发送邮件
        Transport transport=s.getTransport("SMTP");
                                                //创建SMTP邮件协议对象
        //连接邮件服务器，参数1:发送邮件用的邮件服务器SMTP地址，参数2:发件人
        邮箱账号，参数3:发件人邮箱密码
        transport.connect("smtp.163.com", "jspbooktest", "jspbook123456");
        transport.sendMessage(message, message.getAllRecipients());
        //发送邮件
        transport.close();
        out.print("<p><font color='#0000FF'>带附件邮件发送成功！收件人：
        "+to+"</font></p>");
    }
    catch(Exception e){
        out.print("<p><font color='#FF0000'>带附件邮件发送失败！收件人：
        "+to+"</font></p>");
        out.print(e.toString());
    }
%>
</body>
</html>
```

说明：在设置邮件中的附件名时，需要使用 MimeUtility.encodeText()对文件名进行编码，否则收件人看到的附件名中文是乱码。

12.6　小　　结

本章介绍了 JavaMail 实现邮件发送的常用类，并结合示例讲解了纯文本邮件发送、HTML 邮件发送和带附件邮件的发送。邮件发送在应用系统开发中经常使用，读者应掌握。

习题

1. 仅使用 JavaMail 发送邮件时，需要哪些类库的支持？
2. 使用 JavaMail 发送邮件时，对网络环境有何要求？

上机题

编写程序实现 HTML 邮件发送。

第 13 章　在线调查系统

本章提供一个在线调查系统的开发实例，给出主要的设计和开发过程。通过本章的学习，读者能够掌握系统设计和开发的流程、内容与步骤。

13.1　需 求 分 析

软件开发的关键步骤是用户需求分析，确定系统需求和功能。因此，系统分析人员需要调研用户要做什么、管理的业务流程和规则是什么等，有时还要索取用户日常管理的各种单据、报表等，以期获得其他有用信息。

经过需求调研，得出在线调查系统的主要功能如下：

(1) 调查问卷的创建、编辑、发布，问卷的题目类型包括单选题、多选题和填空题。

(2) 用户不需要登录即可参与问卷调查，不允许用户重复参与调查。

(3) 选择题调查结果采用图形化(饼图、柱图)方式显示，填空题调查结果可供查看。

(4) 注册用户可以发起问卷调查，查看本人问卷调查结果。

(5) 用户注册信息包括用户名、密码。

13.2　原 型 设 计

原型设计的目的是揭示系统的重要功能与可用性，其设计内容包括界面、功能和关键处理规则。原型设计不要求非常美观，界面内容不全、元素布局摆放不合理等都是正常的。

原型设计的工具很多，如 Dreamweaver、Axure、Pencil、Mockplus，也可以用 Word、Excel 绘制，甚至手工在纸上绘制也是可以的。原型设计初稿完成后，需求人员需再次与用户交流，确认原型设计是否合理。

下面利用 Word 完成在线调查系统原型设计的绘制。

13.2.1　问卷管理

问卷管理的原型设计如图 13-1 所示，问卷状态包括未发布、已发布、已结束，规则设计如下：

(1) 已发布的问卷不可以修改和删除。

(2) 已发布但还无人参与调查的问卷状态可以改为未发布。

(3) 已发布且有人参加调查的问卷状态可在“已发布”和“已结束”之间转换。

(4) 题目可以前移。

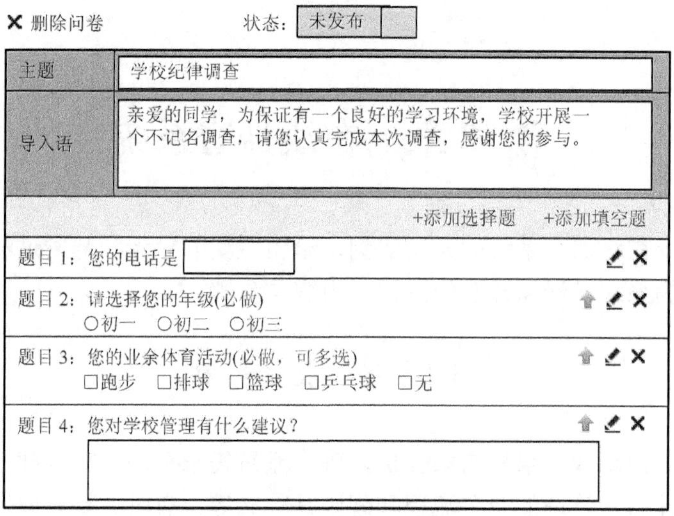

图 13-1　调查问卷管理

图 13-2、图 13-3 分别为选择题、填空题编辑界面。

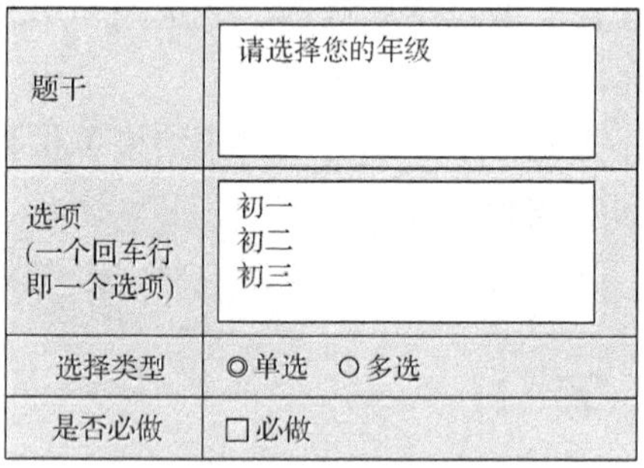

图 13-2　编辑选择题

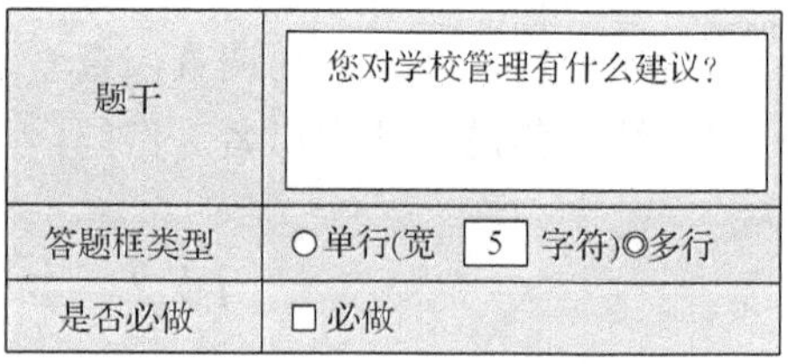

图 13-3　编辑填空题

13.2.2　问卷调查

问卷调查原型如图 13-4 所示。

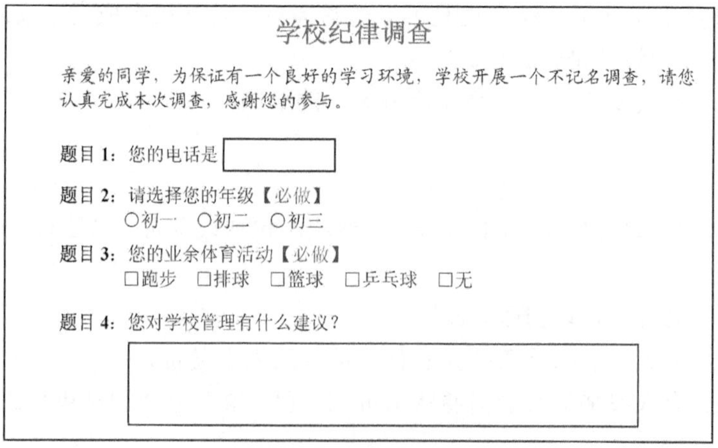

图 13-4　问卷调查界面

13.2.3　调查结果显示

单选题和多选题分别采用饼图和柱图呈现调查结果，如图 13-5 所示。填空题直接显示回答结果，如图 13-6 所示。

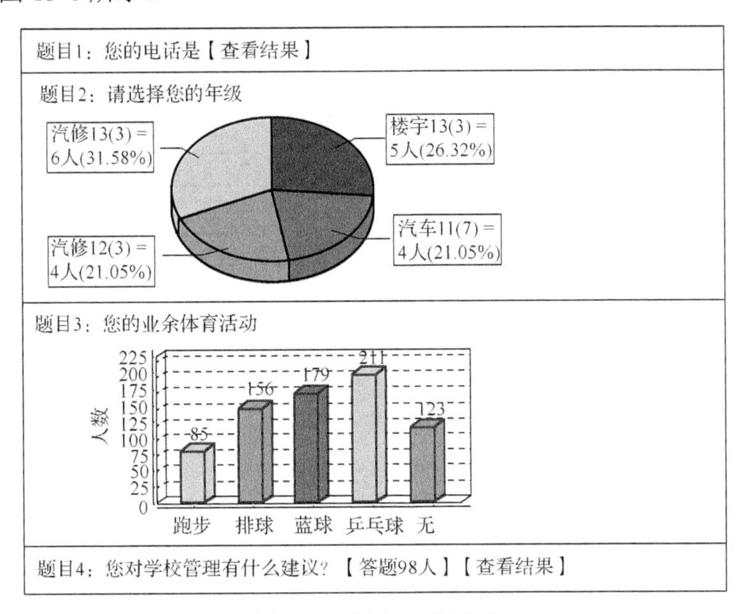

图 13-5　调查结果显示

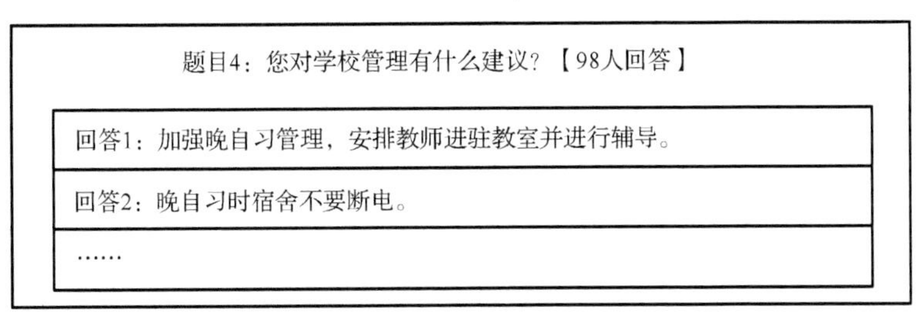

图 13-6　填空题结果显示

13.3　概 要 设 计

需求分析和原型设计完成后，接下来进行概要设计。概要设计的任务是确定系统总体模块结构、模块的功能及其调用关系和数据结构。

13.3.1　总体模块结构

在线调查系统的总体模块结构如图 13-7 所示。前台功能模块包括问卷列表显示、参与问卷调查、用户注册。后台功能模块包括用户登录、问卷管理、查看调查结果、用户权限管理、个人密码修改。

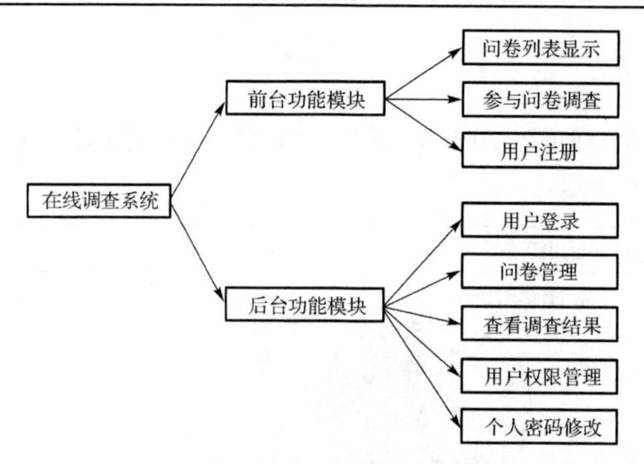

图 13-7　在线调查系统的总体模块结构

13.3.2　前台功能模块

(1)系统首页，如表 13-1 所示。

表 13-1　系统首页

名称	系统首页
操作角色	全部用户
功能描述	(1)显示“已发布”的调查问卷，内容包括：调查主题、用户参与调查的状态(通过 Cookie 判断)，未参与的调查有“参与调查”按钮； (2)问卷按发布时间降序分页显示，每页显示 15 条记录； (3)提供“登录”和“注册”入口，如果用户已登录，则“登录”改为“后台管理”显示

(2)参与问卷调查，如表 13-2 所示。

表 13-2　参与问卷调查

名称	参与问卷调查
操作角色	全部用户
功能描述	(1)显示调查问卷内容，包括主题、导入语、题目、提交和取消按钮； (2)必做题的题干后显示“必做”提示，多行填空题题干后显示“限 300 字”提示； (3)JavaScript 验证： ① 必做题目全部答题后才允许提交； ② 填空题回答内容最多 300 字(600 字节)； (4)提交或取消后返回前台首页

(3)用户注册，如表 13-3 所示。

表 13-3　用户注册

名称	用户注册页
操作角色	未注册用户
功能描述	(1)提供首页入口链接； (2)提供用户名、密码、确认密码文本框、注册按钮； (3)JavaScript 验证： ① 用户名：必填项，滤除全部英文空格，长度不超过 20 字节； ② 密码和确认密码：必填项，两者要相同，长度不超过 20 字节； (4)注册时，如果输入的用户名已注册，给出提示“用户名已存在！”，同时，之前输入的用户名、密码、确认密码继续显示在各自文本框中，注册成功后自动登录进入后台首页

13.3.3 后台功能模块

后台功能模块的操作对象为注册用户，以下给出部分后台功能模块的概要设计。

(1) 后台首页，如表 13-4 所示。

表 13-4　后台首页

名称	后台首页
操作角色	登录用户
功能描述	(1) 采用“上—左—右”( )框架集构成； (2) 上框架载入的页面内容：系统 Logo，当前登录的用户名，系统首页入口，修改密码和退出系统按钮； (3) 左框架载入系统菜单页，内容包括：调查问卷管理、查看调查结果、用户权限管理； (4) 右框架初始载入系统欢迎页面

(2) 问卷管理(问卷列表显示)，如表 13-5 所示。

表 13-5　问卷管理(问卷列表显示)

名称	问卷管理(问卷列表显示)
操作角色	授权用户
功能描述	(1) 提供新建问卷入口； (2) 按创建时间降序显示调查问卷列表，内容包括：调查主题、创建人、发布时间、参调人数、状态、管理入口； (3) 问卷状态包括：未发布、已发布、已结束； (4) 用户只能管理权限范围内的问卷； (5) 问卷列表分页显示，每页显示 15 条记录

(3) 问卷管理(编辑问卷)，如表 13-6 所示。

表 13-6　问卷管理(编辑问卷)

名称	问卷管理(编辑问卷)
操作角色	授权用户
功能描述	(1) 可编辑问卷的调查主题、导入语； (2) 提供添加选择题和填空题入口； (3) 按顺序显示题目、是否必做、前移、修改和删除入口； (4) 设置问卷状态，问卷参调人数为 0 时，问卷状态下拉列表选项为：未发布、已发布；问卷参调人数大于 0 时，问卷状态下拉列表选项为：已发布、已结束； (5) 提供问卷删除按钮； (6) 已发布的问卷不可删除，内容不可编辑； (7) 新建问卷时，主题和导入语添加成功后才显示添加选择题和添加填空题入口； (8) JavaScript 验证： 　① 主题为必填项，最大长度 100 字节； 　② 导入语最大长度 500 字节； (9) 删除问卷后返回调查问卷管理(问卷列表)

(4) 问卷管理(编辑选择题)，如表 13-7 所示。

表 13-7　问卷管理(编辑选择题)

名称	问卷管理(编辑选择题)
操作角色	授权用户
功能描述	(1)提供选择题题干文本框、选项文本框(多行，一行为一个选项)、选择题类型按钮(两个单选按钮，分别代表单选题和多选题)、是否必做复选框(勾选代表必做)、保存和返回按钮； (2)JavaScript 验证： ① 题干为必填项，最大长度 200 字节； ② 选项为必填项，最大长度 500 字节； (3)新建选择题保存后留在此页面，编辑选择题保存后返回至调查问卷管理(编辑问卷)

(5)问卷管理(编辑填空题)，如表 13-8 所示。

表 13-8　问卷管理(编辑填空题)

名称	问卷管理(编辑填空题)
操作角色	授权用户
功能描述	(1)提供填空题题干文本框、答题框类型选择按钮(两个单选按钮，分别代表单行答题框和多行答题框)、答题框宽度设置框、是否必做复选框(勾选代表必做)、保存和返回按钮； (2)JavaScript 验证： ① 题干为必填项，最大长度 200 字节； ② 答题框类型选择单行答题框时，要验证答题框宽度设置框值为 5～60； (3)新建填空题保存后留在此页面，编辑填空题保存后返回至调查问卷管理(编辑问卷)

(6)查看调查结果(问卷统计结果)，如表 13-9 所示。

表 13-9　查看调查结果(问卷统计结果)

名称	显示查看调查结果(问卷统计结果)
操作角色	授权用户
功能描述	(1)显示问卷的主题、参调人数、选择题题干及统计结果、填空题题干、返回按钮； (2)单选题用饼图显示统计结果，多选题用柱图显示统计结果； (3)填空题不在此页面显示调查结果，有人答题时，填空题题干后面有查看结果按钮，单击此按钮进入此填空题调查结果显示页面； (4)非必做题的题干后显示题目答题人数； (5)单击“返回”按钮转至查看调查结果(问卷列表)

(7)查看调查结果(填空题结果显示)，如表 13-10 所示。

表 13-10　查看调查结果(填空题结果显示)

名称	查看调查结果(填空题结果显示)
操作角色	授权用户
功能描述	(1)显示问卷的主题、参调人数、当前查看填空题的题干、回答内容、返回按钮； (2)非必做填空题的题干后显示题目答题人数； (3)回答结果分页显示，每页显示 15 条记录； (4)单击“返回”按钮转至查看调查结果(问卷统计结果)

13.3.4　权限设计

在线调查系统的权限用一个整数保存，整数的每一位代表一种操作权限或数据操作范围，某位的值为 1 表示有对应权限，为 0 表示没有对应权限。

在线调查系统的权限划分及其位序控制含义见表 13-11。

表 13-11　系统权限定义

权限	位序(从低位起)	含义
问卷管理	1	0——无权限，1——有权限
问卷管理范围	2	0——仅管理本人问卷，1——管理全部问卷
查看调查结果	3	0——无权限，1——有权限
调查结果查看范围	4	0——仅查看本人创建的调查结果，1——查看全部调查结果
管理用户权限	5	0——无权限，1——有权限

13.4　数据库设计

数据库设计的原则是，既要满足系统功能需要，又要保证系统运行效率。在线调查系统涉及的数据结构相对简单，下面从实体、逻辑结构、物理结构方面进行分析设计。

13.4.1　实体分析

通过原型设计和概要设计可以发现，本例在线调查系统涉及的实体包括用户、问卷、选择题、填空题、参调人，各实体基本属性如下：

(1) 用户：用户名，密码，用户类型(系统用户、注册用户)，注册时间，权限。

(2) 问卷：主题，导入语，创建时间，发布时间，状态。

(3) 选择题：题干，题型(单选、多选)，选项，是否必做，排序时间，答题人数。

(4) 填空题：题干，答题框类型(单行、多行)，答题框宽度，是否必做，排序时间，答题人数。

(5) 参调人：参调人参与调查时不需要登录，不需存储参调人信息，故省略参调人属性。

各实体间联系如下：

(1) 用户和问卷的联系：一个用户可以创建多份问卷，一份问卷只能属于一个用户，因此用户和问卷是一对多的联系。

(2) 问卷和题目(选择题、填空题)的联系：一份问卷可以有多道题目，一道题目只属于一份试卷，因此问卷和题目是一对多的联系。

(3) 参调人和题目(选择题、填空题)的联系：一个参调人可以答多道题目，一道题目也可以由多个参调人作答，因此参调人和题目是多对多的联系，联系产生的属性为答题结果。

实体间联系简图如图 13-8 所示。

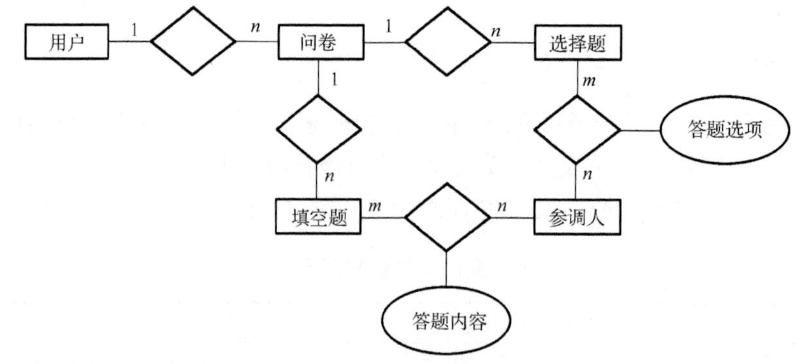

图 13-8　实体间联系简图

13.4.2　逻辑结构设计

根据实体及其之间的联系，同时考虑系统功能实现的需要，设计如下在线调查系统数据逻辑结构。

(1)用户：用户 Id，用户名，密码，用户类型(系统用户、注册用户)，权限。

(2)问卷：问卷 Id，主题，导入语，创建时间，发布时间，状态，参调人数，问卷创建人 Id。

(3)选择题：题目 Id，所属问卷 Id，题干，题型(单选、多选)，选项，是否必做，排序时间，答题人数。

(4)填空题：题目 Id，所属问卷 Id，题干，答题框类型(单行、多行)，答题框宽度，是否必做，排序时间，答题人数。

(5)选择题答题结果：所属题目 Id，选项序号，选项选择人数。

(6)填空题答题结果：所属题目 Id，答题内容。

13.4.3　物理结构设计

物理结构设计的任务是针对具体数据库平台，给出逻辑结构对应的数据表定义，内容包括表名、字段名、类型、宽度、约束、索引、默认值等。

以下是基于 MySQL 平台定义的在线调查系统表结构。

1. *用户表 Users*

用户表 Users 如表 13-12 所示。

表 13-12　用户表 Users

字段名	类型	含义	约束/索引	空否	默认值
UId	int，自动递增	用户编号	主键	否	
UserName	varchar(20)	登录名	unique 约束	否	
UserPassword	varchar(20)	登录密码		否	
UserKind	int	用户类型，1——超级管理员，2——注册用户			2
RegTime	datetime	注册时间			
Authority	int	操作权限			0

Users 表创建后，执行以下指令添加管理员账号(权限 Authority 为 31，即低 5 位全部为 1)：

```
insert into Users(UserName, UserPassword, UserKind, RegTime, Authority)
values('admin' , '666' , 1 , now() , 31)
```

2. 问卷表 Surveys

问卷表 Surveys 如表 13-13 所示。

表 13-13　问卷表 Surveys

字段名	类型	含义	约束/索引	空否	默认值
SId	int，自动递增	问卷编号	主键	否	
Subject	varchar(100)	调查主题		否	
Directions	varchar(500)	导入语			
CreateTime	datetime	创建时间			
PublishTime	datetime	发布时间			
StateFlag	int	状态，0——未发布，1——已发布，2——已结束			0
SurveyNums	int	参调人数			0
UId	int	问卷创建人 Id	外键，参照用户表 Users 中的 UId		

3. 题目表 Questions

选择题和填空题均有题干、归属问卷 Id、是否必做等属性，所以为实现方便，将选择题和填空题的逻辑结构用一个表实现，然后用值的方式来区分选择题和填空题。题目表 Questions 如表 13-14 所示。

表 13-14　题目表 Questions

字段名	类型	含义	约束/索引	空否	默认值
QId	int，自动递增	题目编号	主键	否	
QStem	varchar(200)	题干		否	
QKind	int	题型，1——单选题，2——多选题，3——单行填空题，4——多行填空题			1
Options	varchar(500)	选择题选项，当题型 kind 值为 3 时，该字段存储单行填空题的答题框宽度			
QFlag	int	是否必做，0——不必做，1——必做			1
QOrderTime	datetime	题目排序先后时间，新增题目时取当前时间			
QAnswerNums	int	答题人数			0
SId	int	题目所属问卷 Id	外键，参照问卷表 Surveys 中 Sid		

4. 选择题答题表 OptionAnswers

选择题答题表 OptionAnswers 如表 13-15 所示。

表 13-15　选择题答题表 OptionAnswers

字段名	类型	含义	约束/索引	空否	默认值
Id	int，自动递增	记录编号	主键	否	
QId	int	题目 Id	外键，参照 Questions 表的 QId		
OSequence	int	选项序号，如值为 3 代表选择题的第三个选项	QId 和 OSequence 联合为 unique 约束		
SelectNums	int	选项选择人数			0

5. 填空题答题表 BlankAnswers

填空题答题表 BlankAnswers 如表 13-16 所示。

表 13-16　填空题答题表 BlankAnswers

字段名	类型	含义	约束/索引	空否	默认值
Id	int，自动递增	记录编号	主键	否	
QId	int	题目 Id	外键，参照 Questions 表的 QId		
Answers	varchar(600)	答题内容			

13.5　详 细 设 计

详细设计是以原型设计、概要设计和数据库设计为依据，对系统界面、功能和关键数据处理逻辑进行详细设计，并给出关键处理说明，以使开发人员能够准确地实现系统。

限于篇幅，以下仅给出部分模块的详细设计，读者可以从中了解详细设计的内容和方法。

13.5.1　前台首页

前台首页的详细设计如图 13-9 所示。

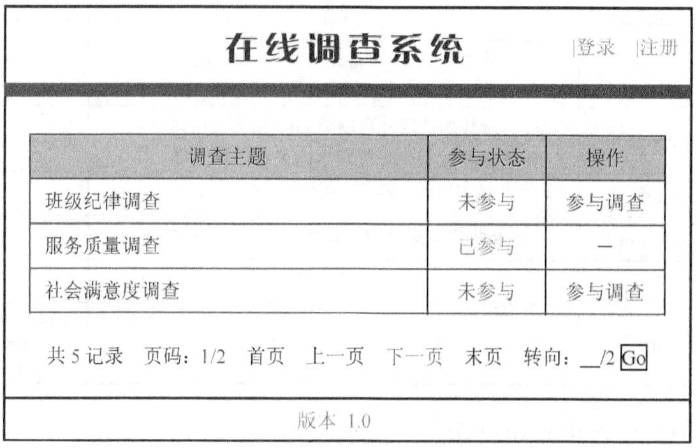

在线调查系统　|登录　|注册

调查主题	参与状态	操作
班级纪律调查	未参与	参与调查
服务质量调查	已参与	—
社会满意度调查	未参与	参与调查

共 5 记录　页码：1/2　首页　上一页　下一页　末页　转向：__/2 Go

版本 1.0

图 13-9　前台首页

【开发说明】

(1) 主框架集采用“上—中—下”(▤) 结构。

(2) 仅显示已发布问卷，未发布和已停止问卷不显示。

(3) 无问卷发布时，显示“无问卷发布”。

(4) 问卷按发布时间降序显示。

(5) 通过 Cookie 判断问卷的用户参与调查状态，未参与调查显示“参与调查”，否则显示“—”。

(6) 若用户已登录，则“登录”改为“后台管理”显示。

(7) 问卷列表分页显示，每页显示 15 条记录。

13.5.2　用户调查

用户调查页的详细设计如图 13-10 所示。

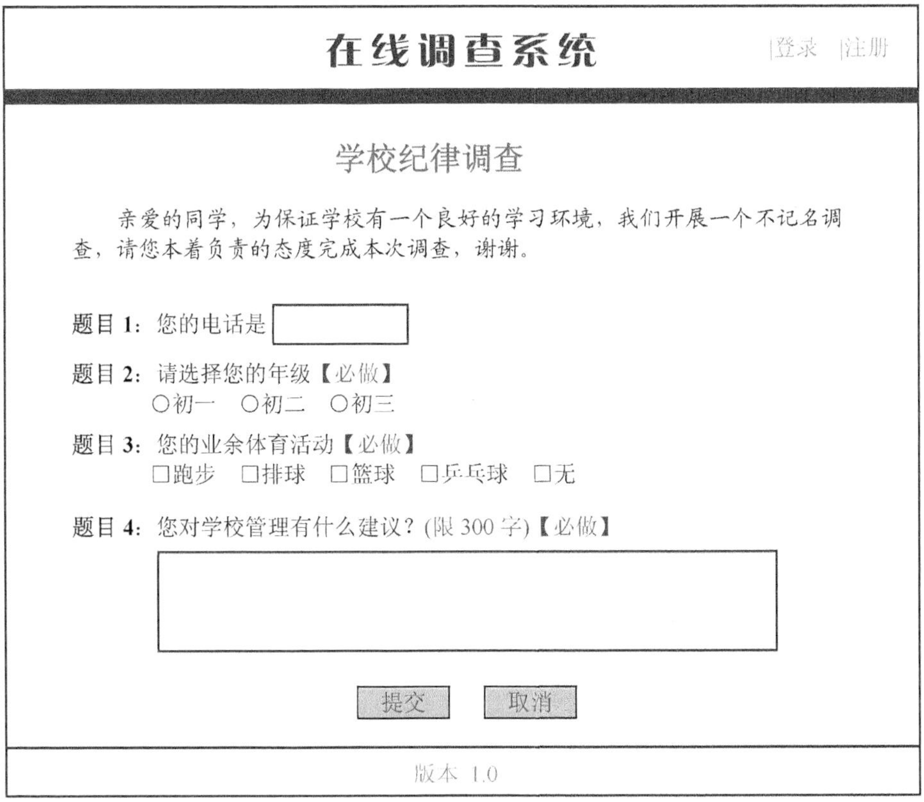

在线调查系统　　|登录　|注册

学校纪律调查

亲爱的同学，为保证学校有一个良好的学习环境，我们开展一个不记名调查，请您本着负责的态度完成本次调查，谢谢。

题目 1：您的电话是

题目 2：请选择您的年级【必做】
○初一　○初二　○初三

题目 3：您的业余体育活动【必做】
□跑步　□排球　□篮球　□乒乓球　□无

题目 4：您对学校管理有什么建议？(限 300 字)【必做】

提交　取消

版本 1.0

图 13-10　用户调查页

【开发说明】

(1) 必做题的题干后显示“必做”提示，多行填空题题干后显示“限 300 字”提示。

(2) JavaScript 验证。

① 必做题目全部答题后才允许提交，否则给出“必做题未做！”提示。

② 填空题回答内容不允许超出 600 字节。

(3)提交或取消后返回系统首页。

13.5.3　问卷管理列表

问卷管理列表的详细设计如图 13-11 所示。

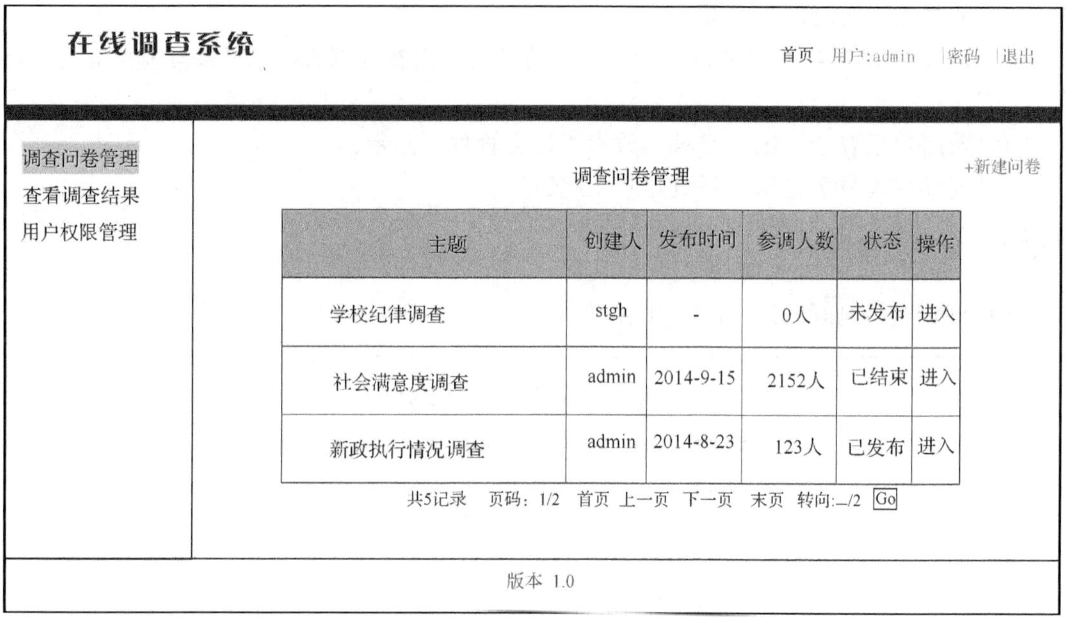

在线调查系统

首页 | 用户:admin | 密码 | 退出

调查问卷管理
查看调查结果
用户权限管理

调查问卷管理　　+新建问卷

主题	创建人	发布时间	参调人数	状态	操作
学校纪律调查	stgh	-	0人	未发布	进入
社会满意度调查	admin	2014-9-15	2152人	已结束	进入
新政执行情况调查	admin	2014-8-23	123人	已发布	进入

共5记录　页码：1/2　首页　上一页　下一页　末页　转向:_/2 Go

版本 1.0

图 13-11　问卷管理列表

【开发说明】

(1)用户只能获取权限范围内的问卷，问卷按创建时间降序分页显示，每页显示 15 条记录。

(2)未发布的调查其发布时间显示“－”。

(3)问卷状态包括：未发布、已发布、已结束。

(4)无调查问卷时，显示“无问卷”。

(5)单击“进入”进入问卷编辑页面。

13.5.4　问卷编辑

问卷编辑详细设计如图 13-12 所示。

【开发说明】

(1)问卷参调人数为 0 时，问卷状态下拉列表选项为：未发布、已发布；问卷参调人数大于 0 时，问卷状态下拉列表选项为：已发布、已结束。

(2)已发布和已结束的问卷无“删除问卷”、“保存主题和导入语”、“+添加选择题”、“+添加填空题”、题目前移、编辑和删除按钮。

(3)单击执行题目前移功能，实现方法是交换该题和其前一题的排序时间。

(4)第 1 道题目无前移按钮。

(5) 新建问卷时，主题和导入语保存成功后才显示“删除问卷”、“+添加选择题”、“+添加填空题”等按钮及问卷状态、参调人数信息。

(6) JavaScript 验证。

① 主题为必填项，最大长度 100 字节。

② 导入语最大长度 500 字节。

(7) 删除问卷时弹出确认删除的提示。

(8) 问卷状态由未发布改为已发布时，要将该问卷对应选择题的题目 Id 和选项序号添加到选择题答题表 OptionAnswers 中(选项序号从 1 开始顺序编号，例如，“初一　初二　初三”对应的选项序号分别为 1、2、3)。

(9) 问卷状态由已发布改为未发布，要将选择题答题表 OptionAnswers 该问卷选择题对应选项记录删除。

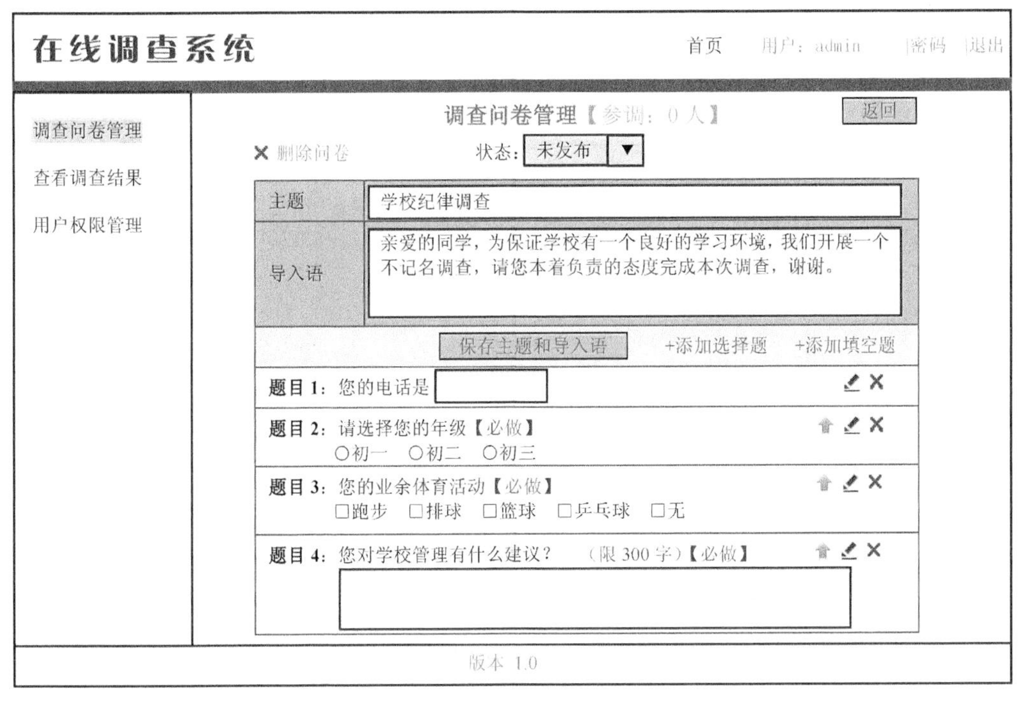

图 13-12　问卷编辑

13.6　文件结构规划

文件结构规划是将详细设计分解成不同的程序文件，并根据功能需要划分在不同目录中。文件结构的规划结果并不唯一，完全取决于系统需要、实现方式以及设计者的习惯或风格。

本例的文件目录包括 mng(后台管理目录)、js(JavaScript 文件目录)、pic(图片目录)、css(CSS 文件目录)，由详细设计分解产生的页面文件以及类文件如图 13-13 所示。

需要说明的是，图片文件和 CSS 文件由美工给出，通用 JavaScript 文件可由代码编写人员提炼后统一给出，在此不进行规划。

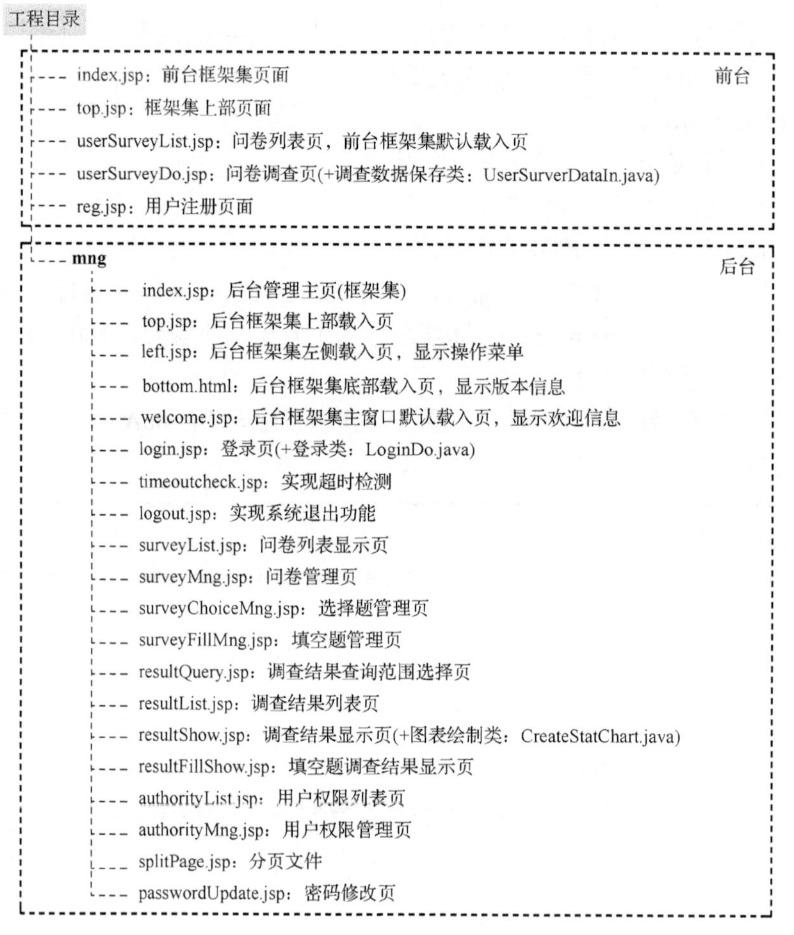

图 13-13　文件结构规划

13.7　美 工 设 计

美工设计的主要内容包括页面布局的创意、美术设计和制作，如所需的各种图片、静态页面、CSS 样式等。

1. 图片设计

本例设计的图片包括系统 Logo 和欢迎图，如图 13-14 所示。

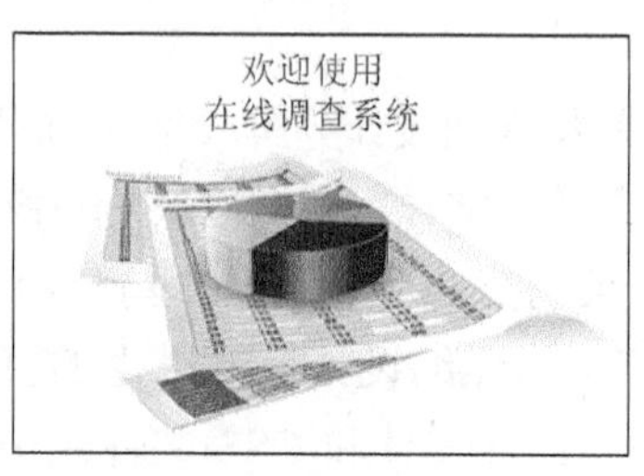

图 13-14　系统 Logo 和欢迎图设计

2. 页面样式设计

页面 CSS 定义了页面的通用样式，文件名为 style.css。

3. 前台框架集模板

前台框架集采用(上—中—下)结构，模板代码如下：

```
<frameset rows="70,*,24" frameborder="no" border="0" framespacing="0">
  <frame src="上部页面" name="topFrame" scrolling="No"
  noresize="noresize" id="topFrame" />
  <frame src="中部页面" name="mainFrame" id="mainFrame" />
  <frame src="底部页面" name="bottomFrame" scrolling="No" noresize
  ="noresize"
             id="bottomFrame" />
</frameset>
```

4. 后台框架集模板

后台框架集采用(上—左—右—下)结构，模板代码如下：

```
<frameset rows="70,*,24" frameborder="no" border="0" framespacing="0">
  <frame src="上部页面" name="topFrame" scrolling="No" noresize="noresize"
  id="topFrame" />
  <frameset cols="180,*" frameborder="no" border="0" framespacing="0"
  id="midFrame">
    <frame src="左侧页面(菜单页)" name="leftFrame" noresize="noresize"
    id="leftFrame">
    <frame src="右部页面" name="mainFrame" id="mainFrame" />
  </frameset>
  <frame src="底部页面" name="bottomFrame" scrolling="No" noresize=
  "noresize"
             id="bottomFrame" />
</frameset>
```

13.8 代码实现

代码实现是根据详细设计的要求来编写各模块程序。本例代码实现采用的技术路线为 JDK+Tomcat+MySQL，开发工具为 Eclipse 和 HeidiSQL(MySQL 可视化管理工具)。

13.8.1 创建数据库

启动 HeidiSQL，新建数据库 SurveyDB，然后根据物理结构设计创建数据表，也可以运行电子资料中的“创建数据库和初始数据-MySQL 平台.sql”创建数据库、表和初始数据。

13.8.2　创建项目和目录结构

进入 Eclipse，新建 Dynamic Web Project 项目，名为 chap13，在 WebContent 中分别创建目录 mng(后台管理目录)、js(JavaScript 文件目录)、pic(图片目录)、css(CSS 文件目录)。

13.8.3　创建通用 JavaScript 方法

JavaScript 通用方法用于页面数据的处理，文件名为 comm.js，方法如表 13-17 所示。

表 13-17　JavaScript 通用方法

方法	功能
getById(id)	根据 id 获取对象
getByName(name)	根据 name 获取对象
trim(str)	去除 str 两端英文空格并返回
trimAll(str)	去除 str 所有英文空格并返回
btyeLen(str)	返回 str 的字节数
haveNotDigital(oNum)	若 oNum 包含非数字则返回 true，否则返回 false
tbRowBgColor(o)	控制表格行背景颜色交替变化，o 为表 id

13.8.4　创建通用 Bean 方法

通用 Bean 完成服务端数据的处理，程序为 CommBean.java，方法见表 13-18。

表 13-18　CommBean 通用方法

方法	功能
public static int setBitFlag(int a, int bitIndex, int flag)	设置 a 中右侧起第 bitIndex 位的值为 flag(0 或 1)，右侧位序从 1 开始计数
public static boolean getBitFlag(Integer a,int bitIndex)	a 中右侧起第 bitIndex 位的值为 1 返回 true，为 0 返回 false，右侧位序从 1 开始计数
public static int toIntValue(String str,int invalidFlag)	将字符串转换为整数并返回，转换失败则返回 invalidFlag
public static int[] ListSplitPage(HttpServletRequest request,List<String[]> dataList,int pageSize)	按 pageSize 对 dataList 分页，返回的数据含义为：[0]——总记录数，[1]——页大小，[2]——总页数，[3]——当前页码，[4]——每页的起始记录序号
public static void createCookie(HttpServletResponse response, String cookieName)	用名称 cookieName 创建 Cookie 对象
public static boolean getCookie(HttpServletRequest request, String cookieName)	判断名称为 cookieName 的 Cookie 对象是否存在，存在返回 true，不存在返回 false
public static String toHtml(String str)	HTML 安全转换
public static String getStrOnByteNums(String str, int nums)	从 str 中截取 nums 字节的字符串，去除不足整数的全角字符，如"中 A 国"按 4 字节截取，结果为"中 A"而不是"中 A 半个国"

13.8.5　配置数据库连接池

本例数据库操作通过 Proxool 连接池实现，配置方法参见 6.9.3 节，将其中相应的 chap6 换成 chap13 即可。

13.8.6　数据库操作 Bean

数据库操作 Bean 封装了通用的数据库操作方法，程序为 DBHandle.java，方法见表 13-19，除 getDBConn()外，其他方法的定义与 11.2 节的 DbConn.java 完全相同。

表 13-19　DBHandle 数据库操作方法

方法	功能
public static Connection getDBConn()	从连接池中获取数据库连接，成功则返回连接对象，失败则返回 null
public static List<String[]> queryToList(Connection conn, String sql)	执行 SQL 定义的数据查询，查询结果通过 List 返回
public static List<String[]> queryToList(Connection conn, String sql,List<Object> params)	执行 SQL 定义的数据查询，查询结果通过 List 返回，参数值通过 params 提供
public static int exeSQL(Connection conn,String sql)	执行 SQL 定义的数据增、删、改，返回操作的记录数，操作失败时返回–1
public static int exeSQL(Connection conn,String sql,List <Object> params)	执行 SQL 定义的数据增、删、改，返回操作的记录数，操作失败时返回–1，参数值通过 params 提供
public static void closeConn(Connection conn)	关闭数据库连接

DBHandle.java 主要代码如下：

```
public class DBHandle extends CommBean{
    public static Connection getDBConn(){
        Connection conn=null;
        try{
            InitialContext ctx=new InitialContext();
            DataSource ds=(DataSource) ctx.lookup("java:comp/env/
            chap13_proxoolPoolDS");
            conn=ds.getConnection();
        } catch(Exception e){
            System.out.println("数据库连接失败："+e.toString());
        }
        return conn;
    }
    … 其他方法请参见 11.2 节中的 DbConn.java
}
```

13.8.7　后台管理主页

后台管理主页 index.jsp 通过框架集实现，采用结构，上、左(菜单区)、右(主窗口区)、下窗口默认分别载入 top.jsp、left.jsp、welcome.jsp、bottom.html。

在 mng 目录中分别新建上述 5 个页面文件，index.jsp 主要代码如下：

```
<frameset rows="70,*,24" frameborder="no" border="0" framespacing="0">
  <frame src="top.jsp" name="topFrame" scrolling="No" noresize=
  "noresize" id="topFrame" />
  <frameset cols="180,*" frameborder="no" border="0" framespacing="0"
```

```
  id="midFrame">
    <frame src="left.jsp" name="leftFrame" noresize="noresize" id=
    "leftFrame">
    <frame src="welcome.jsp" name="mainFrame" id="mainFrame" />
  </frameset>
  <frame src="bottom.html" name="bottomFrame" scrolling="No" noresize=
  "noresize" id="bottomFrame" />
</frameset>
<noframes><body>
</body></noframes>
</html>
```

top.jsp 显示系统 Logo、前台首页链接、当前登录用户名、密码修改和退出链接。

left.jsp 按照表 13-11 设计的二进制位控制菜单项，主要代码如下：

```
<% if(CommBean.getBitFlag(Authority, 1)){ %>
<li><a href="javascript:void(0);" id="mynav<%= menuCounter %>" onClick=
"clkMenu(<%= menuCounter++ %>);top.mainFrame.location='surveyList.jsp';
">调查问卷管理</a></li>
<% }if(CommBean.getBitFlag(Authority, 3)){ %>
<li><a href="javascript:void(0);" id="mynav<%= menuCounter %>"
onClick="clkMenu(<%= menuCounter++ %>);top.mainFrame.location=
'resultList.jsp';">查看调查结果</a></li>
<% }if(CommBean.getBitFlag(Authority, 5)){ %>
<li><a href="javascript:void(0);" id="mynav<%= menuCounter %>"
onClick="clkMenu(<%= menuCounter++ %>);top.mainFrame.location=
'authorityList.jsp';">用户权限管理</a></li>
<% }if(Authority==0){ %>
<li><a href="javascipt:void(0);" >无操作权限</a></li>
<% } %>
<script>
    function clkMenu(num){
        for(var i=0; i < <%= menuCounter %>; i++)
        if(i==num)
            document.getElementById("mynav"+i).className="hover";
        else
            document.getElementById("mynav"+i).className="";
    }
</script>
```

left.jsp 中涉及的变量 menuCounter 和 Authority 在 commData.jsp 中定义，commData.jsp 内容如下：

```
<%
    int menuCounter=0;
    Integer Authority=(Integer)session.getAttribute("Authority_
    session"); //获取登录后保存的权限
```

```
    Authority=31; //即低 5 位全部为 1，前期测试用，登录功能实现后即可屏蔽此行代码
%>
```

以上页面编写完成后，启动 MySQL 和 Tomcat，访问 http://localhost:8080/chap13/mng/index.jsp 查看运行效果，如图 13-15 所示，由于是未登录的测试状态，所以用户名为 null。

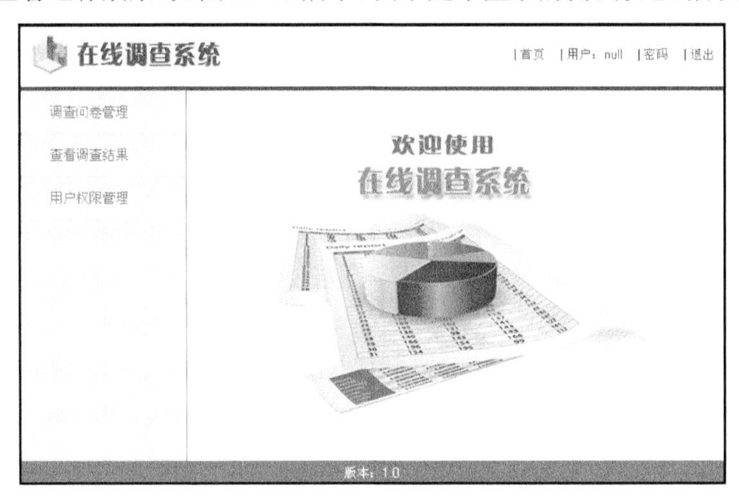

图 13-15　登录功能未实现时 index.jsp 测试效果

13.8.8　用户登录

用户登录由 login.jsp（登录页）和 LoginDo.java（登录处理 Servlet）共同实现。login.jsp 将用户名和密码提交给 LoginDo 进行验证，若验证通过，则将用户 ID、用户名、用户类型、权限信息保存到 session 中，然后转至后台管理首页 index.jsp，否则保存登录失败原因并转至登录页面 login.jsp。

LoginDo.java 主要代码如下：

```
public class LoginDo extends HttpServlet{
    private static final long serialVersionUID=1L;
    protected void doPost(HttpServletRequest request, HttpServlet-
    Response response)
            throws ServletException, IOException{
        request.setCharacterEncoding("UTF-8");
        HttpSession session=request.getSession();
        String UserName=request.getParameter("UserName");
        String UserPassword=request.getParameter("UserPassword");
        int stateflag=0;
        if(UserName!=null&&UserPassword!=null){
            Connection conn=DBHandle.getDBConn();
            if(conn==null){
                stateflag=-1; //数据库连接失败
            } else{
                //                0     1        2         3
                String sql="select UId,UserName,UserKind,Authority
```

```
                    from Users where UserName=? and UserPassword=? ";
                    List<Object> params=new ArrayList<Object>();
                    params.add(UserName);
                    params.add(UserPassword);
                    List<String[]> vData=DBHandle.queryToList(conn, sql,
                    params);
                    if(vData.size()>0){
                        stateflag=1; //登录成功
                        String[] sData=vData.get(0);
                        session.setAttribute("UId_session", sData[0]);
                                                              //保存用户 ID
                        session.setAttribute("UserName_session",
                        sData[1]); //保存用户名
                        session.setAttribute("UserKind_session", sData[2]);
                        //保存用户类型
                        session.setAttribute("Authority_session", Integer.
                        parseInt(sData[3])); //保存用户权限
                        session.setMaxInactiveInterval(60*20);
                                                          //超时时间为 20 分钟
                    } else{
                        stateflag=2; //登录失败
                    }
                    DBHandle.closeConn(conn);
                }
                request.setAttribute("stateflag", stateflag);
            }
            if(stateflag==1)
                response.sendRedirect("index.jsp"); //登录成功后转向后台主页
            else
                request.getRequestDispatcher("login.jsp").forward(request,
                response); //失败转登录页
        }
    }
```

部署 LoginDo：向工程的 WEB-INF\web.xml 中添加如下内容：

```
<servlet>
    <servlet-name>Login</servlet-name>
    <servlet-class>my.chap13.LoginDo</servlet-class>
</servlet>
<servlet-mapping>
    <servlet-name>Login</servlet-name>
    <url-pattern>/mng/LoginDo</url-pattern>
</servlet-mapping>
```

login.jsp 获取 request 的 stateflag 属性值，若该值不为 null，说明从 LoginDo 跳转过来且已登录失败。login.jsp 主要代码如下：

```
<%
    //获取登录失败后的用户名和密码以便显示在输入框中
    String UserName=request.getParameter("UserName");
    if (UserName==null) UserName="";
    String UserPassword=request.getParameter("UserPassword");
    if(UserPassword==null) UserPassword = "";
    String msg=""; //登录失败信息显示
    Object stateflag=request.getAttribute("stateflag");
    if(stateflag!=null){ //从 LoginDo 跳转过来
        if((Integer) stateflag==-1)
            msg="数据库连接失败！";
        else if ((Integer) stateflag==2)
            msg="用户名或密码错误！";
    }
%>
<form name="form1" method="post" onsubmit="return bs()" action=
"LoginDo">
  …
</form>
```

上述代码编写完成后，访问 http://localhost:8080/chap13/mng/login.jsp，输入用户名 admin、密码 666 登录，登录成功后进入后台主页/mng/index.jsp。

13.8.9　会话超时检测

会话超时检测由 timeoutcheck.jsp 完成，方法是检测 session 属性 UId_session 的值，值为 null 时说明会话已超时或未登录，此时转向前台首页。

timeoutcheck.jsp 代码如下：

```
<%@ page language="java" contentType="text/html; charset=UTF-8"
pageEncoding="UTF-8"%>
<%
    if(session.getAttribute("UId_session")==null)
        out.print("<script>alert('操作超时，请重新登录！');window.top.
        location='login.jsp';</script>");
%>
```

timeoutcheck.jsp 编写完成后，可在需要检测会话超时的页面中添加如下指令，用以实现超时检测：

```
<%@ include file="timeoutcheck.jsp" %>
```

13.8.10　退出系统

退出系统由 logout.jsp 完成，方法是将 session 置为不可用，然后转向前台首页。

logout.jsp 代码如下：

```
<%@ page language="java" contentType="text/html; charset=UTF-8" %>
<%
    session.invalidate();
    out.print("<script>window.top.location='../index.jsp';</script>");
%>
```

另外，需要在 top.jsp 的“退出”上创建指向 logout.jsp 的超链接，即

```
<a href="logout.jsp">退出</a>
```

13.8.11 后台问卷列表显示

后台问卷列表显示由 surveyList.jsp 完成，根据用户权限查询对应问卷信息，并将数据通过 List 对象保存在 session 属性 vData_surveyList 中。

surveyList.jsp 主要代码如下：

```
//数据序号
                          0    1        2          3                   4
String sql = "select SId,Subject,Directions,CreateTime,case when
PublishTime is null then '-' else PublishTime end, ";
//数据序号      5          6          7           8
sql += "StateFlag,SurveyNums,UserName,Users.UId ";
sql += "from Surveys,Users where Surveys.UId=Users.UId ";
if(!CommBean.getBitFlag(Authority, 2))  //仅管理本人问卷
    sql += "and UId="+(String)session.getAttribute("UId_session");
sql += "order by SId desc ";
session.setAttribute("sql_surveyList", sql);
                                               //保存查询指令供问卷管理页面使用
vData = DBHandle.queryToList(conn, sql);
session.setAttribute("vData_surveyList", vData);
                                     //保存到 session 属性 vData_surveyList 中
```

问卷分页数据通过调用 CommBean 的 ListSplitPage()方法获取，代码如下：

```
int[] splitPage=CommBean.ListSplitPage(request, vData, 15);
                                              //获取分页数据，15 为每页记录数
```

返回数据含义如下：

```
int rowCounts=splitPage[0];  //记录数
int pageSize=splitPage[1];  //每页显示记录数
int pageCounts=splitPage[2];  //总页数
int intPage=splitPage[3];  //当前页码
int firstIndex=splitPage[4];  //当前页码的起始记录序号
```

当前页显示数据通过如下语句输出：

```
<%
    for(int vctid,i=0; i<pageSize && (vctid=firstIndex+i)<vData.size();
    i++){
      sData=vData.get(vctid);  //获取数据
```

```
%>
<tr> … </tr>
<% } %>
```

分页链接由 splitPage.jsp 产生，splitPage.jsp 通过如下指令包含在当前页面中：

```
<%@ include file="splitPage.jsp" %>
```

13.8.12 问卷管理

问卷管理实现问卷的新建、编辑、删除，问卷题目的显示和题目前移，这些功能通过 surveyMng.jsp 完成，处理流程如图 13-16 所示。

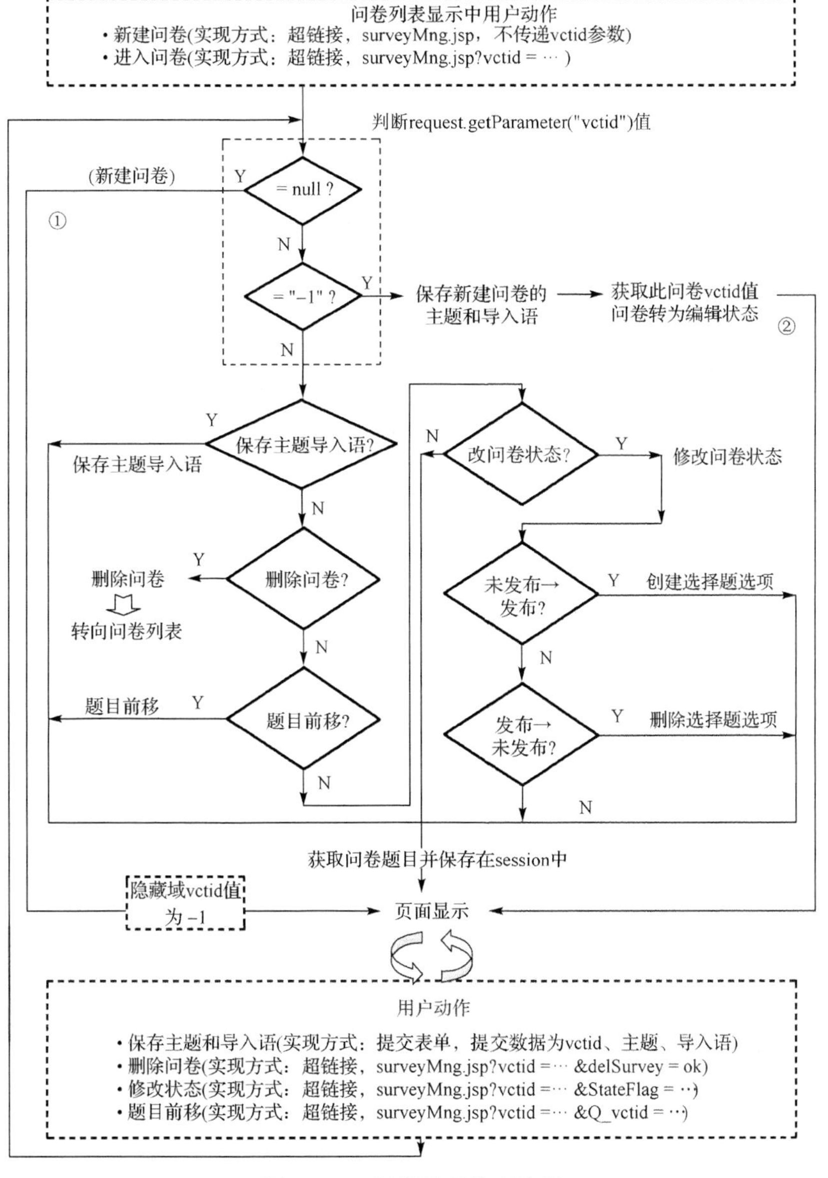

图 13-16 问卷管理处理流程

1. 新建问卷

如果 request.getParameter("vctid")为 null，此时隐藏域 vctid 值为-1。用户输入主题和导入语并提交，则执行新增问卷动作，新增完成后问卷转为编辑状态。

问卷新增及新增完成后转为编辑的对应代码如下：

```
sql="insert into Surveys(Subject,Directions,CreateTime,UId)values
(?,?,now(),?)";
List<Object> params=new ArrayList<Object>();
params.add(Subject); //传入主题
params.add(Directions); //传入导入语
params.add(crntUId); //传入当前登录用户 UId
if(DBHandle.exeSQL(conn, sql, params)>0){ //问卷新增成功
    //重新获取问卷 List
    sql=(String)session.getAttribute("sql_surveyList");
                                        //获取 surveyList.jsp 中保存的查询指令
    vData = DBHandle.queryToList(conn, sql);
    session.setAttribute("vData_surveyList", vData); //保存问卷 List
    //获取新建问卷 List 序号并赋值给 vctidInt，使问卷进入编辑状态
    for(int i=0;i<vData.size();i++){
        sData=vData.get(i);
        if(sData[8].equals(crntUId)){ //定位到当前用户新建的问卷
            vctid=String.valueOf(i);
            vctidInt=Integer.parseInt(vctid);
            break;
        }
    }
}
```

2. 修改主题和导入语

如果 request.getParameter("vctid")转换整数大于 0 且接收的主题 Subject 和导入语 Directions 不等于 null，则执行修改主题和导入语动作。

修改主题和导入语的主要实现程序如下：

```
sql="update Surveys set Subject=?,Directions=? where SId=? ";
List<Object> params=new ArrayList<Object>();
params.add(Subject);
params.add(Directions);
params.add(sData[0]); //sData[0]为问卷 SId
if(DBHandle.exeSQL(conn, sql, params)>0){ //修改成功，更新问卷列表数据
    sData[1]=Subject;
    sData[2]=Directions;
}
```

3. 删除问卷

如果 request.getParameter("vctid") 转换整数大于 0 且接收的删除动作标识 delSurvey 为 ok，则执行问卷删除动作，删除完成后转向问卷列表显示页面。

问卷删除的主要实现程序如下：

```
sql="delete from Questions where SId="+sData[0]+"; "; //删除问卷包含的题目
sql+="delete from Surveys where SId="+sData[0]+"; "; //删除问卷
DBHandle.exeSQL(conn, sql);
response.sendRedirect("surveyList.jsp"); //转向 surveyList.jsp
```

也可以使用存储过程删除问卷，删除前先判断参加调查人数，若人数大于 0，则不能删除(返回 0)，否则可以删除(返回 1)，存储过程内容如下：

```
create procedure proc_delSurvey(sid_in int)
begin
  if(select SurveyNums from Surveys where SId=sid_in)=0 then
  begin
     delete from Questions where SId=sid_in;
     delete from Surveys where SId=sid_in;
     select 1;
  end;
  else
    select 0;
  end if;
end
```

此时通过存储过程实现删除问卷的代码如下：

```
sql="call proc_delSurvey("+sData[0]+")";
List<String[]> vData_del=DBHandle.queryToList(conn, sql);
String[] sData_del=vData_del.get(0);
if(sData_del[0].equals("1")){ //删除成功
    response.sendRedirect("surveyList.jsp");
}
else out.print("<font color='#F00'>问卷删除失败</font>");
```

4. 题目前移

如果 request.getParameter("vctid") 转换整数大于 0 且 request.getParameter("Q_vctid") 转换整数大于 1，则执行题目前移处理。

实现题目前移的方法是交换被前移题和其前一题的排序时间，主要程序如下：

```
if(request.getParameter("Q_vctid")!=null){ //题目前移
    int Q_vctidInt=CommBean.toIntValue(request.getParameter
    ("Q_vctid"),-1);                    //前移题 List 序号
```

```
        Q_vData=(List<String[]>)session.getAttribute("Q_vData_surveyMng");
        //获取题目 List
        if(Q_vData != null && Q_vData.size() > 1 && Q_vctidInt > 0 && Q_vctidInt
        < Q_vData.size()){ //数据有效
            String[] Q_sData1=Q_vData.get(Q_vctidInt-1);
                                                        //获取被前移题的前一题
            String[] Q_sData2=Q_vData.get(Q_vctidInt); //获取被前移题
            //交换被前移题和其前一题的排序时间
            sql="update Questions set QOrderTime='"+Q_sData1[6]+"' where
            QId="+Q_sData2[0]+";";
            sql+="update Questions set QOrderTime='"+Q_sData2[6]+"' where
            QId="+Q_sData1[0]+"; ";
            DBHandle.exeSQL(conn, sql);
        }
    }
```

5. 修改问卷状态

如果 request.getParameter("vctid") 对应转换整数大于 0 且 request.getParameter("StateFlag") 问卷状态对应转换整数为 0～2，则执行问卷状态修改动作。修改问卷状态时，如果由未发布改为已发布，则要创建选择题选项序号；如果由已发布改为未发布，则要删除已创建的选择题选项序号。

修改问卷状态的主要程序如下：

```
    int StateFlagInt=CommBean.toIntValue(StateFlag,-1);
                                    //问卷状态转换为整数，-1 代表转换失败
    if(StateFlagInt>=0 && StateFlagInt<=2){ //问卷状态值有效
        sql="update Surveys set StateFlag="+StateFlagInt+" ";
        if(sData[5].equals("0") && StateFlagInt==1) //状态由未发布改为已发布
            sql+=",PublishTime=now() ";
        else if(sData[5].equals("1") && StateFlagInt==0)
                                                    //状态由已发布改为未发布
            sql+=",PublishTime=null ";
        sql+=" where SId="+sData[0]+"; ";
        //状态在未发布与已发布之间转换时，处理选择题选项序号的创建与删除
        Q_vData=(List<String[]>)session.getAttribute("Q_vData_surveyMng");
        //获取题目 List
        if(Q_vData!=null && Q_vData.size()>0){ //题目 List 有效
            //状态由未发布改为发布，创建选择题选项序号
            if(sData[5].equals("0") && StateFlagInt==1){
                for(int i=0;i<Q_vData.size();i++){
                    Q_sData=Q_vData.get(i);
                    if(Integer.parseInt(Q_sData[2])<3){ //1:单选题，2:多选题
                        String[] a_question = Q_sData[3].split("\n");
```

```
                                                    //分解出选项
                    for(int j=1;j<=a_question.length;j++){
                        sql+="insert into
OptionAnswers(QId,OSequence)     values("+Q_sData[0]+","+j+"); ";
                    }
                }
            }
        }
        //由发布改为未发布，删除当前问卷的选择题选项序号
        else if(sData[5].equals("1") && StateFlagInt == 0){
            sql+="delete t2 from OptionAnswers as t2,Questions ";
            sql+="where t2.QId=Questions.QId and SId="+sData[0]+"; ";
        }
    }
    if(DBHandle.exeSQL(conn, sql)>0) //修改成功，更新问卷 List 中的当前问卷状态
    sData[5] = StateFlag;
}
```

6. 问卷题目显示

根据问卷 SId 获取问卷题目并按题目排序时间升序方式排序，获取的题目保存在 List 中，然后根据题目类型在页面中输出对应元素(单选按钮、复选框、单行文本框和多行文本框)和其他信息。

13.8.13 选择题管理

选择题管理由 surveyChoiceMng.jsp 完成，功能包括选择题的添加、编辑和删除，参数 flag 标识动作类型，request.getParameter("flag")为 1、2、3 分别代表选择题的新增、修改和删除。

surveyChoiceMng.jsp 主要程序如下：

```
String sql,QId="0",QStem="",QKind="1",Options="",QFlag="0",SId="0",
Subject="",msg="";
List<String[]> vData=(List<String[]>)session.getAttribute("vData_
surveyList");
 //获取问卷 List
int vctidInt=CommBean.toIntValue(request.getParameter("vctid"),-1);
//获取 List 问卷序号
List<String[]> Q_vData=(List<String[]>)session.getAttribute("Q_vData_
surveyMng"); //题目 List
int Q_vctidInt=CommBean.toIntValue(request.getParameter("Q_vctid"),
-1); //获取 List 题目序号
String[] sData = null, Q_sData = null;
int flagInt=CommBean.toIntValue(request.getParameter("flag"),-1);
```

```
                                          //转换动作标识值，无效值为-1
//执行条件判断
if(vData!=null && vctidInt >=0 && vctidInt < vData.size() && (flagInt
==1 ||
    (flagInt > 1 && flagInt < 4 && Q_vData != null && Q_vctidInt >=0 &&
    Q_vctidInt < Q_vData.size())))
{
    sData=vData.get(vctidInt);
    SId=sData[0];
    Subject=sData[1];
    if(flagInt > 1 && flagInt < 4){ //编辑和删除题目时获取题目数据
        Q_sData=Q_vData.get(Q_vctidInt);
        QId=Q_sData[0];
        QStem=Q_sData[1];
        QKind=Q_sData[2];
        Options=Q_sData[3];
        QFlag=Q_sData[4];
    }
    Connection conn=DBHandle.getDBConn();
    if(conn!=null){ //数据库连接成功
        if(flagInt==3){ //删除题目
            sql="delete from Questions where QId="+QId;
            DBHandle.exeSQL(conn, sql);
            response.sendRedirect("surveyMng.jsp?vctid="+vctidInt);
        }
        else if("保存".equals(request.getParameter("btnSave"))){
            QStem=request.getParameter("QStem"); //题干
            QStem=CommBean.getStrOnByteNums(QStem, 200); //限制宽度
            Options=request.getParameter("Options"); //选项内容
            Options=CommBean.getStrOnByteNums(Options, 500); //限制宽度
            QKind=request.getParameter("QKind");
                                        //题型，1—单选题，2—多选题
            if(!"1".equals(QKind) && !"2".equals(QKind)) //限定值
                QKind = "1";
            QFlag=request.getParameter("QFlag");
                                        //是否必做，0—不必做，1—必做
            if(!"1".equals(QFlag)) //未勾选必做时
                QFlag="0";
            if(flagInt==1){ //添加题目保存
                sql="insert into Questions(QStem,QKind,Options,QFlag,
```

```
                    QOrderTime,SId)values(?,?,?,?,now(),?)";
                    List<Object> params=new ArrayList<Object>();
                    params.add(QStem);
                    params.add(QKind);
                    params.add(Options);
                    params.add(QFlag);
                    params.add(SId);
                    if(DBHandle.exeSQL(conn, sql, params)>0){ //新增题目成功
                        QStem="";
                        Options="";
                        msg="题目添加成功！";
                    }
                }
                else if(flagInt==2){ //编辑题目保存
                    sql="update Questions set QStem=?,QKind=?,Options=?,
                    QFlag=? where QId="+QId;
                    List<Object> params=new ArrayList<Object>();
                    params.add(QStem);
                    params.add(QKind);
                    params.add(Options);
                    params.add(QFlag);
                    if(DBHandle.exeSQL(conn, sql, params)>0){ //题目编辑成功
                        response.sendRedirect("surveyMng.jsp?vctid="+
                        vctidInt);
                    }
                    else msg="编辑题目保存失败！";
                }
            }
            DBHandle.closeConn(conn);
        }
        else out.print("<font color='#FF0000'>数据库连接失败！</font>");
    }
```

13.8.14　填空题管理

填空题管理由 surveyFillMng.jsp 完成，功能包括填空题的添加、编辑和删除，参数 flag 标识动作类型，request.getParameter("flag")为 1、2、3 分别代表填空题的新增、修改和删除，实现方式与选择题管理相同，限于篇幅不再赘述。

13.8.15　前台问卷列表显示

前台问卷列表显示由 userSurveyList.jsp 实现，用以显示已发布的调查问卷。已参与调查的问卷以“SurveyID_问卷序号”为属性名添加到 Cookie 中，因此通过调用 CommBean 的 getCookie 方法判断 Cookie 中是否存在名为“SurveyID_问卷序号”的属性来判断用户是否参与了问卷调查。

通过 Cookie 能够限制用户重复参与调查，但这种方法有局限性，用户可以通过删除浏览器 Cookie 的方法重复参与调查。

13.8.16　问卷调查页

问卷调查页用于完成调查问卷题目的显示和调查数据的提交保存，由 userSurveyDo.jsp 和 UserSurverDataIn 共同完成。

userSurveyDo.jsp 执行问卷标题、导入语、题目的获取和显示、问卷的提交验证。

问卷题目对应输入元素的 name 格式定义为“Q_题目序号_题型_必做标识”，因此表单的 JavaScript 验证和服务器端数据的接收均可以根据 name 获取题目的序号、题型、是否必做等信息。

UserSurverDataIn.java 是一个 Servlet，用于完成调查数据的获取和保存，并将问卷对应的“SurveyID_问卷序号”属性名添加到 Cookie 中，用以标识用户已参与此问卷调查。

13.8.17　前台首页

前台首页 index.jsp 通过框架集实现，采用⊟结构，上、中、下窗口默认分别载入 top.jsp、surveyList.jsp、/mng/bottom.html。surveyList.jsp 显示已发布的调查问卷信息，top.jsp 显示系统 Logo 和相关链接。

在 WebContent 目录中新建 index.jsp 和 top.jsp，index.jsp 主要代码如下：

```
<frameset rows="70,*,24" frameborder="no" border="0" framespacing="0">
  <frame src="top.jsp" name="topFrame" scrolling="No" noresize=
  "noresize" id="topFrame" />
  <frame src="userSurveyList.jsp" name="mainFrame" id="mainFrame" />
  <frame src="mng/bottom.html" name="bottomFrame" scrolling="No" noresize=
  "noresize" id="bottomFrame" />
</frameset>
<noframes><body>
</body></noframes>
</html>
```

13.8.18　查看调查结果

查看调查结果由查询条件页 resultQuery.jsp、问卷列表页 resultList.jsp、调查结果显示页 resultShow.jsp、填空题结果查看页 resultFillShow.jsp 组成，统计图表的显示由统计图表绘制类 CreateStatChart 完成。

在 mng 目录中新建上述四个 JSP 页面，并修改 left.jsp 中“查看调查结果”菜单的链接目标为 resultQuery.jsp，即 top.mainFrame.location='resultQuery.jsp'。

1. 查询条件页 resultQuery.jsp

resultQuery.jsp 根据指定的查询内容创建查询指令，并将查询指令、查询条件和查询结果分别保存在 session 的 sql_resultList、params_resultList 和 params_resultList 属性中，然后转向 resultList.jsp。

resultQuery.jsp 主要代码如下：

```
<%
if(CommBean.getBitFlag(Authority, 3)){ //有操作权限
    String Subject = request.getParameter("Subject"); //获取查询的问卷主题
    String UserName = request.getParameter("UserName");
                                            //获取查询的问卷发起人
    if(!CommBean.getBitFlag(Authority, 4)) //仅可查看本人问卷统计结果
        UserName=(String)session.getAttribute("UserName_session");
    if(Subject != null && UserName != null){ //创建查询指令和条件
        //数据序号             0     1       2         3
        String sql = "select SId,Subject,Directions,CreateTime, ";
        //数据序号     4        5          6        7
        sql+="PublishTime,StateFlag,SurveyNums,UserName ";
        sql+="from Surveys,Users where Surveys.UId=Users.UId and
        StateFlag>0 ";
        sql+="and (?='' or Subject like ?) ";
                              //主题为空串时此查询条件无效，否则按主题模糊查询
        sql += "and (?='' or UserName=?) ";
                              //发起人为空串时此查询条件无效，否则按发起人查询
        sql += "order by SId desc ";
        session.setAttribute("sql_resultList", sql);
                                            //session 中保存查询指令
        //创建查询条件
        List<Object> params=new ArrayList<Object>();
        params.add(Subject.trim());
        params.add("%"+Subject.trim()+"%");
        params.add(UserName.trim());
        params.add(UserName.trim());
        session.setAttribute("params_resultList", params);
                                            //session 中保存查询条件
        response.sendRedirect("resultList.jsp"); //转向 resultList.jsp
    }
```

2. 问卷列表页 resultList.jsp

resultList.jsp 从 session 的 sql_resultList 和 params_resultList 属性获取查询指令与查询条件，然后从数据库查询并显示问卷列表。主要代码如下：

```
<%
if(CommBean.getBitFlag(Authority, 3)){ //有操作权限
    String sql=(String)session.getAttribute("sql_resultList");
                              //从属性 sql_resultList 中获取查询指令
```

```
        List<String[]> vData=null;
        String[] sData=null;
        if(sql == null)
             //session 的 sql_resultList 属性值为 null 时转向 result-Query.jsp
            response.sendRedirect("resultQuery.jsp");
        else{
            Connection conn=DBHandle.getDBConn();
            if(conn!=null){ //数据库连接成功
                //从属性 params_resultList 中获取查询条件
                List<Object> params=(List<Object>)session.getAttribute
                ("params_resultList");
                vData=DBHandle.queryToList(conn, sql, params); //执行查询
                session.setAttribute("vData_resultList", vData);
                                                     //在 session 中保存查询结果
                DBHandle.closeConn(conn);
            }
        }
        …
    %>
```

resultList.jsp 运行正确后，可以将 left.jsp“查看调查结果”链接目标修改为 resultList.jsp，即 top.mainFrame.location='resultList.jsp'，这样单击“查看调查结果”菜单时就可以直接查看问卷列表了(登录后的首次单击除外)。

3. 统计图表绘制类 CreateStatChart

统计图表绘制通过第三方组件 JFreeChart 完成，因此需要事先配置 JFreeChart，配置方法请参见 11.3 节相应内容。

统计图表绘制由 CreateStatChart(程序为 CreateStatChart.java)完成，CreateStatChart 是一个 Bean，它能够根据题目编号、题目类型和题目选项内容绘出相应统计图表，并将图表路径返回给 JSP 页面，实现图表显示。

CreateStatChart.java 主要代码如下：

```
    public class CreateStatChart{
        public static String[] StatChart(HttpServletRequest request, String
        QId, String QKind, String Options) throws IOException{
            if(QKind.equals("1")) //单选题绘饼图
                return pie3d(request, QId, Options);
            else //多选题绘柱图
                return bar3d(request, QId, Options);
        }
        //绘制饼图
        public static String[] pie3d(HttpServletRequest request, String QId,
        String Options) throws IOException{
```

```
//创建饼图数据集
DefaultPieDataset piedataset=new DefaultPieDataset();
//向饼图数据集添加题目选项内容及其选择人数
Connection conn=DBHandle.getDBConn();
if(conn!=null){
    //获取选择题选项序号及选择人数
    String sql="select OSequence,SelectNums from OptionAnswers
    where QId="+QId+" ";
    List<String[]> vData=DBHandle.queryToList(conn, sql);
    DBHandle.closeConn(conn); //关闭数据库连接
    String[] a_Options=Options.split("\n"); //分解出选项内容
    String[] sData=null;
    String OptionContent="";
    for(int i=0;i<vData.size();i++){
        sData=vData.get(i);
        //根据选项序号获取选项内容
        OptionContent=a_Options[Integer.parseInt(sData[0])
        -1];
        if(OptionContent.length()>9) //超长字符串截取
            OptionContent=OptionContent.substring(0,9)+"..";
        //添加数据，参数含义，参数1：选项内容，参数2：选项选择人数
        piedataset.setValue(OptionContent, Integer.
        parseInt(sData[1]));
    }
}
//创建JFreeChart图表对象
JFreeChart chart=ChartFactory.createPieChart3D("", piedataset,
true, true, true);
//设置JFreeChart的显示属性
chart.getTitle().setFont(new Font("宋体", Font.BOLD, 19));
                                                    //设置标题字体
chart.getLegend().setItemFont(new Font("宋体", Font.PLAIN, 12));
//设置图例字体
chart.setBackgroundPaint(Color.white); //设置饼图背景色
PiePlot3D pieplot=(PiePlot3D)chart.getPlot();
pieplot.setBackgroundAlpha(0.7f); //设置图片的背景透明度(0~1.0)
pieplot.setForegroundAlpha(0.8f); //设置图片的前景透明度(0~1.0)
pieplot.setOutlinePaint(Color.WHITE); //设置饼图轮廓线颜色
pieplot.setBackgroundPaint(Color.WHITE); //设置图形背景色
pieplot.setLabelFont(new Font("宋体", Font.PLAIN, 12));
                                                //设置图表标签字体
```

```
        pieplot.setNoDataMessage("无数据显示");  //没有数据的时候显示的内容
        //图片中显示百分比:自定义方式, {0}表示选项, {1}表示数值, {2}表示所占
        比例, 小数点后 1 位
        pieplot.setLabelGenerator(new StandardPieSectionLabelGenerator
        ("{0}={1}({2})", NumberFormat.getNumberInstance(), new
        DecimalFormat("0.0%")));
        //生成图片
        int picWidth=450, picHight=180;
        HttpSession session=request.getSession();
        String filename=ServletUtilities.saveChartAsPNG(chart, picWidth,
        picHight, null, session);
        String graphURL=request.getContextPath()+"/servlet/DisplayChart?
        filename="+filename;
        //创建返回值
        String[] ChartPath=new String[2];
        ChartPath[0]=graphURL;
        ChartPath[1]=filename;
        return ChartPath;
    }
    //绘制柱图
    public static String[] bar3d(HttpServletRequest request, String QId,
    String Options) throws IOException{
        //创建柱图数据集
        DefaultCategoryDataset dataset=new DefaultCategoryDataset();
        //向柱图数据集添加选项内容及选择人数
        Connection conn=DBHandle.getDBConn();
        if(conn!=null){
            //获取选择题选项序号及选择人数
            String sql = "select OSequence,SelectNums from OptionAnswers
            where QId="+QId+" ";
            List<String[]> vData=DBHandle.queryToList(conn, sql);
            DBHandle.closeConn(conn); //关闭数据库连接
            String[] a_Options=Options.split("\n"); //分解出选项内容
            String[] sData=null;
            String OptionContent="";
            for(int i=0;i<vData.size();i++){
                sData=vData.get(i);
                //根据选项序号获取选项内容
                OptionContent=a_Options[Integer.parseInt(sData[0])-1];
                //添加数据,参数含义,参数 1:选项人数,参数 2:空串,参数 3:选
                项内容
                dataset.addValue(Integer.parseInt(sData[1]), "",
                OptionContent);
```

```
    }
}
//创建 JFreeChart 图表对象
JFreeChart chart=ChartFactory.createBarChart("", "", "人数",
dataset, PlotOrientation.VERTICAL, false, true, false);
chart.setBackgroundPaint(Color.WHITE);  //设置背景色
chart.getTitle().setFont(new Font("宋体", Font.BOLD, 17));
                                                        //设置标题字体
//设置柱子样式
CategoryPlot plot=chart.getCategoryPlot();
plot.setBackgroundPaint(new Color(255, 255, 255));
                                                    //设置绘图区背景色
plot.setRangeGridlinePaint(Color.gray);  //设置水平方向背景线颜色
plot.setRangeGridlinesVisible(true);
                                   //设置是否显示水平方向背景线，默认值为 true
plot.setDomainGridlinePaint(Color.black);  //设置垂直方向背景线颜色
plot.setForegroundAlpha(0.95f);  //设置柱的透明度
//Y 轴设置
ValueAxis rangeAxis=plot.getRangeAxis();
rangeAxis.setLabelFont(new Font("宋体", Font.BOLD, 15));
                                                      //设置 Y 轴标签字体
rangeAxis.setTickLabelFont(new Font("宋体", Font.BOLD, 12));
//设置 Y 轴标尺字体
rangeAxis.setUpperMargin(0.12);
                                    //设置最高的一个 Item 与图片顶端的距离
//X 轴设置
CategoryAxis domainAxis=plot.getDomainAxis();
domainAxis.setLowerMargin(0.05);  //设置距离图片左端距离
domainAxis.setLabelFont(new Font("宋体", Font.BOLD, 17));
                                                    //设置 X 轴标签字体
domainAxis.setTickLabelFont(new Font("宋体", Font.BOLD, 12));
//设置 X 轴标尺字体
domainAxis.setCategoryLabelPositions(CategoryLabelPositions.
UP_45);//X 轴文字倾斜 45 度
//柱子显示样式设置
BarRenderer3D renderer=new BarRenderer3D(){
          //创建柱子对象，并重写 BarRenderer，使柱子呈现不同颜色
    private Paint colors[]=new Paint[]{
        new GradientPaint(0.0F, 0.0F, new Color(233, 141, 131),
        0.0F, 0.0F, new Color(233, 141, 131)),
        new GradientPaint(0.0F, 0.0F, new Color(126, 240, 126),
        0.0F, 0.0F, new Color(126, 240, 126)),
        new GradientPaint(0.0F, 0.0F, new Color(126, 126, 244),
```

```
                0.0F, 0.0F, new Color(126, 126, 244))
            };
            public Paint getItemPaint(int i, int j){
                return colors[j%3];
            }
        };
        renderer.setMaximumBarWidth(0.08); //柱子最大宽度
        renderer.setItemLabelAnchorOffset(12D); //设置柱形图上的文字偏离值
        renderer.setBaseItemLabelFont(new Font("arial", Font.PLAIN,
        10), true); //设置柱子上文字
        //显示每个柱的数值
        renderer.setBaseItemLabelGenerator(new StandardCategory-
        ItemLabelGenerator());
        renderer.setBasePositiveItemLabelPosition(new ItemLabelPosition
        (ItemLabelAnchor.OUTSIDE12, TextAnchor.BASELINE_LEFT));
        renderer.setBaseItemLabelsVisible(true); //允许柱子上显示文字
        plot.setRenderer(renderer); //使设置生效
        //生成图片
        int picWidth=450, picHight=260;
        HttpSession session=request.getSession();
        String filename=ServletUtilities.saveChartAsPNG(chart, picWidth,
         picHight, null, session);
        String graphURL=request.getContextPath()+"/servlet/DisplayChart?
        filename="+filename;
        //创建返回值
        String[] ChartPath=new String[2];
        ChartPath[0]=graphURL;
        ChartPath[1]=filename;
        return ChartPath;
    }
}
```

4. 调查结果显示页 resultShow.jsp

resultShow.jsp 根据问卷 List 序号从数据库中查询并显示问卷题目信息。如果是选择题则调用统计图绘制类 CreateStatChart，根据返回的图表路径显示统计图表。如果是填空题则创建查看填空题回答结果的链接，该链接向填空题回答结果查看页 resultFillShow.jsp 传递问卷 List 序号和题目 List 序号。

5. 填空题结果查看页 resultFillShow.jsp

resultFillShow.jsp 按题目 List 序号从数据库中查询并显示填空题回答结果，主要代码如下：

```
if(CommBean.getBitFlag(Authority, 3)){ //有操作权限
```

```
List<String[]> vData=(List<String[]>)session.getAttribute
("vData_resultList"); //问卷 List
int vctidInt=CommBean.toIntValue(request.getParameter("vctid"),
-2); //问卷 List 序号，-2(<0 即可)表示无效
List<String[]> Q_vData=(List<String[]>)session.getAttribute("Q_
vData_resultList"); //题目 List
int Q_vctidInt=CommBean.toIntValue(request.getParameter("Q_vctid"),
-1); //List 题目序号
if(vData ==null || vctidInt <0 || vctidInt >= vData.size()|| Q_vData
== null
        || Q_vctidInt <0 || Q_vctidInt >= Q_vData.size()) //无效数据
    response.sendRedirect("resultQuery.jsp");
else{
    String[] sData=vData.get(vctidInt); //获取查看结果的问卷
    String[] Q_sData=Q_vData.get(Q_vctidInt); //获取查看的问卷题目
    List<String[]> Fill_vData=null; //填空题回答内容
    String[] Fill_sData=null;
    Connection conn=DBHandle.getDBConn();
    if(conn!=null){
        //获取回答内容      0
        String sql="select Answers from BlankAnswers where QId=
        "+Q_sData[0]+" ";
        Fill_vData=DBHandle.queryToList(conn, sql);
        DBHandle.closeConn(conn);
    }
    else out.print("<font color='#FF0000'>数据库连接失败</font>");
...
```

13.8.19　用户注册

用户注册由 reg.jsp 完成。在 WebContent 目录中新建 reg.jsp，在登录页 login.jsp 的“注册新用户”和前台 top.jsp 的“注册”上创建指向 reg.jsp 的超链接。

注册用户默认可以发起问卷调查、查看本人问卷调查结果，其对应权限为第 1、3 位为 1，对应十进制数为 5。注册成功后，将用户 ID、用户名、用户类型、权限信息保存到 session 中，然后转至后台管理主页 index.jsp。

13.8.20　用户权限管理

用户权限管理由用户权限列表页 authorityList.jsp 和权限管理页 authorityMng.jsp 组成。

1. *用户权限列表页 authorityList.jsp*

authorityList.jsp 获取并显示注册用户(UserKind 为 2)的用户名、注册时间和权限信息，并将这些数据通过 List 对象保存在 session 属性 vData_authorityList 中。

权限信息通过 CommBean 类的 getBitFlag()方法获取，相应代码如下：

```
<%
    …
    for(int vctid,i=0; i<pageSize && (vctid=firstIndex+i)<vData.size();
    i++){
        sData=vData.get(vctid);
        int AuthInt=Integer.parseInt(sData[3]); //权限值
        String authorityInfo="";
        if(CommBean.getBitFlag(AuthInt, 1)) //第 1 位为 1：有管理问卷权限
            if(CommBean.getBitFlag(AuthInt, 2)) //第 2 位为 1：管理全部问卷
                authorityInfo+="管理全部问卷，";
            else authorityInfo+="管理本人问卷，"; //第 2 位为 0：管理本人问卷
        if(CommBean.getBitFlag(AuthInt, 3))
                                    //第 3 位为 1：有查看问卷调查结果权限
            if(CommBean.getBitFlag(AuthInt, 4))
                                        //第 4 位为 1：查看全部问卷结果
                authorityInfo +="查看全部问卷结果，";
            else authorityInfo +="查看本人问卷结果，";
                                        //第 4 位为 0：查看本人问卷结果
        if(!authorityInfo.equals("")) //去掉最后一个逗号
            authorityInfo=authorityInfo.substring(0, authorityInfo.
            length()-1);
%>
```

2. 权限管理页 authorityMng.jsp

authorityMng.jsp 实现权限的修改和保存。页面中的权限包含三种单选按钮组：问卷管理权限按钮组(auth_surveyMng)、查看调查结果按钮组(auth_surveyRusult)和管理权限按钮组(authMng)，这些按钮组的 value 值定义见表 13-20，保存时需要根据 value 值将对应权限位的值置 0 或 1。

表 13-20　权限按钮组 value 值定义

value 值 / 按钮组	0	1	2
auth_surveyMng	管理本人问卷	管理全部问卷	无管理问卷权限
auth_surveyRusult	查看本人问卷结果	查看全部问卷结果	无查看问卷结果权限
authMng	不可管理权限	可以管理权限	—

13.8.21　密码修改

在 mng 目录中新建个人密码修改页面 passwordUpdate.jsp，并在 top.jsp 的“密码”上创建指向 passwordUpdate.jsp 的超链接，即

```
<a href="#" onclick="top.mainFrame.location='passwordUpdate.jsp'"
```

```
    title="修改密码">密码</a>
```

修改密码时，需输入当前登录用户的原密码、新密码和确认新密码，提交后根据当前用户 ID 实现密码修改。

至此，在线调查系统主要模块的实现方法介绍完了，由于篇幅所限，很多代码无法直接在书中给出，读者可以下载完整的程序代码进行查看，并在程序运行时仔细体会。

13.9　程 序 运 行

启动 MySQL 和 Tomcat 后，通过浏览器访问地址 http://localhost:8080/chap13/index.jsp 运行系统前台首页，效果如图 13-17 所示。

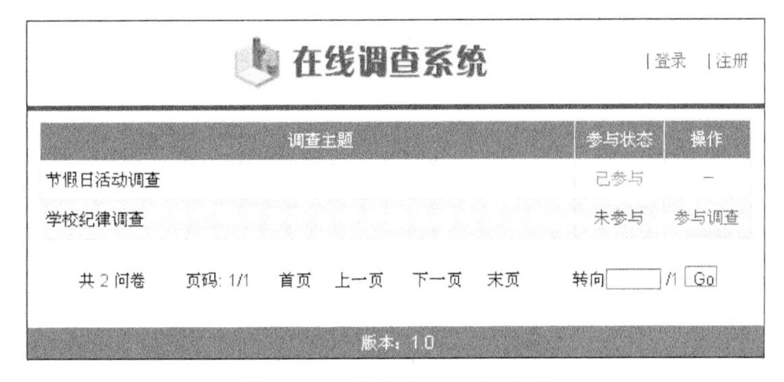

图 13-17　前台首页运行效果

单击“登录”按钮进入系统登录页，输入用户名 admin、密码 666，登录成功后单击“调查问卷管理”进入问卷列表显示页，效果如图 13-18 所示。

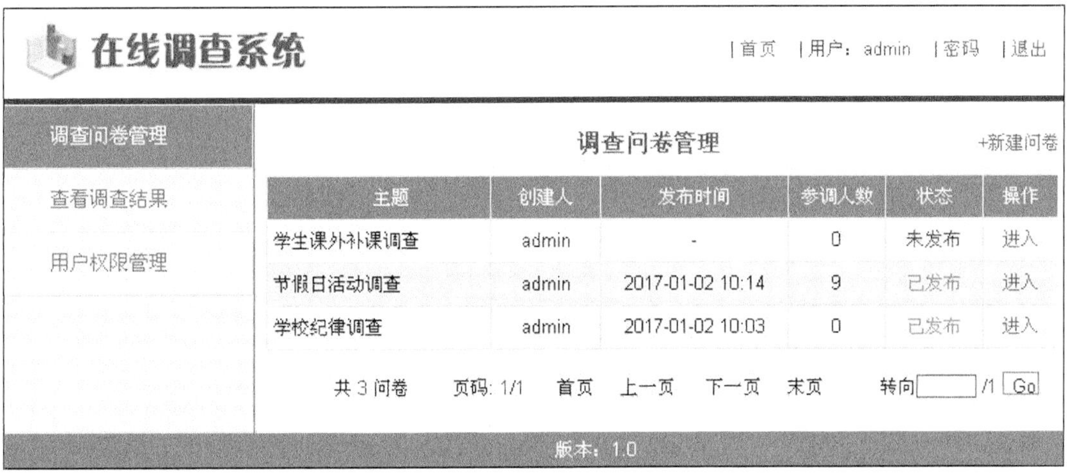

图 13-18　问卷列表显示页

单击“进入”管理问卷，效果如图 13-19 所示。

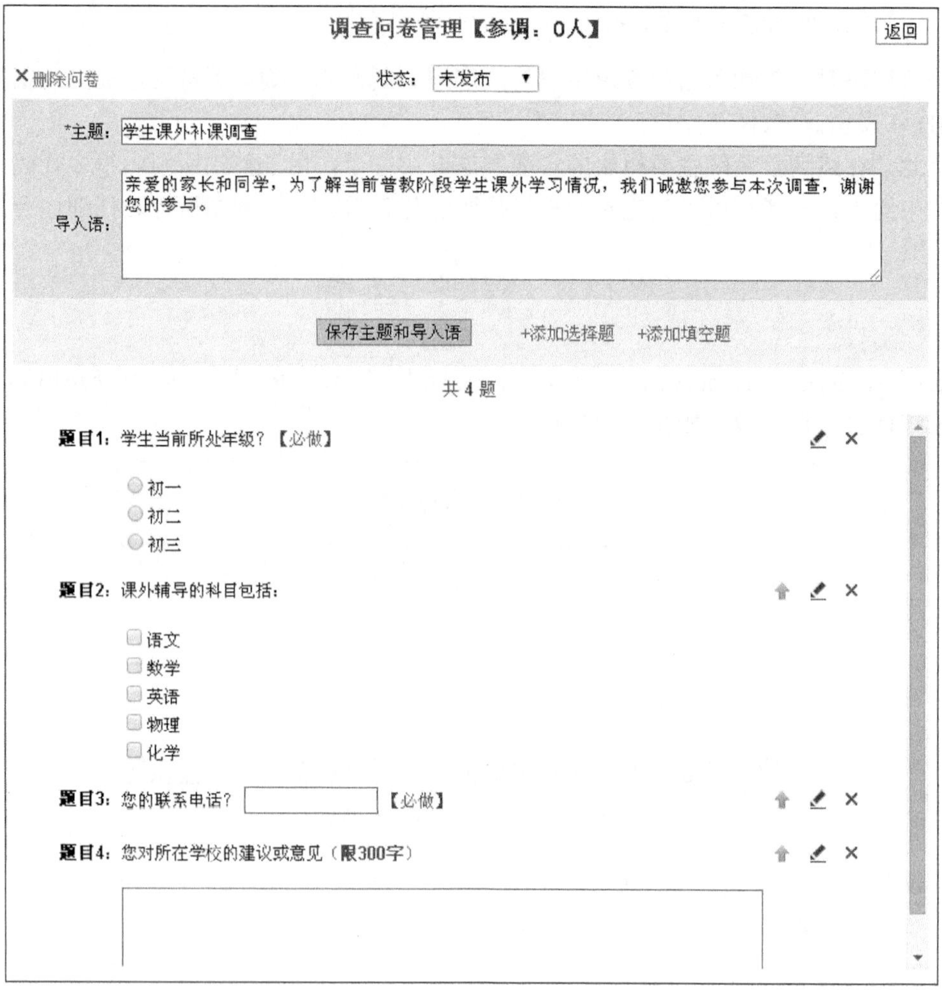

图 13-19　问卷管理运行效果

单击“查看调查结果”进入查看调查结果的问卷列表显示页，效果如图 13-20 所示。

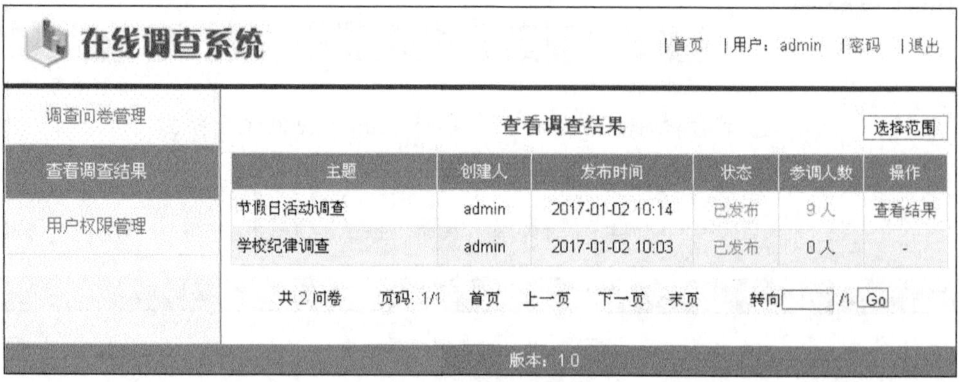

图 13-20　查看调查结果

单击“查看结果”进入调查结果统计界面，效果如图 13-21 所示。

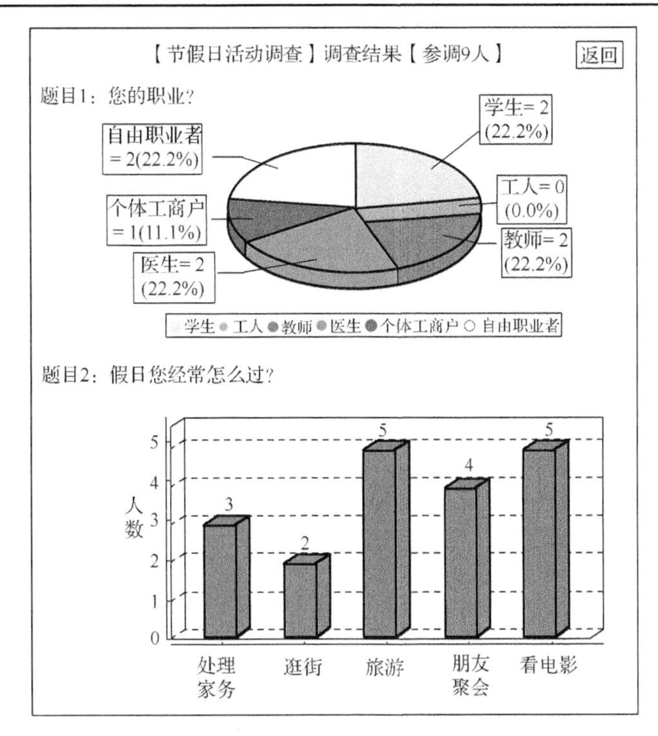

图 13-21　调查结果统计运行效果

限于篇幅，这里不再介绍其他操作，读者可以自己运行和操作，操作结果要与程序代码对应起来，以加深对程序实现方法的理解。

13.10　小　　结

本章介绍了一个在线调查系统的开发实例，功能包括用户注册、登录，调查问卷的创建、编辑、发布，调查数据的采集、统计和显示，用户权限管理。通过本章学习，读者应该重点掌握系统开发的流程和设计内容，只有设计做好了，才能最大限度地降低系统开发风险。